普通高等教育
建筑环境与能源应用工程系列教材

建筑环境与
能源应用工程专业
综合实验

主 编／陈金华　沈雪莲

参 编／谭　力　秦子雄　路立地

　　　　黄小美　李　楠　高亚锋

**Building Environment
and Energy Engineering**

重庆大学出版社

内容简介

本书是建筑环境与能源应用工程系列教材之一。全书共分为 8 章,详细介绍了测量和实验基本知识、常用测试仪表及其使用方法,阐述了环境参数测试、管网参数测试、设备及系统性能测试,并提供了建筑环境与能源应用工程专业基础综合实验及专业综合实验指导书。本书将建筑环境与能源应用测试技术和专业实验有机结合,理论教学与实践教学互通,更有利于培养学生的实践能力和创新能力。

本书为建筑环境与能源应用工程专业实践教学用书,也可供人工环境营造与能源应用技术科学研究、暖通空调、消防工程、能源工程行业从业人员参考使用。

本书配套有教学数字化资源,包含实验 PPT 课件,实验指导书、虚拟仿真实验(含实验内容、实验指导、引导视频)等,可通过扫描教材中相应的二维码进行选用,也可在出版社官方网站下载相应的资源。

图书在版编目(CIP)数据

建筑环境与能源应用工程专业综合实验／陈金华,沈雪莲主
编. -- 重庆：重庆大学出版社,2024.11. -- (普通高
等教育建筑环境与能源应用工程系列教材). -- ISBN
978-7-5689-4880-7

Ⅰ. TU-023

中国国家版本馆 CIP 数据核字第 2024QE4094 号

普通高等教育建筑环境与能源应用工程系列教材

建筑环境与能源应用工程专业综合实验

主 编 陈金华 沈雪莲
策划编辑:张 婷

责任编辑:谭 敏 版式设计:张 婷
责任校对:谢 芳 责任印制:赵 晟

*

重庆大学出版社出版发行
出版人:陈晓阳
社址:重庆市沙坪坝区大学城西路 21 号
邮编:401331
电话:(023) 88617190 88617185(中小学)
传真:(023) 88617186 88617166
网址:http://www.cqup.com.cn
邮箱:fxk@ cqup.com.cn(营销中心)
全国新华书店经销
重庆市正前方彩色印刷有限公司印刷

*

开本:787mm×1092mm 1/16 印张:18.25 字数:469 千
2024 年 11 月第 1 版 2024 年 11 月第 1 次印刷
ISBN 978-7-5689-4880-7 定价:49.00 元

前　言

党的二十大报告指出,要积极稳妥推进碳达峰碳中和。实现碳达峰碳中和是一场广泛而深刻的经济社会系统性变革。要推动能源清洁低碳高效利用,推进工业、建筑、交通等领域的能源清洁低碳转型。目前,我国建筑能耗约占整个社会能耗的1/3,暖通空调系统能耗约占建筑能耗的1/2。改善环境,提升系统能效,降低暖通空调系统与建筑能耗,减少碳排放,对建筑领域碳达峰碳中和至关重要。

实验教学作为现代大学发展水平的标志,在传授学生知识、技术,培养学生能力、思维,以及影响学生价值观、世界观等方面均有不可替代的重要作用。尤其对于理工类学科,实验是对学生进行综合能力和素质培养的重要实践性教学环节之一。

重庆大学经过多年探索与实践,基于"双碳"目标、"健康中国""数字中国"等战略背景,融合线上、线下教学资源,实现理论教学与实践教学互通,将建筑环境与能源应用测试技术与专业实验有机结合,采用"新形态"形式编写了本教材。

本书以建筑环境与能源应用测试技术为核心知识点,以专业基础综合实验与专业综合实验为主线,借鉴和参考了相关同类书籍的编写经验与内容,详细介绍了测量和实验的基本知识、常用测试仪表及其使用方法,阐述了环境参数测试、管网参数测试、设备及系统性能测试,并提供了建筑环境与能源应用工程专业基础综合实验及专业综合实验指导书。本书将建筑环境与能源应用测试技术与专业实验相结合,更有利于培养学生的实践能力和创新能力。

本书为建筑环境与能源应用工程专业实践教学用书,也可供人工环境营造与能源应用技术科学研究、暖通空调、消防工程、能源工程行业从业人员参考使用。

本书由重庆大学与重庆交通大学共同编写,共8章。其中,第1章由陈金华、沈雪莲共同编写;第2章由谭力编写;第3章由沈雪莲编写;第4章由沈雪莲、秦子雄编写;第5章由沈雪莲、黄小美共同编写;第6章由沈雪莲、秦子雄、黄小美共同编写;第7章由谭力、秦子雄共同编写;第8章由陈金华、沈雪莲、路立地、黄小美、李楠、高亚锋共同编写。全书由陈金华、沈雪莲、路立地统稿,刘猛主审。

由于编著者水平有限,书中缺点、错误在所难免。敬请读者批评指正。

编　者
2024 年 6 月

目　录

1　绪论 ·· 1

  1.1　建筑环境与能源应用工程专业介绍 ······················ 1

  1.2　实验教学的意义、目的及建设要求 ······················ 2

  1.3　关于实验教材的使用 ································· 4

2　测量和实验基本知识 ····································· 5

  2.1　测量的基本概念 ····································· 5

  2.2　实验设计 ··· 16

  2.3　数据分析及处理 ····································· 25

3　常用测试仪表及其使用方法 ································ 40

  3.1　常用仪表概述 ····································· 40

  3.2　温度测量 ··· 41

  3.3　湿度测量 ··· 48

  3.4　压力测量 ··· 52

  3.5　流速测量 ··· 55

  3.6　流量测量 ··· 56

  3.7　电量测试 ··· 58

  3.8　热量测试 ··· 66

  3.9　空气污染物测试 ····································· 67

  3.10　环境放射性测试 ···································· 70

  3.11　声环境测试 ······································· 71

  3.12　光环境测试 ······································· 73

  3.13　室外气象参数测定 ·································· 75

  3.14　燃气参数测试 ····································· 76

4　环境参数测试 ·· 83

4.1　室内热环境测试 ··· 83

4.2　室内新风量测试 ··· 89

4.3　室内照度及噪声测试 ······································ 90

5　管网参数测试 ·· 93

5.1　风系统管网参数测试 ······································ 93

5.2　水系统管网参数测试 ······································ 110

5.3　燃气管网参数测试 ··· 121

5.4　蒸汽管网参数测试 ··· 126

6　设备及系统性能测试 ·· 128

6.1　冷热源设备性能测试 ······································ 128

6.2　空调及供暖末端设备性能测试 ························· 171

6.3　除尘与过滤设备性能测试 ······························· 190

6.4　燃气设备性能测试 ··· 198

6.5　其他设备性能测试 ··· 236

6.6　暖通空调系统性能测试 ··································· 240

6.7　可再生能源建筑应用工程测试 ························· 246

7　专业基础综合实验 ··· 266

7.1　热工综合实验 ··· 267

7.2　流体力学综合实验 ··· 269

7.3　流体输配综合实验 ··· 270

7.4　环境测试综合实验 ··· 272

8　专业综合实验 ··· 273

8.1　暖通空调系统综合实验 ··································· 274

8.2　燃气输配及应用综合实验 ································ 279

附录 ·· 281

·· 282

1

绪 论

1.1 建筑环境与能源应用工程专业介绍

建筑环境与能源应用工程专业（以下简称"建环专业"）是一个用合理的能源形式和最少的能源消耗，低碳地营造满足人员需求和各类工艺需求环境的专业。随着我国城镇化的不断推进和人民生活水平的不断提高，城镇和建筑的环境控制及清洁能源供应的重要性和要求也不断提升，建环专业已从传统供暖、空调、通风、燃气系统的设计、施工、安装和应用，拓展至室内环境调控、室外热环境改善、绿色建筑与建筑节能、建筑智能化、建筑消防、可再生能源利用、清洁能源供应、冷热电三联供、高效低污染燃烧技术与设备、高效制冷技术与设备、能源监测与审计、区域能源规划、智慧能源输送系统及能源互联网等多领域的规划、咨询、设计、施工、安装、调试、运行管理和科学研究。在"双碳"目标、"健康中国""数字中国"背景下，社会对建环专业人才素质要求不断提高，需求也将持续增大。

2010 年国家启动卓越工程师培养计划，并从 2017 年起积极推进新工科建设。新工科建设以继承与创新、交叉与融合、协调与共享为主要途径，培养创新能力强、实践应用能力突出，适应社会经济发展的卓越工科人才。党的二十大指出，教育、科技、人才是全面建设社会主义现代化国家的基础性、战略性支撑。必须坚持科技是第一生产力、人才是第一资源、创新是第一动力，深入实施科教兴国战略、人才强国战略、创新驱动发展战略，开辟发展新领域新赛道，不断塑造发展新动能新优势。新时代的人才培养是培养德才兼备的高素质人才，兼具突出的知识、能力、素质的复合型人才。建环专业需培养胜任建筑与工艺环境营造与控制、城镇能源（燃气、热力、可再生能源、分布式能源）供应系统、建筑能源（水、暖、气、电）供应系统、建筑节能与绿色建筑及能源高效低污染利用等领域研究开发、投资策划、工程咨询与设计、施工安装、调试与运营管理等工作，并具有扎实基础、国际视野、创新意识和领导能力的科学研究、工程技术和经营管理人才。中国工程教育专业认证协会发布的《工程教育认证标准（2024 版）》明确了工程教育认证专业毕业要求。

工程教育认证
学生毕业生要求

1.2 实验教学的意义、目的及建设要求

1.2.1 实验教学的意义及目的

实验教学作为现代大学发展水平的标志,在传授学生知识、技术,培养学生能力、思维,以及影响学生价值观、世界观等方面均有不可替代的重要作用。尤其对于理工类学科,实验是对学生进行综合能力和素质培养的重要实践性教学环节之一。建环专业实验教学是学生理论结合实际,掌握系统实验方法、进行工程技能和科学研究训练,提升"知识""能力""素质"的重要途径。通过实验教学,可让学生更深刻了解国家和社会对建环专业人才的知识、能力、素质要求,明确学习、成长目标;掌握建环专业环境参数测试、管网系统测试、设备系统性能测试等专业内容的测试方法,为"知行合一"、工程应用、科学研究打下坚实基础;通过综合性、创新性实验项目,锻炼自主学习、分析探索、解决复杂工程问题的能力,培养创新思维、工程意识、协作分享等综合素质。

1.2.2 实验教学建设要求

1) 实验教学理念

新时期,应围绕国家第十四个五年规划和 2035 年远景目标关于高等教育事业的建设要求,贯彻"学生成长为中心,能力、素质培养为核心"的实验教学理念。建环专业实验教学应紧紧围绕国家"绿色低碳发展""双碳"目标、"健康中国""数字中国"等战略,培养国家急需人才,服务国家重大需求。

2) 实验教学建设内容

2021 年,全国高教处长会议以"夯实教学'新基建',托起培养高质量"为主题,对高等教育相关工作进行了动员部署。会议强调,高等教育高质量的根本与核心是人才培养质量,专业、课程、教材和技术是新时代高校教育教学的"新基建"。实验教学建设应基于专业人才培养体系和定位,构建实验教学体系,并围绕实验教学体系开展实验教学软硬件设施建设、实验课程和教材建设,通过"信息化"等新技术赋能,提升实验教学水平。实验课程应以国家一流课程为建设标准,体现高阶性、创新性、挑战度,并应巧妙融入"思政"元素,坚持立德树人,培养学生爱党、爱国、爱社会主义、爱人民、爱集体的精神,树立社会主义核心价值观、职业理想和职业道德。

3) 实验教学模式和方法

教育模式是某种教育思想和具体方法、步骤和程序等的有机结合,当这种结合体现出某些较稳定的特点时,就构成一种具体的教育模式。教育模式可按其指导思想的侧重点的不同分成许多具体类型,但总体上可分为过程控制型教育模式(如夸美纽斯的教育过程模式、程序教

学模式、先行组织者模式等)和状态控制型教育模式(如非指导性教学模式、合作教育模式、高难度教学模式等)两大类。

在实验教学中,往往需结合实验课程的教学定位和人才培养目标,融合多种教育模式,形成适用于某一实验课程的实验教学模式。并且,需要通过探索式教学、任务驱动式教学、讨论式教学等教学方法,"虚实结合、虚实互补""线上线下相结合""翻转课堂"等多元化教学方式,开展科学性、高效性、有效性的实验教学。

4) 实验教学安全及保障

实验室各类工作中,科研、教学是核心,科普、示范是拓展,而安全则是底线,是其他上层工作的基础。

严守安全底线,首先需按照实验室建设规划与工作计划,有步骤、有重点地建立健全各项规章制度并认真落实,并探索高效的安全管理形式,提高安全管理工作的规范化、制度化、科学化水平:

a. 提升管理设施、平台信息化水平。新时代高校应充分利用高效的信息化平台,进行药品、气瓶等危险性、易燃易爆性实验物品和各类实验场地活动的全过程管理。

b. 采用全过程的安全管理机制。各学院应打通"导师——学生——实验员"之间的沟通阻隔,加强交流,落实安全责任和义务。

c. 进行全过程的安全管理与教育。实验中心应对于入校新生进行实验安全教育和考核,考核通过方可进入实验室,同时每年组织一定次数的安全培训和紧急事件演练,提高师生安全防范意识和应急能力。

d. 重视多层面多角色的安全巡查工作。应从国家、学校、实验室、个人多个层面开展实验室安全巡查,采用日、月、季度、年度检查等多种形式,并积极通过志愿活动等途径组织学生参与安全自查,提升学生实验安全主人翁意识。

学生在实验室开展实验,应遵循以下实验室守则:

第一条 学生进入实验室,必须严格遵守各实验室的有关规定和要求。

第二条 学生实验前要做好预习,明确实验目的、内容、原理和实验方法、步骤。

第三条 实验前要了解仪器设备的工作原理和操作规程,认真检查有关仪器设备和实验设施,做好准备工作,经教师或实验人员检查合格后,方可开始操作。

第四条 实验时要集中精力,认真操作,未经允许不得在实验进行中离开实验室。如实记录数据和各种实验现象,认真思考,并按教学要求完成实验报告。

第五条 实验时要注意安全,不得把私人工具、元器件等物品带进实验室,不得大声喧哗和随便走动,不许搬弄与本实验无关的仪器设备。

第六条 实验时不得擅自动用其他组用具,室内一切物资未经同意不得带出室外。借用的工具如出现故障,应向老师提出。做完实验后,要将各种物品整理整齐,需归还的应及时归还。

第七条 严格遵守操作规程,爱护仪器设备,如有损坏丢失,要立即报告并进行登记。

第八条 实验室要保持整洁,严禁吸烟,节约用水、用电和用气;使用剧毒、易燃等化学危险品时,必须按教师和实验人员指导的安全方法操作,并按有关规定采取必要的防护措施。遇到事故,不要慌乱,应立即断水、断电和切断燃气等,并及时向教师和实验人员报告。

第九条 严格遵守操作规程,如因违反操作规程或不听从指挥造成仪器设备等物品损坏或丢失,按有关规定进行处理。

第十条　学生应及时交送实验报告,凡缺做实验的学生,在课程考试之前,按实验室要求补做实验。

1.3　关于实验教材的使用

教材是新时代高校教育教学的四大"新基建"之一,是专业、课程建设的重要支撑,也是扎实推进高校课程思政建设,深入推进"四新"建设的重要基础。《建筑环境与能源应用工程专业综合实验》(以下简称《综合实验》)是建环专业实验课程的重要教学指导用书。本书紧密结合重庆大学国家一流专业建筑环境与能源应用工程专业实践教学体系及实验课程体系,融合线上线下教学资源,采用新形态教材形式进行编写,整合了纸质教材内容和优质的数字教学资源,实现纸质、资源、课程和平台的多层交互,支持翻转课堂、线上线下混合式教学等教学方式。教材分为绪论、测量和实验基本知识、常用测试仪表及使用方法、环境参数测试、管网参数测试、设备及系统性能测试、专业基础综合实验、专业综合实验共 8 章,介绍了教材人才培养目标、教学理念及方法等教学内涵,传授建环专业实验设计及数据处理、测试技术及方法等实验测试知识,并提供了专业基础综合实验、专业综合实验等 30 余个具体实验项目,供不同学校结合自身特点进行选择。

本书为学生提供以下几方面帮助:

a.了解国家和社会对建环专业人才的知识、能力、素质要求,明确学习、成长目标。

b.掌握建环专业环境参数测试、管网系统测试、设备系统性能测试等专业内容的实验思维、测试方法,为"知行合一",工程应用、科学研究打下坚实基础。

c.掌握各实验项目实验内容、步骤和方法,在教材指导下独立、自主进行实验实践、探究和分析。

d.本书融合数字化技术,采用线上线下资源相结合的呈现形式,提供生动的演示、讲解视频以及实验延伸拓展内容,兼具"深和细""广和泛"特点,提升趣味性,引导学生自主学习,突出"自学、实践、探究、协同、共享"等能力和素质培养特性。

本书为教师提供以下几方面帮助:

a.把握专业、课程人才培养目标,实践适应新时代人才培养的"学生成长为中心,能力、素质培养为核心"的教学理念。

b.提供完善的建环专业实验教学体系,提供适宜的教学模式及方法,帮助教师在实验教学中从传统的"主导"地位转向给力的"辅导"角色。

c.提供实验教学指导资料、题库及解析等线上线下教学资料,助力实验教学的顺利开展。

本书提供了建环专业多个实验项目的实验教学内容,其中多个虚拟仿真实验项目、设计性创新性综合实验项目为重庆大学建筑环境与能源应用工程实验中心通过产学研融合手段自主设计开发的实验项目,可加强学生自主学习、综合实践能力及创新思维的培养。教师可利用这些实验项目开展实验教学。

本教材服务于建环专业《基础综合实验》和《专业综合实验》课程的教学,教材建设紧密围绕课程教学需求。教师可扫描二维码了解实验课程的建设思路,以便更好地使用本教材进行实验教学。

实验课程建设
要点介绍

2

测量和实验基本知识

测量是实验技术的基础,通过一定的实验测量手段和测量方法,人们便可获得需要的未知参数。实验过程中由于实验设备的不完善,实验仪器精度的限制及周围环境的影响,以及实验测试人员的观察力、熟练程度、测量程序等限制,实验观测值和它的客观真实值之间总是存在一定的差异,因此,在测量实践中,尽管常常使用同一套仪表,但在相同的环境条件下采用同样的测量方法,对同一稳定参数多次测量却得不到相同的测量结果,这种情况的出现是因为存在测量误差的缘故,这个不同在数值上表现为误差。人们进行实验的目的,通常是为了获得尽可能接近真值的实验结果,如果实验误差超出一定限度,实验工作及由实验结果所得出的结论就失去了意义。

2.1 测量的基本概念

测量是借助于特殊的工具和方法,通过试验手段将被测量与同性质的标准量进行比较,确定二者的比值,从而得到被测量的量值。因此,测量过程就是确定一个未知量的过程,其目的是准确地获取被测对象特征的某些参数的定量信息。

为使测量结果有意义,测量必须满足以下要求:

a. 用来进行比较的标准量应该是国际上或国家所公认的,且性能稳定。

b. 进行比较所用的方法和仪器必须经过验证。

因此,所谓测量就是用实验的方法把要测量参数(被测量)与定义其数值为 1 的同类量(称为测量单位)进行比较,求取二者比值,从而得出被测量的量值。设被测量为 X,其单位为 Ux,二者之比为 a,则被测量的量值为:

$$X \approx a\mathrm{Ux} \qquad (2.1)$$

式(2.1)称为测量的基本方程式。考虑测量结果有误差,式子左右两边只能近似等于。

从上述过程可以看出,进行测量要建立单位,确定实验方法和测量设备,并最后估算出结果的误差。

2.1.1　被测量(参数)的定义

在测量的过程中,通常把需要测量的物理量称为被测参数或被测量。例如,在建筑环境测量中,经常碰到的被测参数有温度、压力、湿度、噪声、有害物浓度等。

按照被测参数随时间变化的关系,可将被测量分为以下两种:

1)静态参数

某些被测参数在整个测量过程中数值的大小保持不变,即参数值不随时间而变化。例如,周围环境的大气压力,制冷压缩机稳定工况下的转速等均不随时间变化,可将这类参数通称为静态参数或常量。当然,严格地讲,这些参数的数值也并非绝对恒定不变,只是随时间变化得非常缓慢,在进行测量的时间间隔内由于其数值大小变化甚微,人们把这类参数当作静态参数处理。

2)动态参数

随时间不断改变数值的被测量称为动态参数,如空调设备刚刚开启时,空调房间内的温度、湿度等。这些参数随时间变化的函数可以是周期函数、随机函数等,人们处理这类参数时常需较大的数据量来描述它们。

2.1.2　测量的基本方法

一个物理量的测量,可以通过不同的方法实现。测量方法的选择正确与否,直接关系到测量结果的可信赖程度,也关系到测量工作的经济性和可行性。不当或错误的测量方法,除得不到正确的测量结果外,甚至会损坏测量仪器和被测量设备。有了先进精密的测量仪器设备,并不等于就一定能获准确的测量结果。必须根据不同的测量对象、测量要求及测量条件,选择正确的测量方法、合适的测量仪器及构造测量系统,进行正确的操作,才能得到理想的测量结果。

从不同的角度出发可以对测量方法进行不同的分类。

(1)按测量的手段分类:直接测量法、间接测量法和组合测量法

①直接测量。

将被测量直接与选用的标准量进行比较测量,或者用预先标定好的测量仪器进行测量,从而直接求得被测量数值的测量方法称为直接测量法。例如,用标尺测量长度,用等臂天平测量质量等。总之,只要参与测量的对象就是被测量本身,都属于直接测量。这种方法的优点可以直接得出测量结果,测量过程简单、迅速;缺点是测量精度不容易达到很高。它在工程技术中应用最广。

②间接测量。

采用直接测量方法不能直接得到测量结果,而需要先通过直接测量与被测量有某种确定函数关系的其他各个变量,然后根据此函数关系计算出被测量的数值的测量方法,称为间接测量法。该方法一般在直接测量时很不方便,误差较大或缺乏直接测量仪器时才采用。

间接测量法一般所需测量的量较多,测量和计算的工作量也较大,引起误差的因素较多。

但对误差进行分析并选择和确定具体的优化测量方法,在比较理想的条件下进行测量时,甚至能获得较高的精确度。

③组合测量。

组合测量法也是一种间接测量方法。当某项测量结果需要多个未知参数表达时,可通过由若干个直接测量和间接测量的组合进行多次测量,根据测量值与未知参数间的函数关系列出方程组并求解,进而得到未知量的测量方法,称为组合测量。进行组合测量时,可以使各被测量以不同的组合形式出现,然后根据直接测量和间接测量所得到的结果,通过求解一组联立方程式来求出被测量的量值。在科学实验和大型测试等工作中,常常会遇到组合测量方法的应用实例。

(2)按测量数据是否需要实时处理分类:在线测量和离线测量

测量系统状态数据的目的是应用。一类应用要求测量数据必须是实时的,即测量、数据存储、数据处理及数据应用是在同一个采样周期内完成。例如,锅炉的炉膛负压控制中的负压测量数据,空调房间温、湿度控制系统中的温、湿度测量数据,集中供热调度系统中的压力、压差、温度、流量等测量数据,这些数据如果失去实时性,将没有任何意义,因此应采用在线式测量方法。另一类则对测量数据没有实时应用的要求,一般情况下是在每一个采样周期内进行测量及存储数据,数据处理及数据应用在今后的某一时间内进行。例如,对建筑物供热效果评价中的温度测量数据,节能墙体测试中的温度、热流测量数据,这些数据只是用于事后分析,不需要实时处理,因此可采用离线式测量方法。

(3)按被测对象参数变化快慢分类:静态测量和动态测量

在测量过程中,如被测参数恒定不变,则此种测量称为静态测量。被测参数随时间变化而变,此种测量方法称为动态测量。动态测量的分析与处理比静态测量复杂得多。但由于仪表的反应一般很迅速,多数被测参数的变化又较缓慢,在仪表响应的短时间内被测参数可近似视为恒定不变,可当作静态测量对待。这样,可以使分析处理大为简化。

2.1.3 测量仪表的性能指标

测量仪表的性能指标是评价仪表性能和质量的主要依据,也是正确选择、应用仪表所必须具备的知识。测量仪表的性能指标很多,概括起来涉及技术、经济及使用三个方面。仪表技术指标一般有准确度、线性度、灵敏度及分辨率、变差、反应时间等;仪表的经济指标有价格、使用寿命、功耗等;仪表的使用指标有可靠性、抗干扰能力、质量、体积等。下面分别对仪表的基本技术性能指标进行介绍。

1)准确度

任一待测的物理量都具有客观存在的量值,这一量值称为真值。准确度是指测量结果与被测量真值之间的一致程度,是一个定性的概念。它是表征测量仪器品质和特性的最主要性能,因为使用任何测量仪器的目的就是得到准确可靠的测量结果,实质就是要求示值更接近真值。但在实际应用中,人们需要以定量的概念来表述,以确定其大小。通常使用其他术语来定义,如准确度等级、测量仪器的最大误差、测量仪器的引用误差等。

根据国家标准 GB/T 13283—2008 由引用误差表示准确度的仪表,其准确度等级应符合以下数系规定值:0.01,0.02,(0.03),0.05,0.1,0.2,(0.25),(0.3),(0.4),0.5,1.0,1.5,(2.0),2.5,4.0,5.0;其中,括号内的等级在必要时才采用,0.4 级只适用于压力表。

不适宜用引用误差表示准确度的仪表(如热电偶、热电阻等),可以用拉丁字母或序数数字的先后次序表示准确度等级,如 A 级、B 级、C 级,1 级、2 级、3 级等。

如前所述,仪表的准确度可以用引用误差表示,即某一准确度等级仪表在正常情况下,可以用仪表所允许具有的最大引用误差来表示。例如,准确度等级为 1 级的仪表,在测量范围内各处的引用误差均不超过±1% 时为合格,否则为不合格。必须指出:在工业应用时,对测量仪表准确度的要求,应根据实际生产和参数对工艺过程的影响所给出的允许误差来确定,这样才能保证生产的经济性和合理性。

2)线性度

由于线性仪表的刻度及信号处理都比较方便,符合使用习惯,所以通常希望仪表具有线性特性。线性度就是仪表特性曲线逼近直线特性的程度,反映仪表分度的均匀程度。测量仪表的非线性特性如图 2.1 所示。线性度用非线性误差来表示,如式(2.2)所示:

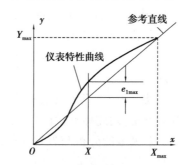

图 2.1　测量仪表的非线性特性

$$E_{1max} = \frac{e_{1max}}{S_P} \times 100\% \qquad (2.2)$$

式中　E_{1max}——线性度;

　　e_{1max}——仪表特性曲线与理想直线特性间的最大偏差;

　　S_P——仪表的量程。

3)灵敏度及分辨率

(1)灵敏度

灵敏度反映了静态状况下仪表示值变化对被测变量变化的幅值敏感程度。一般用于模拟量仪表,规定用仪表的输出变化量与引起此变化的被测参数改变量之比来表示,如式(2.3)所示:

$$S = \frac{\Delta y}{\Delta x} \qquad (2.3)$$

式中　S——仪表的灵敏度;

　　Δx——被测参数改变量;

Δy——仪表输出变化量。

对于变送器、传感器而言,其输出变化量为仪表输出信号的改变量。对于就地指示的仪表而言,其输出变化量就是指针的线位移或角位移。

测量仪表的灵敏度可以用增大仪表转换环节放大倍数的方法来提高。仪表灵敏度高,仪表示值的读数就会比较精细。但是必须指出,仪表的性能主要取决于仪表的基本误差,如果想单纯地通过提高灵敏度来达到更准确的测量是无法实现的。单纯增加灵敏度,反而会出现虚假的高准确度现象。因此,通常规定仪表标尺刻度上的最小分格值不能小于仪表允许的最大绝对误差值。

(2)分辨率

在模拟式仪表中,分辨率是指仪表能够测量出被测量最小变化的能力。如果被测量从某一值开始缓慢增加,直到输出产生变化为止,此时的被测量变化量即是分辨率。在测量仪表的刻度起点处的分辨率称为灵敏限。

仪表的灵敏度越高,分辨率越好。一般模拟式仪表的分辨率规定为最小刻度分格值的一半。

在数字式仪表中,往往用分辨力来表示仪表灵敏度的大小。数字式仪表的分辨力是指仪表在最低量程上最末一位数字改变一个字所表示的物理量。例如,七位数字式电压表,若在最低量程时满度值为 1 V,则该数字式电压表的分辨力为 0.1 μV。数字仪表能稳定显示的位数越多,则分辨力就越高。数字仪表的分辨率一般是指显示的最小数值与最大数值之比。例如,测量范围为 0 ~ 999.9 ℃ 的数字温度显示仪表,最小显示 0.1 ℃(末位跳变 1 个字),最大显示 999.9 ℃,则分辨率为 0.011%。

4)变差

在外界条件不变的情况下使用同一仪表对同一变量进行正、反行程(被测参数由小到大和由大到小)测量时,仪表指示值之间的差值,称为变差(又称回差)。检测仪表的变差如图 2.2 所示。

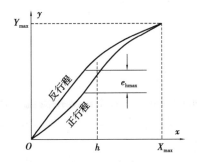

图 2.2　测量仪表的变差

不同的测量点,变差的大小也会不同。为了便于与仪表的准确度比较,变差的大小,一般采用最大引用误差形式表示,如式(2.4)所示:

$$E_{hmax} = \frac{e_{hmax}}{S_P} \times 100\% \tag{2.4}$$

式中 E_{hmax}——最大变差;

e_{hmax}——仪表的正、反行程指示值最大偏差值;

S_P——仪表的量程。

造成变差的原因有很多,例如传动机构的间隙、运动部件的摩擦、弹性元件的弹性滞后的影响等。变差的大小反映了仪表的准确度,要求仪表的变差不能超过准确度等级所限定的允许误差。

5)可靠性

现代工业生产的自动化程度日益提高,检测仪表的任务不仅要提供检测数据,而且要以此为依据,直接参与生产过程的控制。因此,检测仪表在生产过程中的地位越来越重要,一旦其出现故障往往会导致严重的事故。为此,必须加强仪表可靠性的研究,提高仪表的质量。

衡量仪表可靠性的综合指标是有效率,其定义如式(2.5)所示:

$$\eta_e = \frac{t_u}{t_u + t_f} \qquad (2.5)$$

式中 η_e——有效率;

t_u——平均无故障工作时间;

t_f——平均修复时间。

对使用者来说,当然希望平均无故障工作时间尽可能长,同时又希望平均修复时间尽可能短,即有效率的数值越接近于1,仪表工作越可靠。

6)动态特性

上述几个仪表的性能指标都是仪表的静态特性,是当仪表处于稳定平衡状态时,仪表的状态和参数处于相对静止的情况下得到的性能参数。仪表的动态特性是指被测量变化时,仪表指示值跟随被测量随时间变化的特性。仪表的动态特性反映了仪表对测量值的速度敏感性能。仪表的动态性能指标,一般用被测量初始值为零,并做满量程阶跃变化时仪表示值的时间反应参数来描述。

2.1.4 测量系统的组成

在测量技术中,为了测得某一被测量的数值,总要使用若干个测量设备,并将它们按一定的方式组合起来。例如,测量水的流量,常采用标准孔板流量计来获得与流量有关的差压信号,然后将差压信号输入差比变送器,经过转换、运算,变成电信号,再通过导线将电信号传送到显示仪表,显示出被测流量值。

为实现一定的测量目的而将测量设备进行有效组合所形成的测量体系,称为测量系统。测量系统的组成如图2.3所示,测量设备一般由传感器、变换器或变送器、传输通道和显示装置组成。

被测量 → 传感器 → 变换器 → 传输通道 → 显示装置 → 测量值

图2.3 测量系统的组成

1)传感器

传感器又称敏感元件,它直接与被测对象发生联系,接收来自被测量(包括物理量、化学量、生物量等)的信号后,将这些信号按一定的规律转换成便于处理和传输的另外一种量的输出信号。传感器是实现测量的首要环节,其功能是将被测量以单值函数关系,稳定而准确地转换成另一种物理量,给后面环节的变换、比较、运算及显示、记录提供便捷,如温度传感器中的热电偶、热电阻等。

敏感元件能否精确、快速地产生与被测量相应的信号,对测量系统的测量质量有着决定性的影响。因此,理想的敏感元件应满足如下要求:

a. 敏感元件发出的信号与被测参数之间应该有稳定的单值函数关系,即一个确定的信号只能与该参数的一个值相对应。

b. 敏感元件应该只对被测量的变化敏感,而对其他一切可能的输入信号(包括环境和噪声信号)不敏感。例如,热电偶产生热电动势的大小只随温度而变化,其他参数(如压力等)的变化不应引起热电动势的变化。

c. 在测量过程中,敏感元件应该不干扰或尽量少干扰被测介质的状态。

实际上,一个完善的、理想的敏感元件是十分难寻的。首先,要找到一个选择性很好的敏感元件,只能限制无用信号在全部信号中所占的比例,并用试验的方法或理论计算的方法把它消除;其次,敏感元件总要从被测介质中取得能量,在绝大多数情况下,被测介质的状况或多或少因传感器的介入而受到干扰,一个良好的敏感元件应该尽量减少这种干扰。

2)变换器或变送器

它是位于传感器与显示装置中间的部分,可将传感器输出的信号变换为显示装置易于接收的信号。传感器输出的信号一般是某种物理变量,如位移、压差、电阻、电压等,在大多数情况下,它们在性质上、强弱程度上总是与显示装置所能接收的信号有所差异。测量系统为了实现某种预定的功能,必须通过变换器或变送器对传感器输出的信号进行变换,包括信号物理性质的变换和信号数值上的变换。

现代的自动指示、记录与调节仪表,除可直接接收传感器信号外,有的仪表要求接收符合某种协议的标准信号。为此,需要将传感器转换来的信号变换为标准信号。工业生产的传感器和变送器的输出信号都符合标准,在自动测量与自动控制中应用广泛。

3)传输通道

测量系统各环节通常是分离的,需要把信号从一个环节送到另一个环节,实现这种功能的环节称为传输通道。传输通道是各环节间输入、输出信号的连接部分,它分为电线、光导纤维和管路等。在实际的测量系统中,应按规定要求进行选择和布置,否则会造成信息损失、信号失真或引入干扰。

4)显示装置

显示装置是测量系统直接与观测者发生联系的部分,如果被测量信号需要通知观测者,那么这种信息必须变成能为人们的感官所能识别的形式;实现这种"翻译"功能的设备称为显示装置,又称为显示仪表,其作用是向观测者指出被测参数的数值。显示装置可以对被测量进行指示、记录,有时还带有调节功能,以控制生产过程。显示仪表主要分为模拟式、数字式和屏幕式 3 种:

①模拟式显示仪表:此类仪表最常见的结构是以指示器与标尺的相对位置来连续指示被测参数的值,也称为指针式仪表。其结构简单,价格低廉,但容易产生视差。长时间记录时,常以曲线形式给出数据。该类仪表目前尚在普遍使用。

②数字式显示仪表:此类仪表直接以数字形式给出被测参数的值,不会产生视差,但直观形象性差,且有数字仪表特有的量化误差。记录时,可以打印输出数据。

③屏幕式显示仪表:此类仪表既可按模拟方式给出指示器与标尺的相对位置、参数变化的曲线,也可直接以数字形式给出被测参数的值,或者二者同时显示。彩色屏幕显示具有醒目、直观和显示多种数据的优点,便于比较判断。

2.1.5　智能化测量系统

1) 智能化测量系统的发展历程

在信息化发展迅猛的当今社会,测量技术仍然是信息技术的核心之一。20 世纪 70 年代微型计算机问世不久,就被用到测量技术领域。随着科技水平的提高,原本神秘昂贵的微型计算机价格趋于常态,功能越来越完善,并且解决了许多传统测量系统的难题,已然成为测量技术不可缺少的部分。带微处理器的测量仪表,称为智能仪表,由智能仪表组成的测量系统称为智能化测量系统。

20 世纪 50 年代后期运用的指针式仪表,基于电磁测量原理,用指针来显示最终的测量值、如万用表、电压表等。60 年代中期运用的数字式仪表,基于模拟信号的测量转化为数字信号测量,以数字显示或打印最终结果。70 年代初期,智能仪器仪表得到了广泛应用。智能仪表是计算机技术与测量仪器相结合的产物,作为含有微处理器的测量控制一体化系统,不仅可以对数据进行存储、运算、逻辑判断及自动化操作等,还具有一定的智能作用(表现为智能的延伸或加强等)。

1984 年,我国仪器学会成立"自动测试与智能仪器专业学组"。

1986 年,IMEKO(国际计量测试联合会)以"智能仪器"为主题召开了专门的讨论会。

1988 年,IFAC(国际自动控制联合会)理事会正式确定"智能元件及仪器"为其系列学术委员会之一。

近年来,智能仪表已开始从较为成熟的数据处理向知识处理发展。模糊判断、故障诊断、容错技术、传感器融合、机件寿命预测等,使智能仪器的功能向更高的层次发展。概括地说,智能化测量系统与传统测量系统相比,具有以下特点:

a.可编程性;

b.可记忆性;

c.数据处理功能;

d.其他特点,如多功能化、灵活性强,可自动记录测量数据、维修、控制等。

智能化测量系统中的微处理器,不再是简单地发布命令和完成测量数据运算的工具、而是与测量系统融为一体,可以改变测量的原理及方法,创造出新的一代测量系统。

2) 智能化测量系统的分类及基本组成

随着科技高速发展,测量系统已从以往单一参数的测量发展到现在整个系统的多参数连续测量、不同工况下的测量等。构建一个智能化测量系统,应考虑的因素包括连续采样、模-数转换、软件分析、计算机处理、自动监控、人机界面、通信网络等。

（1）分类及特点

根据系统组成不同,可分为集中式智能化测量系统和分布式智能化测量系统。集中式智能化测量系统由主机、智能仪表、数据采集器、各类传感器等组成。整个系统中一个主机,只使用一份数据。分布式智能化系统则由主机、智能仪表及通信系统组成。

集中式智能化测量系统的核心是微处理器,在机内扩展一定数量的模-数接口板与现场测量仪表进行匹配连接。集中式智能化测量系统结构如图 2.4 所示。其特点如下:

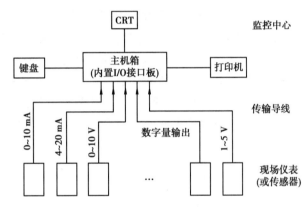

图 2.4 集中式智能化测量系统结构

a. 在监控中心可实时地观察到系统的全部测量数据。

b. 以微型计算机为核心,具有强大的数值计算、逻辑判断、信息存储等功能。

c. 只适用于规模较小的工业过程,测量点数应在 100 点以内、传输距离一般在百米以内。

d. 当系统的规模较大时,主机的负担较重、实时性变差。

测量点数较多、测量的地理范围较大时,应采用分布式智能化测量系统。

分布式智能化测量系统结构如图 2.5 所示,其自动测量系统的特点如下:

a. 灵活性:负载、危险、功能、地域分散和不确定等使分布式智能化测量系统的应用十分灵活。

b. 远程性:测量的作用半径大。

c. 实时性;大部分的数据处理工作由分机完成、提高了数据测量的实时性。

d. 可靠性:某一台分机出现故障不影响整个系统的运行。

（2）智能仪表和数据采集器

从智能仪器发展的状况来看,其基本结构有微机内嵌式、微机扩展式。微机内嵌式是将单片或多片的微机芯片与仪器有机结合在一起形成的单机,其形态是仪器。微处理器在其中起控制及数据处理等作用。微机内嵌式的特点是高性能、专用或多功能、小型化、便携或手持、干电池供电。

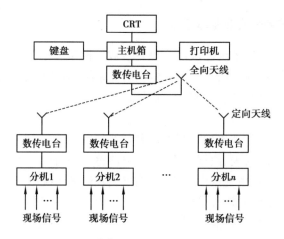

图2.5 分布式智能化测量系统结构

微机扩展式是以个人计算机(PC)为核心的应用扩展型仪器,其形态可以是计算机。

数据采集器是通过电池进行供电、便携式、具有海量存储器、具有与 PC 机接口的数据采集分时记录智能仪表。其类型可分为一体式数据采集器和组合式数据采集器。

一体式数据采集器,即数据采集器自带传感器;组合式数据采集器,即传感器和数据采集器是分离的。组合式数据采集器可以分为单通道和多通道的。多通道的可以一次同时从多个输入端采集数据。

3)智能化测量系统的特点

智能化测量系统的特点如下:

①能够自动完成某些测量任务或在程序指导下完成预定动作,测量精度高。

②具有自动校准、自检、自诊断功能。

③具有进行各种复杂计算和修正误差的数据处理能力。

④便于通过标准总线组成一个多种仪表的复杂测量系统,能够实现复杂的控制,并能灵活地改变和扩展仪表的功能。

4)智能化测量系统的发展趋势

智能化测量系统将主要从以下几个方面实现其发展:

①在性能方面,向高精度、高效率、高性能、智能化的方向发展。随着专用集成电路特别是超大规模集成电路的发展,测量系统将越来越向高性能、高智能化方向发展。

②在功能方面,向小型化、轻型化、多功能方向发展。为了适应自动化控制规模的不断扩大和高新技术的发展,不仅要求测量系统具有数据采集、监测、记忆、监控、执行、反馈、自适应等多种功能,甚至还要具有神经系统功能,以便能实现整个生产系统的最佳化和智能化。

③在层次方面,向系统化、复合集成化的方向发展。测量系统既包含各种技术的相互渗透、相互融合和各种产品的优化与复合,又包含在生产过程中同时处理加工、装配、监测、管理

等多种工序。

5) 智能化测量系统的功能及影响因素

实现测量系统和仪表的智能化,建立具有智能化功能的测量系统和仪器,是克服测量系统自身不足,获得高稳定性、高可靠性、高精度以及提高分辨率与适应性的必然趋势。

(1)功能

通过以微型计算机、微处理器为核心的数据采集系统与传感器相结合的测量系统、仪表,可以在最少硬件条件基础上,采用强大的软件优势,"赋予"测量系统、仪器智能化功能。其最常用的智能化功能有:非线性自校正、自校零与自校准、量程自动切换、自补偿等。

①非线性自校正:测量系统非线性误差是影响系统精度的重要因素。通常都希望测量仪表的输出量与输入量(被测量)呈线性关系,即在满量程测量范围内灵敏系数为常数,这样既有利于读数和分析,又便于处理测量结果。但是,在实际测量系统中,通过传感器将被测物理量转换为电量,其输出电量与被测物理量的关系并不是线性的。为了保证测量仪表的输出与输入具有线性关系,除对传感器本身在设计和制造工艺上采取一定的措施外,还必须对输入参量的非线性进行补偿,或称线性化处理。目前,常用的线性化处理方法有模拟线性化和数字线性化。

②自校零与自校准:测量仪器、系统在输入为零时其输出往往不为零、即存在零点误差,这属于固有系统误差。如果在某些干扰因素如温度、电源电压波动作用下,测量系统的增益、零点发生漂移,将引入可变系统误差。

具有自校零与自校准智能功能的测量仪器、系统,在程序的控制下进行三步测量法、自动校正零点、自动消除因零点漂移、增益漂移(又称灵敏度漂移)而引入的误差,从而提高了整个系统的精度与稳定性。根据测量系统的输入-输出特性是理想线性还是非线性特性、自校准可分为标准值实时自校法与多标准值实时自校法。

③量程自动切换:量程的自动切换即自动选择增益,须提前综合考虑被测量的范围,以及对测量精度、分辨率的要求等因素来确定增益(含衰减)挡数的设定和确定切换挡的准则,可根据具体问题而定。

④自补偿:当自校零与自校准环节不包含传感器时,传感器的零点以及各种干扰因素(如温度)引起的零点漂移、灵敏度漂移等固定系统误差与可变系统误差都将引入系统影响测量系统的稳定性与精度。在要求测量精度较高的情况下,采用以监测法为基础的软件自补偿智能化技术,消除干扰因素影响,改善测量系统稳定性,增强抗干扰能力。采用软件实现智能化频率自补偿技术还可以改善测量系统的动态特性,展宽测量系统的频带。

(2)温度对智能化测量系统的影响及补偿方式

在智能化测量系统中,温度变化对智能化测量系统的影响如下:

a.传感器材料具有线胀系数。

b.智能化测量系统的电子电路中大量采用的半导体器件,其工作点、增益会随温度的变化发生改变。

c.电阻、电容的性能随温度的变化发生改变。

当硬件电路调整不便,补偿精度不高时,可采用软件补偿来提高测量系统的温度稳定性、减小温度变化带来的温度附加误差。温度补偿就是利用测量系统自身的几个环节受温度影响产生的变化相反而相互抵消的作用,或在测量系统中附加一个环节、一个电路或一段程序、用它去控制测量系统的输出值、使之不随环境温度的变化而变化或控制在测量误差允许的范围之内。具体的补偿方式有:自身补偿式温度补偿方式、并联式温度补偿方式、反馈式温度补偿方式、测量系统中温度漂移的软件补偿方式。

例如,利用热电偶进行温度测量,计算机自动采集系统多采用冷端温度实时测量计算修正法。

①自动采集两个输入量。一个是热电偶回路的温差电势 $E_{AB}(T, T_0)$,另一个是冷端温度 T_0 值。

②求取修正量(计算补偿值)。计算机根据已测得的 T_0 值,自动查找内存中的热电偶分度表,得到 $E_{AB}(T, T_0)$ 值。

③修正温差电势 $E_{AB}(T, T_0)$。根据中间温度定律计算两节点温度分别为 T, T_0 时的总温差电势 $E_{AB}(T, T_0)$,即

$$E_{AB}(T, 0) = E_{AB}(T, T_0) + E_{AB}(T_0, 0)$$

即完成了对温差电势 $E_{AB}(T, T_0)$ 的修正。

④查表求热端温度 T。根据已求得回路总温差电势 $E_{AB}(T, 0)$ 查内存中的热电偶分度表,即可得到热端温度值 T(被测温度)。

2.2 实验设计

2.2.1 实验研究方法

实验研究方法是由研究者根据研究问题的本质内容设计实验,控制某些环境因素的变化,使得实验环境比现实相对简单,通过对可重复的实验现象进行观察,从中发现规律的研究方法。实验研究方法首先广泛应用于物理、化学、生物等自然科学研究。

实验研究方法首先是在自然科学中得到运用并成为其主要研究方法。正是由于实验研究方法的采用,自然科学建立了理论与经验事实的联系,推动了自然科学的飞速发展。近几十年来,社会科学的研究人员越来越认识到实验研究方法对于学科发展的重要性,开始努力将实验研究方法运用于各自的学科。

实验研究方法是一种受控的研究方法,通过一个或多个变量的变化来评估其对一个或多个变量产生的效应。实验的主要目的是建立变量间的因果关系,一般的做法是研究者预先提出一种因果关系的尝试性假设,然后通过实验操作来进行检验。

从研究过程的大体步骤来看,实验研究方法通常可分以下 6 个步骤。

①在对现实经济生活中各种现象进行观察思考并对有关文献进行回顾分析的基础上,确定研究问题。

②根据理论,进行合乎逻辑的推测,提出假设命题。

③设计研究程序和方法。

④收集有关数据资料。

⑤运用这些数据资料对前面提出的假设命题进行检验。

⑥解释数据分析的结果,提出研究结论对现实或理论的意义以及可以进一步研究或改进的余地。

在实验研究中特别引人注目的是步骤③"设计研究程序和方法",它是实验研究的核心。实验研究用于检验假设的数据是对实验现象观察得到的,因此实验的设计如何直接关系研究成败。仔细观察已有的实验研究成果可以发现,在以上步骤的具体实施上,实验研究方法与经验研究方法还是有所不同的,这一点在步骤②中就已经显示出来。将假设命题具体化为可以检验的模型,与实验设计有直接关系,研究者在对研究结果做出理论预期(即假设)时,必须考虑实验的可实施性;在建立可证伪的检验模型时,必须考虑变量的值是否可以通过实验取得。实验研究的步骤④是搜集有关数据资料,在实验研究中实施实验并记录实验情况。实验研究中用于假设检验的数据来自研究者设计的实验,而经验研究应用的数据来自经验,如统计资料或报刊(即现实世界中存在的数据),这个差别在方法定义时就已经明确。

2.2.2　实验设计简介

实验设计最早起源于对农业及生物遗传研究的应用统计方法,故一般称为生物统计学,它是应用数理统计学原理来研究生物界数量现象的科学方法,是一门将数理统计学与生物科学相结合的应用边缘学科。20 世纪以来,由于生物统计学的发展,生物科学和农业科学成为可以用数学方法来处理与研究的科学。实验统计学作为一门系统的学科起源于 1925 年英国统计学家 R. A. Fisher 的著作 Satistical Methods for Research Workers,该书形成了实验统学较为完整的体系。随着农业和生物学研究的发展,生物统计、实验设计和抽样理论得到了快速的发展,并随着工业研究和数理科学研究的发展而进一步推动了应用数理统计学的发展,反过来又推动了实验统计学的不断发展。

实验设计和实验结果的统计分析是密切相关的,只有按照科学的统计设计方法得到的实验数据才能进行科学的统计分析,得到客观有效的分析结论。实验设计是完成实验过程的依据,是进行实验数据处理的前提,也是提高科研成果质量的重要保证。

任何一项科研项目能否取得成果,在很大程度上取决于该科研项目实验方法是否准确,而实验方法的准确与否又取决于实验设计是否合理。实验设计合理与否,以及实验结构能否表达实验内容的准确性,又涉及实验数据的处理、分析。总之,如果实验设计不完善,就必然会降低研究成果的价值。

实验设计方法是一项通用技术,是现代科技和工程技术人员必须掌握的技术方法。

1) 实验设计的意义

实验设计需要对实验方案进行优选,选出最适宜的方案以降低实验的成本和误差,从而对实验结果进行科学地分析,进一步减少实验工作量。因此在实验设计中,实验目的要明确,要确定需要测定的参数及需要改变的条件,还要选择好的实验方法、满足精度要求的实验测量设备和合理的实验方案。当然,最后要有恰当的数据处理。

实验设计是实验研究过程的一个重要环节。通过实验设计,可以在实验安排上以最少的步骤达到最满意的结果。通过实验设计,允许在同一时间内存在多个变量,根据实验表格的设计,依据统计学原理,能以较少的实验次数获得最优的结果。

2)实验设计的基本概念

在实验设计中,有几个基本概念必须要掌握,分别如下。

（1）实验指标

用来衡量实验效果所采用的标准称为实验指标。例如,在做散热器性能测定实验时,需要确定散热器的传热系数 K,而散热器传热系数 K 表征的是散热器传热的强弱,所以 K 是散热器性能测定实验的实验指标。

（2）实验因素

在实验研究中,对实验指标有影响的条件通常称为实验因素。在实验中可以人为地调节和控制实验因素,这类因素称为可控因素;在实验中由于技术、设备和自然条件的限制,不能人为地调节和控制的实验因素,则称为不可控因素。在实验中,影响测量过程的因素通常有很多个。如果固定在某一状态上,只考虑一个因素的实验称为单因素实验;考虑两个因素的实验称为双因素实验;考虑多个因素的实验称为多因素实验。

（3）因素水平

因素变化的各种状态称为因素水平。某个因素在实验中需要考虑它的几种状态,就称它是几水平的因素。因素在实验中所处状态的变化可能引起实验指标的变化。例如,在离心泵性能测定实验中,需要考虑两个因素,也就是流量和扬程。在测量中需要测定不同流量下离心泵的扬程,如果流量选择阀门的开度为 20%、40%、60%、80% 和 100%,则 20%、40%、60%、80% 和 100% 就是流量因素的五个水平。

3)实验设计的步骤

实验设计包含以下 4 个步骤。

（1）明确实验目的、确定实验指标

在实验中,需要测定的参数一般不止一个,在实验前就应首先确定实验的目的究竟是解决几个问题并确定相应的实验指标。例如,在做空调系统表冷器性能测定实验时,影响表冷器换热效果的因素有空气的质量流速、表冷器的形式、表冷器的结构以及空气温度等。对于一定的空气处理过程来讲,影响表冷器换热效果的因素可以归纳为空气的质量流速、表冷器管排数、空气的初参数。

（2）挑选因素

明确实验目的和确定实验指标后,需要分析影响实验指标的因素,从所有的影响因素中,排除影响不大的因素或者已经掌握的因素,可以让它们固定在某一状态上,挑选对实验指标可能有较大影响的因素来考虑。

（3）选定实验设计方法

因素选定后,可根据研究对象的具体情况决定选择哪一种实验设计方法。对单因素问题,应选用单因素实验设计法;对三个以上因素问题,可选用正交实验设计法;若要进行模型筛选或确定已知模型的参数估计,可采用序贯实验设计。

(4)进行实验安排

上述问题解决以后,便可以进行实验的安排,开展具体的实验工作。

2.2.3 单因素实验设计

单因素实验设计是指在实验中只有一个研究因素,即研究者只分析一个因素对实验指标的作用,但单因素实验设计并不是意味着该实验中只有一个因素与实验指标有关联。单因素实验设计的主要目标之一就是控制混杂因素对研究结果的影响。常用的控制混杂因素的方法有完全随机实验设计、随机区组实验设计和拉丁方实验设计等。

1)完全随机实验设计

完全随机实验设计又称单因素设计或成组设计,是科研中最常用的一种研究设计方法,它是将同质的受试对象随机地分配到各处理组进行实验观察,或从不同总体中随机抽样进行对比研究。该设计适用面广,不受组数的限制,且各组样本量可以相等,也可以不相等,但在总体样本量不变的情况下,各组样本量相同时的设计效率最高。

完全随机实验设计方法简单、灵活、易用,处理组数和各组样本量都不受限制,统计分析方法也相对简单。如果在实验过程中,某实验对象发生意外,信息损失将小于其他设计。各处理组应同期平行进行。由于本设计单纯依靠随机分组的方法对非处理因素进行平衡,缺乏有效的控制,实验误差往往偏大。采用该设计时,对个体同质性要求较高,在个体同质性较差或达不到设计要求时,完全随机实验设计并不是最佳设计。此时应该采用随机区组实验设计或拉丁方实验设计。

2)随机区组实验设计

随机区组实验设计是单向区组化计数,由于同一区组内受试对象条件基本相同,各处理组所有受试对象不仅数量相同,而且保证组间的均衡性,控制一个已知来源的变化,降低抽样误差,实验效率较高。在实验室研究中较为常见。

采用该设计时,要尽可能地使观察值不缺失。这是因为缺失一个数据,该区组的其他数据也就无法利用了。虽然统计学上有估计缺失值的方法,但缺失时信息的损失是较大的,缺失后的信息是无法弥补的。

3)拉丁方实验设计

由 g 个拉丁字母排成 g×g 方阵,每行或每列每个字母都只出现 1 次,这样的方阵称为 g 阶拉丁方。拉丁方实验设计是按拉丁方的行、列、拉丁字母分别安排 3 个因素,每个因素有 g 个水平。一般将 g 个字母分别表示处理的 g 个水平,g 行表示 g 个区组(行区组),g 列表示另一个区组因素的 g 个水平(列区组)。因此,拉丁方是双向的区组化计数,控制了两个非处理因素的变异。

拉丁方实验设计的特点:在因素安排时,每种处理在行和列间均衡分布,因此,在行或列间出现差异时,都不影响处理因素所产生的效应。拉丁方的方差分析将总变异分解为四部分,即处理因素的变异、行区组变异、列区组变异和误差。这样方差分析的误差项较小,因此,该方法是节约样本量的高效率实验设计方法之一。

拉丁方实验设计实际上属于多因素实验设计方法。实际工作中,因为拉丁方实验设计常常考虑两个方向区组所对应的因素为控制因素,另外安排一个研究因素,所以将其归为单因素实验设计。

拉丁方实验设计中,除样本分配需要在区组内随机化外,处理因素各水平和拉丁字母关系的确定也要随机化。拉丁方实验设计可以看作双向区组设计,因此,观察单位在同一区组内就该区组因素而言是同质的。其要求与随机区组实验设计一致。有时为了提高结论的可靠性,需要增加样本量,可以两个或多个拉丁方进行重复实验。

2.2.4 双因素实验设计

对于双因素问题,往往采取把两个因素变成一个因素的方法来解决,也就是先固定一个因素,做第二个因素的实验,再固定第二个因素,做第一个因素的实验。

1)旋升法

旋升法又称从好点出发法,主要包含以下两个方面。

①固定其中一个因素在适当的位置,或者放在 0.618 处,对另外一个因素使用单因素法,找出好点。

②固定该因素于好点,反过来对前一个因素使用单因素法,选出更好点,如此反复。这种实验方法的特点是对某一因素进行实验选择最佳点时,另一个因素都固定在上次实验结果的好点上。

旋升法示意图如图 2.6 所示,首先在一条中线上用单因素法找到最大值 P_1;然后在过 P_1 点与中线垂直的线上用单因素法找到最大值 P_2;最后在过 P_2 点与上一条线垂直的线上用单因素法找到最大值 P_3,直到得到所需的结果。

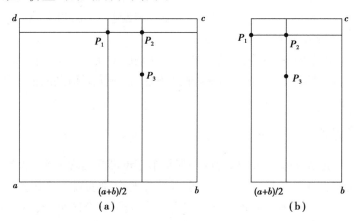

图 2.6　旋升法示意图

2)对开法

对开法示意图如图 2.7 所示,分别在两条中线上用单因素法找最大值 P、Q,根据 P、Q 值去掉另外 1/2 或 3/4,在余下部分的两条中线上重复第一步的实验,直到得到所需的结果。

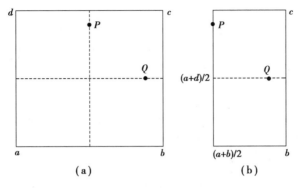

图 2.7 对开法示意图

3) 平行线法

在实际工作中常遇到两个因素的问题,且其中一个因素难以调变,另一个因素却易于调变。例如,一个是浓度,一个是流速,调整浓度就比调整流速困难。在这种情形下用平行约法比较好处理。

平行线法示意图如图 2.8 所示,首先用 0.618 法在不易调整的因素范围内确定两点,然后在易调整的因素范围用单因素法分别找上述两点的最大值 P、Q,比较 P、Q,判断余下部分,最后用同样的方法处理余下的部分。

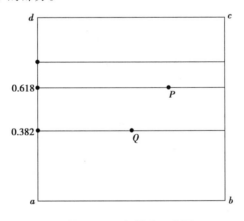

图 2.8 平行线法示意图

2.2.5 正交实验设计

研究两个以上因素效应的实验称为多因素实验。多因素实验设计方法有正交实验设计、均匀实验设计、稳健实验设计、完全随机化设计、随机区组实验设计、回归正交实验设计、回归正交旋转实验设计、回归通用旋转实验设计等,其中最基础的、在各领域应用最广泛的多因素实验设计方法是正交实验设计。多因素实验克服了单因素实验的缺点,其结果能较全面地说明问题。

对于单因素或两因素实验,因其因素少,实验的设计、实施与分析都比较简单。但在实际工作中,常常需要同时考察 3 个或 3 个以上的实验因素,若进行全面实验,则实验的规模将很大,往往因实验条件的限制而难以实施。正交实验设计就是安排多因素实验、寻求最优水平组合的一种高效率实验设计方法。利用正交表,以部分实施代替全面实施。

1)正交表

正交实验设计方法是用正交表来安排实验的。正交表是一种预先编制好的表格,根据这种表格可合理安排实验并对实验数据的正确性进行判断。

（1）各列水平数均相同的正交表

各列水平数均相同的正交表也称单一水平正交表。各列水平数均相同的正交名称的写法如图 2.9 所示。

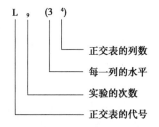

图 2.9　各列水平数均相同的正交名称的写法

各列水平数均为 2 的常用正交表有 $L_4(2^3)$、$L_8(2^7)$、$L_{12}(2^{11})$、$L_{16}(2^{15})$、$L_{20}(2^{19})$、$L_{32}(2^{31})$。

各列水平数均为 3 的常用正交表有 $L_9(2^4)$、$L_{27}(2^{13})$。

各列水平数均为 4 的常用正交表有 $L_{16}(2^5)$。

各列水平数均为 5 的常用正交表有 $L_{225}(2^6)$。

用表格的形式列出,见表 2.1。

表 2.1　正交表 $L_4(2^3)$

实验号列号	1	2	3
1	1	1	1
2	1	2	2
3	2	1	2
4	2	2	1

（2）混合水平正交表

各列水平数不相同的正交表称为混合水平正交表,混合水平正交表名称的写法如图 2.10 所示。

$L_8(4^1 \times 2^4)$ 常简写为 $L_8(4 \times 2^4)$。此混合水平正交表含有 1 个 4 水平列和 4 个 2 水平列,共有 1+4=5（列）。

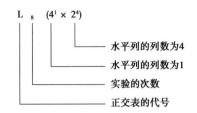

图 2.10　混合水平正交表名称的写法

所有的正交表与 $L_9(3^4)$ 正交表一样,都具有以下两个特点。

a. 在每一列中,各个数字出现的次数相同。在表 $L_9(3^4)$ 中,每一列有 3 个水平,水平 1、2、3 各出现 3 次。

b. 表中任意两列并列在一起形成若干个数字对,不同数字对出现的次数也都相同,如图 2.9 所示,在表 $L_9(3^4)$ 中,任意两列并列在一起形成的数字对共有 9 个:(1,1)、(1,2)、(1,3)、(2,1)、(2,2)、(2,3)、(3,1)、(3,2)、(3,3),每一个数字对出现一次。

2) 选择正交表的基本原则

一般都是先确定实验的因素、水平和交互作用,后选择适用的正交表。在确定因素的水平数时,主要因素宜多安排几个水平,次要因素可少安排几个水平。

①水平数:若各因素全是 2 水平,就选用 L(2 *)表;若各因素全是 3 水平,就选 L(3 *)表。若各因素的水平数不相同,就选择适用的混合水平正交表。

②实验精度的要求:若要求高,则宜取实验次数多的正交表。

③若实验费用很高,或实验的经费很有限,或人力和时间都比较紧张,则不宜选实验次数太多的正交表。

④按原来考虑的因素、水平和交互作用去选择正交表,若无正好适用的正交表可选,简便且可行的办法是适当修改原定的水平数。

⑤在对某因素或某交互作用的影响没有把握的情况下,选择正交表时常为该选大表还是选小表而犹豫。若条件许可,应尽量选用大表,让影响存在的可能性较大的因素和交互作用各占适当的列。某因素或某交互作用的影响是否真的存在,留到方差分析进行显著性检验时再得出结论。这样既可以减少实验的工作量,又不至于漏掉重要的信息。

3) 正交实验设计的基本程序

(1) 确定实验指标

实验指标由实验目的决定,一项实验目的至少需要一个实验指标,换言之,实验可分为单指标实验和多指标实验。

(2) 选择实验因素

选择实验因素时,首先要根据专业知识、以往研究的结论和经验教训,尽可能全面地考虑影响实验指标的诸因素。然后根据实验要求和尽量少选因素的一般原则,从中选定实验因素。先选择对实验指标影响大的因素、尚未完全掌握其规律的因素和未曾被考察研究过的因素;次要因素可作为可控的条件因素参加实验。

（3）选取实验因素水平，列出因素水平表

对于选出的因素，可以根据经验定出它们的实验范围，在此范围内选出每个因素的水平，即确定水平的个数和各个水平的数值。因素水平选定后，便可列成因素水平表。

4）选择合适的正交表

所选正交表应满足下列条件。

①对等水平实验，所选正交表的水平数与实验因素的水平数应一致，正交表的列数应大于或等于因素及所要考察的交互作用所占的列数，如 $Ln(M^k)$ 型。

②对不等水平实验，所选混合水平正交表 $\{Ln(M_1^{k1} \times M_2^{k2})\}$ 的某一水平的列数应大于或等于相应水平的因素的个数。

选正交表的原则是：在能安排实验因素和要考察的交互作用的前提下，尽可能选用小号正交表，以减少实验次数。另外，为考察实验误差，所选正交表安排完实验因素及要考察的交互作用后，最好有一空白列，否则必须进行重复实验才能考察实验误差。

5）表头设计

表头设计就是将实验因素分别安排到正交表的各列中去的过程。如果因素间无交互作用，各因素可以任意安排到正交表的各列中去；如果要考察交互作用，则各因素不能随意安排，应按所选正交表的交互作用表进行安排。

6）编制实验方案

在表头设计的基础上，将所选正交表中各列的水平数字换成对应因素的具体水平值，便形成实验方案。它是实际进行实验的依据。

至此，实验方案设计已告完成。接下来就是具体实施实验，在实验过程中，必须严格按照各号实验的组合进行处理，不能随意改动。实验因素必须严格控制，实验条件应尽量保持一致。另外，实验方案中的实验号并非实际实验进行的顺序，为了加快实验，最好同时进行实验，同时取得实验结果。如果条件只允许逐个进行实验，那么应使实验顺序完全随机化，即采用抽签或以随机数表等方法确定实验顺序，以排除外界干扰。此外，还应尽可能进行重复实验，以减少随机误差对实验结果的影响。

7）分析正交实验的结果

对取得的大量实验数据进行科学地分析并得出正确的结论，是实验设计法中不可分割的组成部分。通过分析主要因素及其影响程度，找出最佳的工艺条件。

正交实验方法能得到科技工作者的重视并在实践中得到广泛的应用，其原因不仅在于能使实验的次数减少，而且在于能够用相应的方法对实验结果进行分析并引出许多有价值的结论。因此，利用正交实验法进行实验，如果不对实验结果进行认真的分析，并得出合理的结论，那就失去了用正交实验法的意义和价值。

正交实验的结果分析有极差分析法、方差分析法。极差分析法简便易行、计算量小,但不如方差分析法严谨。方差分析可以分析出实验误差,从而知道实验精度;不仅可给出各因素及交互作用对实验指标影响的主次顺序,而且可分析出哪些因素影响显著,哪些因素影响不显著。对于显著因素,选取优水平并在实验中加以严格控制;对于不显著因素,可视具体情况确定优水平。但极差分析不能对各因素的主要程度给予精确的数量估计。

进行实验结果分析的目的如下:

a. 分清各因素及其交互作用的主次顺序,即分清主要因素和次要因素。

b. 判断因素对实验指标影响的显著程度。

c. 找出实验因素的优水平和实验范围内的最优组合,即实验因素各取什么水平时,实验指标最好。

d. 分析实验因素与实验指标间关系,找出指标随因素变化的规律和趋势,为进一步实验指明方向。

e. 了解各因素间的交互作用情况。

f. 估计实验误差。

2.3　数据分析及处理

2.3.1　误差的基本概念

在实际测量中,由于测量仪器不准确、测量手段不完善、环境影响、测量操作不熟悉及工作疏忽等因素,导致测量仪表的测量值与被测量的真值之间会存在一定的差值,这个差值称为测量误差。在实际测量中常用高精度的测量值或平均值代表真值。

1)误差的表示方法

(1)绝对误差

测量值 X 和真值 X_0 之差为绝对误差,通常称为误差。如式(2.6)所示:

$$\Delta X = X - X_0 \tag{2.6}$$

绝对误差给出的是测量结果的实际误差值,其量纲与被测量的量纲相同。

(2)相对误差

测量的绝对误差 ΔX 与真值 X_0 之比称为测量的相对误差 δ。如式(2.7)所示:

$$\delta = \frac{\Delta X}{X_0} \times 100\% \tag{2.7}$$

因此,相对误差反映了实验结果的精确程度。

2)误差的分类

根据测量误差的性质不同,可将测量误差分为三类,即系统误差、随机误差和粗大误差。

（1）系统误差

在相同测量条件下,对同一被测量进行多次重复测量时,测量误差的大小和符号都保持不变,或者在测量条件变化时按某一确定的规律变化的误差,称为系统误差。按照对系统误差的符号和大小是否可以确定,可将系统误差分为已知的系统误差(已定系统误差)和未知的系统误差(未定系统误差)。已定系统误差可通过修正的方法从测量结果中消除;未定系统误差一般只能估计出它的限值或分布范围。系统误差的主要特点是,只要测量条件不变,误差即为确切的数值,用多次测量取平均值的办法不能改变或消除系统误差,而当条件改变时,误差也随之遵循某种确定的规律而变化,具有可重复性。归纳起来,产生系统误差的主要原因有:

a. 测量仪器设计原理及制作上的缺陷,如刻度偏差,刻度盘或指针安装偏心,使用过程中零点漂移,安放位置不当等。

b. 测量时的环境条件如温度、湿度及电源电压等与仪器使用要求不一致等。

c. 采用近似的测量方法或近似的计算公式等。

d. 测量人员估计读数时习惯偏于某一方向等原因所引起的误差。

系统误差的处理多属于测量技术上的问题,可以通过实验的方法加以消除,也可以通过引入更正值的方法加以修正。

（2）随机误差

在同一条件下,对某一物理量进行多次测量时,每次测量的结果一般有所差异,其差异的大小和符号以不可预定的方式变化着,这种误差称为随机误差,也称为偶然误差。多数情况下随机误差服从正态分布,可以用概率统计方法处理。随机误差的特点是,在多次测量中误差绝对值的波动有一定的界限,即具有有界性;当测量次数足够多时,正负误差出现的机会几乎相同,即具有对称性:同时随机误差的算术平均值趋于零,即具有抵偿性。由于随机误差的上述特点,可以通过对多次测量取平均值的办法,来减小随机误差对测量结果的影响,或者用其他数理统计的办法对随机误差加以处理。

产生随机误差的主要原因包括:

a. 测量仪器元器件产生噪声,零部件配合得不稳定、摩擦、接触不良等。

b. 温度及电源电压的无规则波动,电磁干扰,地基振动等。

c. 测量人员感觉器官的无规则变化而造成的读数不稳定等。

（3）粗大误差

在一定的测量条件下,测定值明显偏离真值所形成的误差称为粗大误差,确认含有粗大误差的测量值称为坏值或异常值,应当剔除不用。

产生粗大误差的主要原因包括以下3个方面。

a. 测量方法不当或错误。例如,用大量程的压力计测量小压力。

b. 测量操作疏忽和失误。例如,未按规程操作,读错读数或单位,记录或计算错误等。

c. 测量条件的突然变化。例如,电源电压突然增高或降低、雷电干扰、机械冲击等引起测量仪器示值的剧烈变化等。

需要强调的是,系统误差和随机误差虽是两个截然不同的概念。但在任何测量中,误差既不会是单纯的系统误差,也不是单纯的随机误差,而是两者兼而有之,并且这两种误差之间没有严格的分界线。在实际测量中有许多误差是无法准确判断其从属性的,并且在一定的条件下,随机误差的一部分可转化为系统误差。

2.3.2　随机误差分析

随机误差是在测量过程中,因存在许多随机因素对测量结果造成影响,使测量值带有大小和方向都难以预测的测量误差。研究随机误差不仅是为了能对测量结果中的随机误差作出科学的评定,而且是为了能够指导我们合理地设计测量方案,减小随机误差对测量结果的影响,充分发挥现有仪表的测量精度,从而对测量所得数据进行正确处理,使测量达到预期的目的。

1)随机误差的特性

随机误差的出现,从表面上看是毫无规律的、纯偶然的,但是总体而言,随机误差的出现服从统计规律,利用数理统计的理论和方法,可以掌握大量数据中存在的随机误差的规律,确定随机误差对测量结果的影响。

在对大量的随机误差进行统计分析后,人们认识并总结了随机误差分布的以下4条性质。

①随机性:在一定的测量条件下,测量的随机误差总在一定的、相当窄的范围内变动,绝对值很大的误差出现的概率接近于零。也就是说,随机误差的绝对值实际上不会超过一定的界限。这个性质也称为随机误差的有界性。

②单峰性:随机误差具有分布上的单峰性,即绝对值小的误差出现的概率大,绝对值大的误差出现的概率小,零误差出现的概率比任何其他数值的误差出现的概率都大。

③对称性:大小相等、符号相反的随机误差出现的概率相同,其分布呈对称性。

④抵偿性:在等精度测量条件下,当测量次数 n 趋于无穷时,全部随机误差的算术平均值趋于零,如式(2.8)所示:

$$\lim_{n \to \infty} \frac{1}{n} \sum_{i=1}^{n} \delta_i = 0 \tag{2.8}$$

根据概率论中心极限定理可知,设某随机变量可用大量独立随机变量之和表示,其中每一个随机变量对总和的影响极微,则可认为这个随机变量服从正态分布。在大多数的测量中,随机误差正是由多种独立因素共同造成的许多微小误差的总和。由此可见,大多数测量的随机误差都服从正态分布,其分布密度函数如式(2.9)所示:

$$f(\delta) = \frac{1}{\sigma \sqrt{2\pi}} e^{-\frac{\delta^2}{2\sigma^2}} \tag{2.9}$$

若以测定值本身来表示,则

$$f(x) = \frac{1}{\sigma \sqrt{2\pi}} e^{-\frac{(x-x_0)^2}{2\sigma^2}} \tag{2.10}$$

测量值的概率分布密度曲线如图 2.11 所示。式(2.10)中,x_0 和 σ 是决定正态分布的两个特征参数,x_0 和 σ 的值确定以后,则概率正态分布密度就确定了,所以 x_0 和 σ 称为正态分布的特征数。在误差理论中,x_0 代表被测参数的真值,完全由被测参数本身所决定。当测量次数趋于无穷大时,式(2.11)成立:

$$x_0 = \lim_{n \to \infty} \frac{1}{n} \sum_{i=1}^{n} x_i \tag{2.11}$$

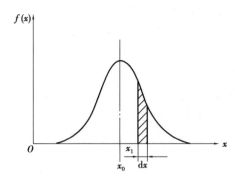

图 2.11　测量值的概率分布密度曲线

σ 称为标准误差,又称为均方根误差,表示测定值在真值附近的散布程度,由测量条件所决定。其定义式如式(2.12)所示:

$$\sigma = \lim_{n\to\infty} \sqrt{\frac{1}{n}\sum_{i=1}^{n}\delta_i^2} = \lim_{n\to\infty} \sqrt{\frac{1}{n}\sum_{i=1}^{n}(x_i - x_0)^2} \tag{2.12}$$

从图 2.11 可以看出,正态分布很好地反映了随机误差的分布规律,与随机误差的四条性质相互印证。

2)正态分布的统计性质

(1)数学期望

对于服从正态分布的测定值 x,落在 $(x, x+\Delta x)$ 内的概率近似为 $f(x)\Delta x$,所以一列等精度测定值的数学期望可以写为

$$M(x) = \int_{-\infty}^{+\infty} x \frac{1}{\sigma\sqrt{2\pi}} e^{-\frac{(x-x_0)^2}{2\sigma^2}} \mathrm{d}x = x_0 \tag{2.13}$$

式(2.13)的意义为:数学期望是随机变量(测定值)的概率分布的平均数,也就是把变量的所有可能值乘以各个可能值所分别具有的概率的总和。可以根据一列 n 次等精度测量所得到的结果 $x_1, x_2, \cdots, x_n$ 来估计真值 x_0。因此,真值 x_0 的最有可能值就是 x_i 的算术平均值,如式(2.14)所示:

$$\bar{x} = \frac{1}{n}(x_1 + x_2 + \cdots + x_n) = \frac{1}{n}\sum_{i=1}^{n} x_i \tag{2.14}$$

式中,$\bar{x}$ 表示有限个测定值的平均值,它在真值 x_0 附近摆动,当 n 趋于无穷大时,$\bar{x}$ 会收敛于 x_0,所以可以把 x 称为 x_0 的无偏估计,即 $\bar{x}$ 是 x_0 的最佳估计值。

(2)标准误差

由式(2.12)可知,标准误差 σ 是在 $n\to\infty$ 的条件下给出的定义式,即测量次数应趋近于无穷大。但在实际的测量工作中,不可能做到无限次的测量,只能进行有限次的测量,而且所知道的也只是由算术平均值所求得的被测量的真值的估计值。因此,标准误差 σ 实际上也不能准确计算,只能估计。

当 n 为有限值时,用残差 $v_i = x_i - \bar{x}$ 来近似代替真误差 δ_i,用 $\hat{\sigma}$ 表示有限次测量时标准误差 σ 的估计值。可以证明:

$$\hat{\sigma} = \sqrt{\frac{1}{n-1}\sum_{i=1}^{n}(x_i - \bar{x})^2} = \sqrt{\frac{1}{n-1}\sum_{i=1}^{n}v_i^2} \qquad (2.15)$$

式(2.15)称为贝塞尔公式。当 $n \to \infty$ 时，$\bar{x} \to x_0$，$(n-1) \to n$，可见贝塞尔公式与 σ 的原始定义是相同的。只不过在利用贝塞尔公式计算时，n 是有限值，所以计算出的结果只是 σ 的估计值。

当 $n=1$ 时，贝塞尔公式出现 $\frac{0}{0}$ 的不定式，说明对某一物理量如果仅测量一次，其标准误差不能用贝塞尔公式确定。这也说明，贝塞尔公式只有在 $n>1$ 的情况下才有意义。

σ 表征各个测量值彼此间的分散程度。不同 σ 值的三条正态分布曲线如图2.12所示。

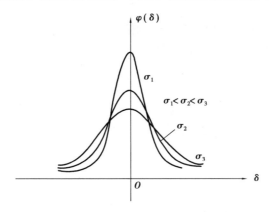

图2.12　不同 σ 值的三条正态分布曲线

由图2.12可知，σ 值越小，则分布曲线越尖锐，意味着小误差出现的概率越大，而大误差出现的概率越小，表明测定值越集中，精密度越高。因此可以用参数 σ 来表征测量的精密度。

如果在相同条件下对同一量值进行多组重复的系列测量，则每一系列都有一个算术平均值。由于随机误差的存在，各个测量列的算术平均值也不相同，围绕着被测量的真值有一定的分散。用算术平均值的标准差 $\sigma_{\bar{x}}$ 表征同一被测量的各个独立测量列算术平均值的分散性，作为算术平均值不可靠性的评定标准。可以证明：

$$\sigma_{\bar{x}} = \frac{\sigma}{\sqrt{n}} \qquad (2.16)$$

式(2.16)的含义是用 $\bar{x}$ 的均方根误差来表征 $\bar{x}$ 对被测量真值估计的精密度。若用 $\hat{\sigma}$ 作为 σ 的估计值，则

$$\hat{\sigma}_{\bar{x}} = \frac{\hat{\sigma}}{\sqrt{n}} \qquad (2.17)$$

2.3.3　系统误差分析

1）系统误差的性质

系统误差与随机误差不同，它的出现具有一定的规律性，不能像随机误差那样靠统计的方

法,只能采取具体问题具体分析的方法,通过仔细检验及特定的实验才能发现与消除系统误差。

如果测量列中存在系统误差 θ_i,用 x_i' 代表更正后的测定值,则测定值可用式(2.18)表示。

$$x_i = \theta_i + x_i' \tag{2.18}$$

其算术平均值可用式(2.19)表示:

$$\bar{x} = \frac{1}{n}\sum_{i=1}^{n}x_i = \frac{1}{n}\sum_{i=1}^{n}x_i' + \frac{1}{n}\sum_{i=1}^{n}\theta_i \tag{2.19}$$

即

$$\bar{x} = \overline{x'} + \frac{1}{n}\sum_{i=1}^{n}\theta_i \tag{2.20}$$

式中,$\overline{x'}$ 是消除系统误差后的测定值的算术平均值。

对于未被更正的测定值而言,也可以求得它的残差 v_i:

$$v_i = x_i - \bar{x} = (x_i' + \theta_i) - \left(\overline{x'} + \frac{1}{n}\sum_{i=1}^{n}\theta_i\right) = (x_i' - \overline{x'}) + \left(\theta_i - \frac{1}{n}\sum_{i=1}^{n}\theta_i\right) \tag{2.21}$$

由式(2.21)可以得到系统误差的两个性质。

①固定的系统误差可由式(2.22)表示:

$$\theta_i = \frac{1}{n}\sum_{i=1}^{n}\theta_i \tag{2.22}$$

根据式(2.21),则有 $v_i = (x_i' - \overline{x'}) = v_i'$,由此而计算的标准误差也会相等。因此,固定的系统误差并不影响测量列的精密度,只是影响测量结果的准确度。如果测量次数足够多则残差的概率分布仍服从正态分布。

②变化的系统误差可用式(2.23)表示:

$$\theta_i \neq \frac{1}{n}\sum_{i=1}^{n}\theta_i \tag{2.23}$$

即 $v_i \neq v_i'$,所以变化的系统误差不但影响测量结果的准确度,而且其精密度会变化。

系统误差的这两个性质对通过测量数据来判定系统误差有着重要的意义。

2)系统误差的一般清除方法

由于系统误差是可以被发现的,为了提高测量精度,应尽力对系统误差进行修正或消除。一般来说,系统误差的处理属于测量技术上的问题,要从测量技术的角度出发,尽可能地消除造成系统误差的各种因素。

发现和消除系统误差的常用方法有以下3种。

(1)交换抵消法

交换抵消法也称对置法或交换法。这种方法是消除系统误差的常用方法。其实质是交换某些测量条件,使得引起系统误差的原因以相反的方向影响测量结果,从而中和其影响。

交换抵消法称重如图2.13所示,在两臂长为 l_1 和 l_2 的天平上称重,先将被测质量 x 放在左边,标准砝码 p 放在右边,调平衡后,可得出式(2.24):

$$x = \frac{l_2}{l_1}P \tag{2.24}$$

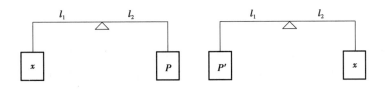

图 2.13 交换抵消法称重

若 l_1 与 l_2 不严格相等,取 $x=P$ 必将引入系统误差。此时,可将 x、P 位置交换,由于 $l_1 \neq l_2$,P 需要换为 P' 才能与 x 平衡,则式(2.25)成立:

$$P' = \frac{l_2}{l_1}x \tag{2.25}$$

于是可取 $x=\sqrt{pp'}$。

这样即可消除因天平臂长不等而引入的系统误差。

(2)替代消除法

在一定的测量条件下,用一个精度较高的已知量在测量装置中取代被测量,而使测量仪表的示值保持不变,此时,被测量即等于已知量。由于替代前后整个测量系统及仪器示值均未改变,测量中的系统误差对测量结果不产生影响,测量准确度主要取决于标准已知量的准确度及指示器灵敏度。

替代消除法测量电阻如图 2.14 所示,是替代消除法在精密电阻电桥中的应用实例。首先接入未知电阻 R_x,调节电桥使之平衡,此时等式(2.26)成立:

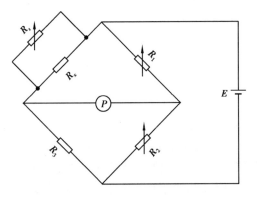

图 2.14 替代消除法测量电阻

$$R_x = R_1 R_3 / R_2 \tag{2.26}$$

由于 R_1、R_2 和 R_3 都有误差,若利用它们的标称值来计算 R_x,则 R_x 也必将带有误差。为了消除 R_1、R_2 和 R_3 带来的误差,现用可变标准电阻 R_s 代替 R_x,并保持 R_1、R_2 和 R_3 不变,调节可变标准电阻 R_s 使电桥重新平衡,则有 $R_x=R_s$,可见此时测量误差仅取决于可变标准电阻 R_s 的误差,而与 R_1、R_2 和 R_3 的误差无关。

(3)预检法

这是一种检验和发现系统误差的常用方法。可用测量器具与较高精度的基准器具对同一物理量进行多次重复测量,将两个测量列分别求取算术平均值,则两个算术平均值的差值即可看作测量器具在该物理量测量时的系统误差,据此,可对测量值进行修正。

2.3.4 实验数据处理

所谓实验数据的处理,就是从测量所得到的原始数据中求出被测量的最佳估计值,并计算其精确程度,必要时还要把测量数据绘制成曲线或归纳成经验公式,以便得出正确结论。

1)有效数字

由于含有误差,所以测量数据及由测量数据计算出来的算术平均值等都是近似值。通常从误差的观点来定义近似值的有效数字。若末位数字是个位,则包含的绝对误差值不大于0.5,若末位是十位,则包含的绝对误差值不大于5,对于其绝对误差不大于末位数字一半的数,从它左边第一个不为零的数字起,到右面最后一个数字(包括零)止,都称为有效数字。

3.141 6	五位有效数字,	极限误差≤0.000 05
3.142	四位有效数字,	极限误差≤0.000 5
8 700	四位有效数字,	极限误差≤0.5
87×102	二位有效数字,	极限误差≤0.5×102
0.087	二位有效数字,	极限误差≤0.000 5
0.807	三位有效数字,	极限误差≤0.000 5

由上述几个数字例可以看出,位于数字中间和末尾的0(零)都是有效数字,而位于第一个非零数字前面的0,都不是有效数字。

数字末尾的"0"很重要,如写成20.80表示测量结果准确到百分位,最大绝对误差不大于0.005,而若写成20.8,则表示测量结果准确到十分位,最大绝对误差不大于0.05,因此上面两个测量值分别在(20.80-0.005)~(20.80+0.005)和(20.8-0.05)~(20.8+0.05),可见最末一位是欠准确的估计值,称为欠准数字。决定有效数字位数的标准是误差,多写则夸大了测量准确度,少写则带来附加误差。例如,如果某电流的测量结果写成1 000 mA,四位有效数字,表示测量准确度或绝对误差不大于0.5 mA。如果将其写成1 A,则为一位有效数字,表示绝对误差不大于0.5 A,显然后面的写法和前者含义不同,但如果写成1.000 A,仍为四位有效数字,绝对误差不大于0.000 5 A等于0.5 mA,含义与第一种写法相同。

对测量结果中的多余数字,应按下面的舍入规则进行:以保留数字的末位为单位,它后面的数字若大于0.5个单位,末位进1;小于0.5个单位,末位不变;恰为0.5个单位,则末位为奇数时加1,末位为偶数时不变,即使末位凑成偶数。简单概括为"小于5舍,大于5入,等于5时采取偶数法则"。

2)运算规则

当需要对几个测量数据进行运算时,要考虑有效数字保留多少位的问题,以便不使运算过于麻烦而又能正确反映测量的精确度。保留的位数原则上取决于各数中精度最差的那一项。

①加法运算:以小数点后位数最少的为准(各项无小数点则以有效位数最少者为准),其余各数可多取一位。

②减法运算:当相减两数相差甚远时,原则同加法运算;当两数很接近时,有可能造成很大的相对误差,因此第一要尽量避免导致相近两数相减的测量方法,第二在运算中多一些有效

数字。

③乘除法运算:以有效数字位数最少的数为准,其余参与运算的数字及结果中的有效数字位数与之相等。

④乘方、开方运算:运算结果比原数多保留一位有效数字。

3)一般处理步骤

对被测量进行等精度的测量之后,应根据所测得的一组数据 $x_1, x_2, \cdots, x_n$ 计算出算术平均值 $\bar{x}$ 和随机误差 σ,最后给出测量结果,处理过程如下。

①将测量得到的一列数据 $x_1, x_2, \cdots, x_n$ 依次列成表格。

②求出这一列测量值的算术平均值 $\bar{x}$,$\bar{x}$ 由式(2.27)计算可得:

$$\bar{x} = \frac{1}{n} \sum_{i=1}^{n} x_i \tag{2.27}$$

③列出残差 $v_i = x_i - \bar{x}$,并验证式(2.28)成立:

$$\sum_{i=1}^{n} v_i = 0 \tag{2.28}$$

④列出 v_i^2,按贝塞尔公式计算标准偏差(实际上是标准偏差 σ 的最佳估值 $\hat{\sigma}$),σ 由式(2.29)计算可得:

$$\sigma = \sqrt{\frac{1}{n-1} \sum_{i=1}^{n} v_i^2} \tag{2.29}$$

⑤按 $|v_i| > 3\sigma$ 的原则,检查和剔除粗差。如果存在坏值,应当剔除不用,而后从②开始重新计算,直到所有 $|v_i| \leqslant 3\sigma$ 为止。

⑥判断有无系统误差,如有系差应查明原因,修正或消除系差后重新测量。

⑦算出算术平均值的标准偏差(实际上是其最佳估计值),$\sigma_{\bar{x}}$ 由式(2.30)计算可得:

$$\sigma_{\bar{x}} = \frac{\sigma}{\sqrt{n}} \tag{2.30}$$

⑧最后结果的表达式如式(2.31)所示:

$$A = \bar{x} \pm 3\sigma_{\bar{x}} \tag{2.31}$$

下面对上述步骤举例说明。

【例】对某温度进行了16次等精度测量,测量数据 x_i 中已计入修正值,列于表2.2测量结果及数据处理表。要求给出包括误差(即不确定度)在内的测量结果表达式。

表2.2 测量结果及数据处理表

n	x_i	v_i	v_i'	$(v_i')^2$
1	205.30	0.00	0.09	0.008 1
2	204.94	−0.36	−0.27	0.072 9
3	205.63	+0.33	+0.42	0.176 4
4	205.24	−0.06	+0.03	0.000 9

续表

n	x_i	v_i	v_i'	$(v_i')^2$
5	206.65	+1.35	—	—
6	204.97	−0.33	−0.24	0.057 6
7	205.36	+0.06	+0.15	0.002 5
8	205.16	−0.14	−0.05	0.002 5
9	205.71	+0.41	+0.50	0.25
10	204.70	−0.60	−0.51	0.260 1
11	204.86	−0.44	−0.35	0.122 5
12	205.35	+0.05	+0.14	0.019 6
13	205.21	−0.09	0.00	0.000 0
14	205.19	−0.11	−0.02	0.000 4
15	205.21	−0.09	0.00	0.000 0
16	205.32	+0.02	+0.11	0.012 1
计算值		$\sum v_i = 0$	$\sum v_i' = 0$	

解：①求出算术平均值 $\overline{x}=205.30$ ℃；

②计算 v_i，并列于表中；

③计算标准差（估计值）：

$$\sigma = \sqrt{\frac{1}{n-1}\sum_{i=1}^{n} v_i^2} = 0.443\ 4$$

④按 $\Delta=3\sigma$ 判断有无 $|v_i|>3\sigma=1.330\ 2$，查表中第 5 个数据 $v_i=1.35>3\sigma$，应将此对应 $x_i=206.65$ 视为坏值剔除，现剩下 15 个数据；

⑤重新计算剩余 15 个数据的平均值：

$$\overline{x'}=205.21\ ℃$$

⑥重新计算各残差 v_i' 列于表中；

⑦重新计算标准差：

$$\sigma' = \sqrt{\frac{1}{14}\sum_{i=1}^{n} v_i'^2} = 0.27$$

⑧按 $\Delta'=3\sigma'$ 再判断有无坏值，$3\sigma'=0.81$，各 $|v_i'|$ 均小于 Δ'，则认为剩余 15 个数据中不再含有坏值；

⑨计算算术平均值标准差（估计值）：

$$\sigma_{\overline{x}}=\sigma'/\sqrt{15}=0.27/\sqrt{15}\approx0.07$$

⑩写出测量结果表达式：

$$x=\overline{x'}\pm3\sigma_{\overline{x}}=205.2\pm0.2\ ℃$$

2.3.5 区间估计和分析结果的表达

1) 预测分析数据和置信度

在日常生活中,我们经常对事物作预测,年轻人尤其喜欢打赌。例如,预测硬币的正反面,判断说:数字面朝上,则打赌取胜的概率为 50%。我们说:硬币数字面朝上的判断,其置信度为 50%。

（1）预测分析数据

假设人们对某一标准样品作过很多次分析,并且已经求得其中含磷量的标准值（总体均值 $\mu=0.079\%$,总体标准差 $\sigma=0.002\%$）。现在让某人按照标准方法分析一次这份标准样品中的磷（这种分析的目的在于检查分析条件是否正常）,在他着手分析之前,甲和乙二人打赌。甲说:这次分析的结果,含磷量将在 $0.079\%\pm0.004\%$ 之间,即在 $0.075\%\sim0.083\%$。乙不信,愿和甲打赌。如果分析条件正常,甲取胜的把握性有多大? 有 95.46%。乙取胜的可能性只有 4.54%。

这个结论从标准正态分布表就可得出,单次测定值 X 在 $\mu\pm2\sigma$ 之间的概率为 95.46%,超出该区间的概率只有 4.54%,所以甲取胜的把握性有 95.46%,即甲判断的置信度为 95.46%。

如果甲说磷的分析结果以% 计将在 0.079 ± 0.002 之间,即在 $0.077\sim0.081$,若有人和甲打赌,那么甲取胜的机会有 68%（因为 $X=\mu\pm u\sigma=0.079\pm1\times0.002$,其中 $u=1$）。而对方取胜的机会只有 32%。

（2）置信度的含义

所谓置信度就是表示人们所作判断的可靠程度。置信度有两重含义:一是置信概率;二是置信区间。如前所述,预测时所划定的区间越窄,置信概率就越窄;反之,表示不确定度的区间（置信区间）定得宽,推断的置信概率就越高。通常把测定值落在 $\mu\pm u\sigma$ 范围内的可靠程度（概率）称为置信度,用符号 P 表示。对于测定值落在 $\mu\pm u\sigma$ 范围以外的程度称为危险率（又称显著性水平）,用符号 α 表示。置信度与危险率之间的关系可以表示为 $\alpha=1-P$。

置信度定得越高,则判断失误的机会越小。但置信度亦不宜定得过高,因为据此判断采取行动,就会变得谨小慎微,从而丧失获得成功的机会。反过来,如果置信度定得过低,则判断失误的可能性就会增大,据此判断采取行动,就会冒失。其次,置信度过高的判断,虽然失误的可能性很小,但往往因为置信区间过宽,以至实用价值不大。因此作判断时,置信度的高低应定得合适,使置信区间的宽度足够小,而置信概率又很高。在日常生活中,人们的判断若有 90% 或 95% 的把握性,就认为这种判断基本上是正确的。

（3）预测平均值

如果让某人分析上述标准样品四次,用平均值报告磷含量。甲判断说:四次分析的平均值（%）在 0.079 ± 0.001 之间,即 X 在 $0.078\sim0.080$。若与人打赌,问甲取胜的把握有多大?

前已述及 $\sigma_{\bar{X}}=\dfrac{\sigma}{\sqrt{n}}$,则

$$平均值\ \bar{X}=\mu\pm u\sigma_{\bar{X}}=\mu\pm u\frac{\sigma}{\sqrt{n}}$$

现已知 $\sigma = 0.002, n = 4$,则

$$\sigma_{\bar{X}} = \frac{\sigma}{\sqrt{n}} = \frac{0.002}{\sqrt{4}} = 0.001$$

所以,$u = 1$,即甲取胜机会是 68%。

上述例子,都是说总体遵从正态分布,且总体均值 μ 及标准差 σ 都是已知的。在这些条件下,预测新的一次测定值可能落在什么范围内,都利用了 u 值。根据 u 值表,可知判断(预测)的置信度。

例如:

$X = \mu \pm 0.67\sigma$,或 $\bar{X} = \mu \pm 0.67\dfrac{\sigma}{\sqrt{n}}$,其置信度为 50%;

$X = \mu \pm 1.96\sigma$,或 $\bar{X} = \mu \pm 1.96\dfrac{\sigma}{\sqrt{n}}$,其置信度为 95%;

$X = \mu \pm 2.58\sigma$,或 $\bar{X} = \mu \pm 2.58\dfrac{\sigma}{\sqrt{n}}$,其置信度为 99%。

综上所述,在预测标样的分析值时,先选定标样的标准值 μ 作为基准,在 μ 的两边各定出一个界限,称为置信限。预测 X,置信限是 $u\sigma$;预测平均值,置信限就需相应地采用平均值标准差,即 $u\dfrac{\sigma}{\sqrt{n}}$。用这两个置信限在 μ 的两边划出的区间,叫置信区间。根据 u 值表,可以预测测定值 X(或平均值 $\bar{X}$)出现在 u 附近的置信区间内的置信概率是多少,亦即置信度是多少。在设置信限时,通常都是在 μ 值的左右两边对称地设相同大小的置信限,这是因为样本值 X 落在对 μ 左右对称的区间的概率较大些。

2)总体平均值 μ 的区间估计

上面讨论的都是总体均值 μ 和总体标准差 σ 已知,预测或估计测定值 X 出现在 u 附近的给定区间的概率是多少。

(1)由样本值 X 估计总体均值 μ

在实际测量中,我们真正关心的是:被测量的总体均值 μ 是多少? 我们是用测定值(随机变量 X)来估计总体均值 μ。如果总体标准差是已知的常数,从简单代数上说,以下两式:

①式 $\mu - u\sigma \leqslant X \leqslant \mu + u\sigma$;

②式 $X - u\sigma \leqslant \mu \leqslant X + u\sigma$。

是完全等效的。但是,从概率的意义上来说,这两式是有区别的。因为对于一个客观存在的恒定真值(非随机变化的)μ 值来说,似乎谈不上什么概率问题。

事实上,①式的含义是"一个随机变量 X 出现在指定区间 $(\mu - u\sigma, \mu + u\sigma)$ 内"这一事件的概率;而②式的含义则是"宽度一定而其中心值作随机变动的区间 $(X - u\sigma, X + u\sigma)$,其中包含一个恒定值 μ"这一事件的概率。

(2)由样本平均值 $\bar{X}$ 估计总体均值 μ

实际上,有限次测量是得不到 μ 和 σ 的。对于未知样,由于不知道 σ 值,就很难由样本值

X 作出置信区间的宽度来。这时我们可以由样本平均值 $\overline{X}$,利用 t 分布估计总体均值 μ:

$$\mu = \overline{X} \pm t \frac{S}{\sqrt{n}} \tag{2.32}$$

式中,t 值是随着置信概率和自由度而变的系数,t 称为置信因子。由表 2.3 可知,在相同显著水平下,自由度越大,$t_{(\alpha,f)}$ 的值越小。当 $f \to \infty$ 时,t 值便与正态分布的 u 值一致。这是因为重复测定次数越多,所得平均值 $\overline{X}$ 就与 μ 越接近,而且表征平均值 $\overline{X}$ 的离散程度的标准差 $S_{\overline{X}}$ 也越来越小 $\left(\text{因 } S_{\overline{X}} = \frac{S}{\sqrt{n}}\right)$。以相同的置信概率去估计总体均值 μ 时,所得置信区间一定随 n 增大而越来越窄,与此同时,样本标准差 S,亦随 n 增大而愈益接近于 σ,故置信因子 t 随 n 增大而变小。直到 $n \to \infty$,样本平均值 $\overline{X}$ 也就是总体均值 μ,样本方差 S^2 也就是总体方差 σ^2,两者不再有区别。换言之,当 $n \to \infty$,用 $\overline{X}$ 作为 μ 估计量,不再有任何不确定度。

表 2.3　t 分布表(双边)

α	f				
	0.10	0.05	0.02	0.01	0.001
1	6.31	12.71	31.82	63.66	636.62
2	2.92	4.30	6.97	9.93	31.60
3	2.35	3.18	4.54	5.84	12.94
4	2.13	2.78	3.75	4.60	8.61
5	2.02	2.57	3.37	4.03	6.86
6	1.94	2.45	3.14	3.71	5.96
7	1.90	2.37	3.00	3.50	5.41
8	1.86	2.31	2.90	3.36	5.04
9	1.83	2.26	2.82	3.25	4.78
10	1.81	2.23	2.76	3.17	4.59
11	1.80	2.20	2.72	3.11	4.44
12	1.78	2.18	2.68	3.06	4.32
13	1.77	2.16	2.65	3.01	4.22
14	1.76	2.15	2.62	2.98	4.14
15	1.75	2.13	2.60	2.95	4.07
16	1.75	2.12	2.58	2.92	4.02
17	1.74	2.11	2.57	2.90	3.97
18	1.73	2.10	2.55	2.88	3.92
19	1.73	2.09	2.54	2.86	3.88
20	1.73	2.09	2.53	2.85	3.85

续表

α	f				
	0.10	0.05	0.02	0.01	0.001
21	1.72	2.08	2.52	2.83	3.82
22	1.72	2.07	2.51	2.82	3.79
23	1.71	2.07	2.50	2.81	3.75
24	1.71	2.06	2.48	2.80	3.75
25	1.71	2.06	2.48	2.79	3.73
30	1.70	2.04	2.46	2.75	3.65
40	1.68	2.02	2.42	2.70	3.55
60	1.67	2.00	2.39	2.66	3.46
120	1.66	1.98	2.36	2.62	3.37
∞	1.65	1.96	2.33	2.58	3.29

如果样本容量 n 相同,即自由度 f 相同,那么以不同的置信概率去估计总体均值 μ 时,所得的置信区间的宽窄也不同。当样本值已经取得,则 S 及 f 已知,要想使推断结果犯错误的概率变小(使 α 变小),置信因子 $t_{(\alpha,f)}$ 一定随 α 减小而增大,置信区间也变宽。

总之,在作了 n 次重复分析后,只要选定显著性水平 α,我们就可以利用式(2.32)得到一个置信区间。如果我们再作另一批 n 次平行分析,得到另一组容量为 n 的随机样本值,在相同显著性水平下,我们又可得另一套 $\overline{X'}$、S' 和置信区间。而且由于 $\overline{X}$ 和 X' 不同,S 和 S' 不同,在相同显著性水平及自由度下,置信区间的宽度及其中心值位置都不同。区间估计的真正含义是:若对某一物理量作许多批样本容量都是 n 的平行分析,如果使用 95% 的置信区间,那么尽管置信区间的宽窄不一,中心值的位置也在波动,但是可以预期,它们中有 95% 的置信区间会包含总体均值 μ 在内。或者假如一个人重复使用 95% 置信区间来估计参数 μ,每次都说区间包含真值参数 μ 值,那么他能够预期在全部结论中有 5% 是错误的。

由此可见,平均值的 95% 置信区间的含义是:有 95% 把握,该区间把总体均值包含在内。所以,我们不能只用有限次测量的平均值(点估计)来表达分析结果,必须用置信区间和置信概率(区间估计)来表示,即 $\mu = \overline{X} \pm t_{(\alpha,f)} \dfrac{S}{\sqrt{n}}$。

3)测定结果的不确定度和分析结果的表达

实际上,测定是得不到真值的,只能逼近真值,对真值作出比较好的估计。因此,任何测定结果都有不确定度,不确定度反映和表达了分析结果的可靠性。

想通过一组分析数据(随机样本),来反映该样本所代表的总体,有 3 个数值是必不可少的:

①样本平均值 $\overline{X}$；

②样本标准差 S；

③样本容量 n。

有了这 3 个基本数值后，又应如何简明、正确地表达分析结果？到目前为止，还缺乏大家公认的标准程序，尤其在我国，甚至某些标准参考物质的证书，有时只写明"标准值"的数值，而不说明该标准值的不确定度。很明显，像下列几种表达分析结果的方式，也是不明确的：

①样本平均值±平均偏差（$\overline{X}\pm d$）；

②样本平均值±标准差（$\overline{X}\pm S$）；

③平均值 $\overline{X}$ 等于某数，相对标准差等于某数。

因为这些式子中的 d 或 S，到底是指个别测定值的平均偏差或标准差，还是指平均值 $\overline{X}$ 的平均偏差或平均值标准差都是不明确的；此外，所有这三种表达方式，都未说明 n 是多少，而没有 n 或 f 值，就无法对该标准值作区间估计。

有人建议，用置信区间 $\mu=\overline{X}\pm\dfrac{tS}{\sqrt{n}}$ 来表达真值的估计量及其不确定度。这是可以考虑的表达分析结果及其随机不确定度的方案之一。该方案中，不仅要标明 $\overline{X}$、S、n 三个基本数值，还需指明显著性水平 α。该方案的弱点是未指明系统的不确定度。

当测定中存在系统误差 B 时，测定结果可用式（2.33）来表示：

$$\mu=\overline{X}+B\pm\frac{tS}{\sqrt{n}} \tag{2.33}$$

式中，系统误差 B 取代数值。

鉴于目前尚无大家普遍接受的表达分析结果的标准程序，所以较好的方法是：为避免含糊，对准确度（或不确定度）的说明，最好用语句形式，而不要用简略的符号，或单纯的几个数字。

例如，某人对赤铁矿的全铁量分析结果，可表述如下：10 次重复测定结果的算术平均值是铁含量 66.66%，平均值的标准差 $S_{\overline{X}}=0.02\%$。

标准差所表达的只有随机不确定度，所以这里没有对总的系统不确定度作估计。如果能够估计出系统不确定度，在此也应注明。这样表达分析结果的好处，一是简要、明确；二是已经提供了估计不确定度所需的必要的数据资料，使用者可根据各自的意愿和程序，对该分析结果的不确定度作出各自的判断。

3

常用测试仪表及其使用方法

3.1 常用仪表概述

在建筑环境与能源应用工程中所涉及的供热、通风、空气调节、冷热源、燃气储存与输配、燃气燃烧与应用等的实验与测定中,需要测量大量的空气温湿度、冷热媒的物理参数、烟气状态参数以及系统工况等,而完成这些参数及工况的测定需要比较精确的测量仪表和正确的使用方法。

按测量的参数分类,常用的建筑环境与能源应用工程测试仪表大体有以下几种。

①温度测量仪表,包括膨胀式温度计(液体、固体膨胀)、热电式温度计、电阻式温度计等。

②相对湿度测量仪表,包括干湿球温度计、通风干湿球温度计、电阻湿度计、毛发湿度计等。

③压力测量仪表,包括液柱式压力计、弹簧式压力计等。

④流速测量仪表,包括机械式风速仪、热电风速仪、测压管等。

⑤流量测量仪表,包括压差式流量计、叶轮式流量计、电磁式流量计等。

⑥电量测量仪表,包括电功率表、电能表等。

⑦热量测量仪器,包括热流计、热量表等。

⑧空气污染物测试仪器,包括二段可吸入颗粒物采样器、红外线气体分析器等。

⑨环境放射性测试仪器,包括被动式采样器、主动式采样器和电离型检测器、闪烁检测器等。

⑩声环境测试仪器,包括声级计、噪声统计分析仪等。

⑪光环境测试仪器,包括照度计、亮度计等。

⑫室外气象参数测定仪器,包括太阳辐射观测站、自动气象站等。

⑬燃气参数测试仪器,包括本生·希林式气体相对密度计、容克式水流式热量计等。

各种测量仪表所测参数和仪表的结构与原理都不相同,而不论它们采用什么原理,其被测参数一般都要经过一次或多次的信号能量形式的转换,最后得到便于测量的信号能量形式,或指针摆动,或液面位移,或数字显示将被测参数表现出来。

为了保证测定的精确度,使仪表按技术要求工作,仪表应定期或在使用前进行校验,以确保其准确度和灵敏度。

在使用仪器仪表前,应仔细阅读有关产品样本及使用说明,以指导用户既能准确、顺利地完成测定,又能保证仪表的正常工作。

3.2　温度测量

3.2.1　温度的基本概念和测温仪表分类

温度是表示物体冷热程度的物理量。从微观上讲是物体分子热运动的剧烈程度。温度只能通过物体随温度变化的某些特性来间接测量,而用来量度物体温度数值的标尺称为温标。它规定了温度的读数起点(零点)和测量温度的基本单位。国际单位为热力学温标(K)。目前国际上用得较多的其他温标有华氏温标(℉)、摄氏温标(℃)和国际实用温标。从分子运动论观点来看,温度是物体分子运动平均动能的标志。温度是大量分子热运动的集体表现,具有统计意义。对于个别分子来说,温度是没有意义的。温度是根据某个可观察现象(如水银柱的膨胀),按照几种任意标度所测得的冷热程度。

温度常以符号:t 或 T 表示,单位分别为国际实用摄氏温度(℃)和绝对温度(热力学温度)的开氏温标(K),两者的关系如式(3.1)所示:

$$t = T - 273.15 \tag{3.1}$$

温度测量仪表的种类繁多,但可按作用原理、测量方法、测量范围作以下分类。

①按作用原理分类。温度的测量是借助物体在温度变化时它的某些性质随之变化的原理来实现的,但并不是任意选择某种物理性质的变化就可做成温度计。用于测温的物体的物理性质要求连续、单值地随温度变化,不与其他因素有关,而且复现性好,便于精确测量。

目前,按作用原理制作的温度计主要有膨胀式温度计、热电温度计、电阻温度计和辐射高温计等几种。它们是分别利用物体的膨胀、热电势、电阻辐射性质随温度变化的原理制成的。

②按测量方法分类。温度测量时按感温元件是否直接接触被测温度场(或介质)而分成接触式温度测量仪表(膨胀式温度计、压力式温度计、电阻温度计和热电偶高温计属此类)和非接触式温度测量仪表(如辐射高温计)两类。

接触式测温法的特点是测温元件直接与被测对象相接触,两者之间进行充分的热交换,最后达到热平衡,这时感温元件的某一物理参数的量值就代表了被测对象的温度值。这种测温方法的优点是直观可靠,缺点是感温元件影响被测温度场的分布,接触不良等都会带来测量误差。另外,温度太高和腐蚀性介质对感温元件的性能和寿命会产生不利影响。

非接触式测温法的特点是感温元件不与被测对象相接触,而是通过辐射进行热交换,故可避免接触式测温法的缺点,具有较高的测温上限。此外,非接触式测温法热惯性小,可达

0.001 s,便于测量运动物体的温度和快速变化的温度。由于受物体的发射率、被测对象到仪表之间的距离以及烟尘、水汽等其他介质的影响,一般这种测温方法测温误差较大。

③按测量温度范围分类。通常将测量温度在600 ℃以下的温度测量仪表称为温度计,如膨胀式温度计、压力式温度计和电阻温度计等。测量温度在600 ℃以上的温度测量仪表通常称为高温计,如热电离温计和辐射高温计。

常用温度计的测温方式、类型及特点见表3.1。接触式测温仪表的结构简单、成本低、精度可靠,但滞后性较大,测量上限低。非接触式测温仪表测量上限高,且可以测量运动中的物体的温度,但误差较大。

表3.1　常用温度计的测温方式、类型及特点

测温方式	温度计或传感器类型			测量范围/℃	精度/%	特点
接触式	热膨胀式	水银		−50 ~ 650	0.1 ~ 1	简单方便;易损坏,感温部位尺寸大
		双金属		0 ~ 300	0.1 ~ 1	结构紧凑、牢固可靠
		压力	液体	−30 ~ 600	1	耐振、坚固、价廉;感温部位尺寸大
			气体	−20 ~ 350		
	热电偶	铂铑-铂		0 ~ 1 600	0.2 ~ 0.5	种类多、适应性强、结构简单、经济方便、应用广泛;须注意寄生热电势及动圈式仪表电阻对测量结果的影响
		其他		−200 ~ 1 100	0.4 ~ 1.0	
	热电阻	铂镍铜		−260 ~ 60	0.1 ~ 0.3	精度及灵敏度均较好;感温部位尺寸大,须注意环境温度的影响
				−500 ~ 300	0.2 ~ 0.5	
				0 ~ 180	0.1 ~ 0.3	
		热敏电阻		−50 ~ 350	0.3 ~ 0.5	体积小,响应快,灵敏度高;线性差,须注意环境温度的影响
非接触式	辐射温度计 光学高温计			800 ~ 350	1	非接触测温,不干扰被测温度场,辐射率影响小,应用简便
				700 ~ 3 000	1	
	热探测器 热敏电阻探测器 光子探测器			200 ~ 200	1	非接触测温,不干扰被测温度场,响应快,测温范围大,适合测温度分布;易受外界干扰,标定困难
				−50 ~ 3 200	1	
				0 ~ 3 500	1	
其他	示温涂料	碘化银 二碘化汞 氯化铁 液晶等		−35 ~ 2 000	<1	测温范围大,经济方便,特别适合大面积连续运转零件上的测温;精度低,人为误差大

3.2.2 膨胀式温度计

利用液体、气体或固体热胀冷缩的性质,即测温敏感元件在受热后尺寸发生变化或压力发生变化,然后直接测出尺寸或压力的变化,由此制成的温度计称为膨胀式温度计。膨胀式温度计分为液体膨胀式温度计、固体膨胀式温度计和压力式温度计三类。这里对三种类型的代表性温度测量仪器进行介绍。可扫描【二维码】进行学习。

膨胀式温度计

3.2.3 热电温度计

热电温度计是以热电偶作为测温元件,用热电偶测得与温度相应的热电动势,由仪表显示出温度的一种温度计。它是由热电偶、补偿(或铜)导线及测量仪表构成的。热电偶测温最大的特点是可以远距离传送和自动记录,并且可以把多个热电偶通过转换开关接到仪表上进行集中检测。目前,热电温度计的应用最普遍,用量也最大,广泛应用于-200 ~ 1 300 ℃的温度测试,在特殊情况下,可测至2 800 ℃的高温或4 K的低温。可扫描【二维码】进行学习。

热电偶

3.2.4 电阻温度计

电阻温度计是利用导体或半导体的电阻率与温度有关的特性制成电阻温度感温元件,并由热电阻、连接导线和显示仪表等组成测温系统。用热电偶测量600 ℃以下温度时,由于热电动势小,测量准确度低,测量-200 ~ 600 ℃时采用电阻温度计,测量准确度更高。

电阻温度计的优点是:测温准确度高,在13.803 3 ~ 1 234.93 K铂电阻温度计作为实用标准温度计,信号便于传送。它的缺点是:不能测量太高的温度;需外电源供电,因此使用受到限制;连接导线的电阻易受环境温度的影响,会产生测量误差。

常用的热电阻有导体热电阻(如铂热电阻、铜热电阻等)、半导体热敏电阻、特殊热电阻(如铠装热电阻、薄膜铂热电阻等)。可扫描【二维码】进行详细学习。

常用热电阻

3.2.5 热辐射测温仪器

物体受热,激励了原子中的带电粒子,使一部分热能以电磁波的形式向空间传播,将热能传递给对方,这种能量的传播方式称为热辐射,传播的能量称为辐射能。辐射能量的大小与波长、温度有关,满足辐射基本定律,而辐射温度传感器就是以这些基本定律作为工作原理来实现辐射测温的。

辐射式测温是利用物体的辐射能随温度变化的原理制成的。在应用辐射式温度传感器检测温度时,只需把传感器对准被测物体,而不必与被测物体直接接触。辐射式测温是一种非接触式测温方法,它可以用于测量运动物体的温度和小的被测对象的温度。辐射式测温时,传感器不与被测对象直接接触,不会破坏被测对象的温度场,故可测量运动物体的温度并可进行遥测;传感器不必达到与被测对象同样的温度,故仪表的测温上限不受传感器材料耐温性能的限制;检测过程中传感器不必和被测对象达到热平衡,故检测速度快,响应时间短适用于快速测温。

常用的热辐射测温仪有红外测温仪、红外热成像仪、全辐射高温计、光学高温计、比色温度计等。可扫描【二维码】进行学习。

热辐射测温仪

本节介绍的热辐射测温仪器可用于高温测量，均属非接触式测量仪表。它们的共同特点是不破坏被测对象的温度场，也不受被测介质的腐蚀和毒化等影响；测量范围宽、准确度高；便于自动记录和遥测、遥控等。但是容易受周围物体辐射的影响，测量的结果不是物体的真实温度，需要进行物体的黑度校正。由于物体表面状况千差万别，黑度校正往往会造成较大的误差。

3.2.6 全息摄影温度测试仪器

激光全息摄影是一种记录被摄物体反射波的振幅和相位等全部信息的新型摄影技术，是一种非接触式测量技术。它是根据物理光学的原理，利用光波的干涉现象，在底片上同时记录下被测物体反射光波或透过被测物体光波的振幅和相位，即把被测物体光波的全部信息都记录下来。这个记录的过程称为拍摄全息图像的过程。再经显影和定影处理后成为可以保存的全息底片。然后根据光的衍射原理，用拍摄时的相干光去照射底片，就会再现出物体的空间立体图像，这个过程称为再现物像过程。因为全息摄影提供的图像，能够显示更多的信息和更大的景深、可以提供更大的视角和更大的观察范围，故在热工参数场（如流动场、温度场、浓度场等）的测量中有着重要应用前景。可扫描【二维码】进行学习。

全息摄影温度测试仪器

3.2.7 黑球温度计

黑球测温法采用的仪表是黑球温度计，它是测量四周一切辐射源发出的、投射到某处的辐射强度的仪器。黑球温度计采用0.5 mm厚铜皮制成直径为150 mm的空心铜球，球面涂以烟臭胶水的混合物，使球面获得尽可能大的黑度。铜球上部或下部有孔，并插入温度计至球心，由于铜的导热系数大，内壁薄，所以铜球表面温度和球中心点的空气几乎相等。常用的数字式黑球温度计一般选用热电温度计进行温度测试，以热电偶作为测温元件，并通过信号线连接仪表显示和储存温度。可扫描【二维码】进行学习。

黑球温度计

3.2.8 光纤温度计

光纤（光导纤维）自20世纪70年代问世以来，发展迅速，目前已广泛应用于温度、压力、位移、应变等参数量值的测量，光纤测温是对传统测温方法的扩展和提高。

光纤是用光透射率高的电介质（如石英、玻璃、塑料等）构成的光通路，它是由折射率n_1较大（光密介质）的纤芯和折射率n_2较小（光疏介质）的包层构成的双层同心圆柱结构，光纤结构图如图3.1所示。光纤传光原理的基础是光的全反射现象，光纤传光原理图如图3.2所示。

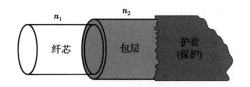

图 3.1　光纤结构图

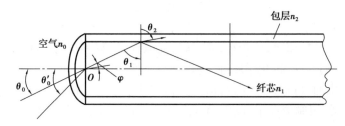

图 3.2　光纤传光原理图

根据几何光学原理,当一束光线以一定的入射角 θ_0 由光纤端面入射,入射后折射(折射角为 φ)到介质 1 与介质 2 的分界面上,一部分光线反射回原介质;另一部分光线则发生折射,透过分界面,在另一介质内继续传播,依据斯乃尔定律,有

$$n_0 \sin \theta_0 = n_1 \sin \varphi \qquad (3.2)$$

$$n_1 \sin \theta_1 = n_2 \sin \theta_2 \qquad (3.3)$$

由式(3.2)和式(3.3)可得式(3.4):

$$\sin \theta_0 = \frac{1}{n_0} \sqrt{n_1^2 - n_2^2 \sin \theta_2} \qquad (3.4)$$

式中,n_0 为入射光线所在空间介质的折射率,通常为空气介质,$n_0 = 1$。

当入射角 θ_0 减小时,进入介质 2 的折射光与分界面的夹角将相应减小,当入射角达到某一极限值时,光线将不再折射入介质 2,而在介质(纤芯)内产生连续向前的全反射,直至由终端面射出。定义入射角 θ_0 的临界角为 θ_e,当入射角小于 θ_e 时,入射光线将发生全反射。临界状态时 $\theta_2 = 90°$,则有

$$\sin \theta_e = \sqrt{n_1^2 - n_2^2} \qquad (3.5)$$

在纤维光学中将式(3.5)中的 $\sin \theta_e$ 定义为"数值孔径",用 NA(Numerical Aperture)表示。它是光纤重要参数之一,其数值由 n_1 和 n_2 大小所决定。

当入射角 $\theta_0 < \theta_e$ 时,光线能在纤芯与包层的分界面上产生全反射,因而光线将沿光纤轴向传输,而不会泄漏出去。临界角 θ_e 越大,光纤可以接受的辐射能量越多,则光纤与探测器耦合后,接受来自物体表面的能量越多。但实践证明,NA 的数值不能无限增大,它受全反射条件的限制,NA 值增大将使光能在光纤中传输的衰减增大。如石英光纤 $\theta_e = 15°$,$2\theta_e = 30°$,称为光纤的接受角。这表明在 30°范围内入射的光线将沿光纤传输,大于这一角度的光线将穿越包层而被吸收,不能传输到远端。

根据传输光的模式,光纤可分为单模光纤与多模光纤。用于温度传感器的光纤,绝大部分为多模光纤,其特点是芯线径较粗,传输能量也大,包层厚度约为芯线径的 1/10。

光纤温度计的基本原理是利用光在光纤中传播特性的变化来测量它所受环境的变化,像

电路传输电信号一样,光导纤维可以传输光信号。用被测量的变化调制波导中的光波,使光纤中的光波参量随被测量而变化,从而得到被测信号大小。

光纤电缆的柔软性和它的长距离传输辐射的能力使光纤温度计克服了许多测量上的困难,其优点主要体现在以下几点:

a.电、磁绝缘性好。安全可靠,用于高压大电流、强磁场、强辐射等恶劣环境下也不易受干扰。

b.灵敏度高,精度高。

c.光纤传感器的结构简单,体积小,质量轻,耗电少,不破坏被测温度场。

d.强度高,耐高温高压,抗化学腐蚀,物理和化学性能稳定。

e.光纤柔软可挠曲,可进入设备内部,可在密闭狭窄空间等特殊环境下进行测温。

f.光纤结构灵活,可制成单根、成束、Y形、阵列等结构形式,可以在一般温度计难以应用的场合实现测温。

光纤温度计的主要特征是有一个带光纤的测温探头,光纤长度从几米到几百米不等,统称为光纤温度传感器。根据光纤在传感器中的作用,将其分为功能型(FF)和非功能型(NFF)两大类。

①功能型光纤温度计,又称全光纤型或传感器型光纤温度计。其特点是:光纤既为感温元件,又起导光作用。这种光纤温度计性能优异、结构复杂,在制作上有一定的难度。

②非功能型光纤温度计,又称传光型光纤温度计。其特点是:感温功能由非光纤型敏感元件完成,光纤仅起导光作用,这种光纤温度计性能稳定、结构简单、容易实现。目前,实用的光纤温度计多为此类,采用的光纤多为多模石英光纤。根据使用方法不同,光纤温度计又可分为接触式和非接触式两种。

①接触式光纤温度计。使用时光纤温度传感器与被测温对象接触。如荧光光纤温度计,半导体吸收光纤温度计等。

②非接触式光纤温度计。使用时光纤温度传感器不与被测温对象接触,而采用热辐射原理感温,由光纤接收并传输被测物体表面的热辐射,故又称为光纤辐射温度计。

光纤温度计

各类光纤温度计的构造、使用方法可扫描【二维码】进一步学习。

3.2.9 温度测量仪器校正

为保证测试的准确性,温度测试仪器应定期进行校准。不同类型的温度测量仪器,其校准方法各有不同,如玻璃管液体温度计可以采用标准液温多支比较法进行校验或采用精度更高级的温度计校验,而热辐射测温仪器由于容易受周围物体辐射的影响,测量的结果不是物体的真实温度,需要进行物体的黑度校正。由于物体表面状况千差万别黑度校正往往存在较大误差。本节主要介绍热电温度计和电阻温度计的校验方法。

1)热电偶校验

为保证测试的准确性必须定期对热电偶进行校验,这是由于在使用过程中热电偶热端受氧化、腐蚀,其材料在高温下产生再结晶,导致热电特性发生变化,使测量产生误差。因此,为了使温度测量满足一定的精确度,必须对热电偶进行定期校验以后再使用。

热电偶校验系统如图3.3所示,校验方案如下:

a. 一般地,测量温度高于300 ℃的热电偶,其校验原理及校验装置主要由管式电炉、冰点槽、切换开关、电位差计及标准热电偶等组成。

b. 管式电炉是用绕在一根陶瓷管子上的电阻丝加热的,管子的内径为50 ~ 60 mm、长度为600 ~ 1 000 mm。要求管内温度场稳定,最好有100 mm左右的恒温区。读数时要求恒温区的温度变化每分钟不得超过0.2 ℃,否则不能读数。通过调自耦变压器改变电压来改变校验点温度。目前,也常用晶体管以及自动温控装置来控制校验温度点。电位差计的精确度等级不得低于0.05级。

c. 校验时,把被校热电偶与S分度号标准热电偶(其精确度等级视被校热电偶的要求而定)的热端放到管式电炉恒温区内测量温度,比较两者的测量结果。被校热电偶与标准热电偶的热端绑扎在一起,插到管式电炉的恒温区中。校验K分度号、E分度号热电偶时套上石英套管,然后与被校热电偶用镍丝绑扎在一起,插到管式电炉内的恒温区。为保证被校热电偶与标准热电偶的热端处于同一温度,最好能把这两支热电偶的热端放在金属镍块的两个孔中,再将镍块放于炉中恒温区。

d. 热电偶放入炉中后炉口应用石棉绳堵严,热电偶插入炉中的深度一般为300 mm,长度较短的热电偶的插入深度可适当减小,但不得小于150 mm,将热电偶的冷端置于冰点槽中以保持0 ℃。用自耦变压器调节炉温,当炉温达到校验温度点±1 ℃范围内,且每分钟的温度变化不超过0.2 ℃时,就可用电位差计测量热电偶的热电动势了。

e. 在每一个校验温度点上,对标准热电偶和被校热电偶热电动势的读数顺序是标准→被校1→…→被校n→…→标准,读数都不得少于4次,然后求取电动势读数平均值,并查分度表。最后通过比较得出被校热电偶在各校验温度点上的温度误差。计算时标准热电偶热电动势的误差也需补入。

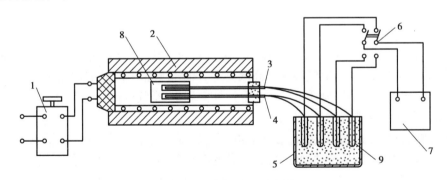

图3.3 热电偶校验系统图

1—调压变压器;2—管式电炉;3—标准热电偶;4—被检热电偶;5—冰点槽;

6—切换开关;7—直流电位差计;8—镍块;9—试管

2) 热电阻的校准

热电阻在投入使用之前需要进行校准,在使用之后也要定期进行校准,以检查和确定热电阻的准确度。

热电阻的校准一般在实验室中进行。除标准铂电阻温度计需要作三定点（水三相点、水沸点和锌凝固点）校准外，实验室和工业用的铂或铜电阻温度计有以下校准方法。

（1）比较法

将标准水银温度计或标准铂电阻温度计与被校电阻温度计一起插入恒温槽中，在需要的或规定的几个稳定温度下读取标准温度计和被校温度计的示值并进行比较，其偏差不能超过被校温度计的最大允许误差。

稳定温度取被测温度范围内 10%、50% 和 90% 的温度校准点重复以上校准，如均合格，则此热电阻校准完毕。

（2）两点法

比较法虽然可用调整恒温器温度的办法对温度计刻度值逐个进行比较校准，但所用的恒温器规格多，一般实验室多不具备。因此，工业电阻温度计可用两点法进行校准，即只校准 R0 与 R100 两个参数。这种校准方法只需具有冰点槽和水沸点槽，分别在这两个恒温槽中测得被校准电阻温度计的电阻 R0 与 R100，然后检查 R0 值和 R100/R0 的比值是否满足技术数据指标，以确定温度计是否合格。

（3）系统比较法

为了提高温度测量仪表的校准精度，凡是测量精度要求较高的测温仪表，常采用测温系统与温度标准表比较校准的方法。

校准时将被校温度测量仪表的温度传感器及变送器与温度显示仪表连接，将温度传感器与温度标准表一起插入恒温槽中，再按照比较法进行比较，并将偏差作为系统误差校准值输入到被校温度测量仪表中进行误差修正，然后再进行反复比较校准，可以提高温度测量仪表的精确测量。

3.3　湿度测量

在通风与空气调节工程中，空气的湿度与温度是两个相关的热工参数，它们具有同样重要意义。例如，在工业空调中，空气湿度的高低决定着电子工业中产品的成品率、纺织工业中的纤维强度及印刷工业中的印刷质量等。在舒适性空调中，空气的湿度高低会影响人的舒适感。因此，必须对空气湿度进行测量和控制。

对湿度的表示方法有绝对湿度、相对湿度、露点、湿气与干气的比值（质量或体积）等。在常规的环境参数中，温度是个独立的被测量，容易准确测量；湿度由于受其他因素（大气压强、温度）的影响，测量湿度要比测量温度复杂得多，涉及相当复杂的物理—化学理论分析和计算，测试者可能会忽略在湿度测量中必须注意的许多因素，因而影响传感器的合理使用。

常见的湿度测量方法有：动态法（双压法、双温法、分流法），静态法（饱和盐法、硫酸法），露点法，干湿球温度计法和电子式传感器法。实时的湿度测量方案最主要的有两种：干湿球温度计测湿法，电子式湿度传感器测湿法。可扫描【二维码】进一步查阅各类常见湿度测量方法的简单介绍。

各类常见湿度测量
方法的简单介绍

3.3.1 干湿球温度计

测量原理如下：

干湿球温度计(dry and wet bulb thermometer)(图 3.4)是一种测定气温、气湿的一种仪器。它由两支相同的普通温度计组成，一支用于测定气温，称为干球温度计；另一支在球部用蒸馏水浸湿的纱布包住，纱布下端浸入蒸馏水中，称为湿球温度计。

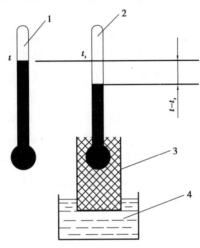

图 3.4　干湿球温度计
1—干球温度计；2—湿球温度计；3—脱脂棉纱布；4—水杯

干湿温度计的干球探头直接露在空气中，湿球温度探头用湿纱布包裹着，其测湿原理就是湿球上裹了湿布，比热容比干球大，温度变化小，干球测出的是准确温度，其温度差与环境中的相对湿度有关系，湿球温度计温包上包裹的潮湿纱布，其中的水分与空气接触时产生热湿交换。当水分蒸发时会带走热量使温度降低，其温度值在湿球温度计上标示出来。温度降低的多少取决于水分的蒸发强度，而蒸发强度又取决于温包周围空气的相对湿度。空气越干燥即相对湿度越小时，干湿球两者的温度差也就越大，空气越湿润即相对湿度越大时，干湿球两者的温度差也就越小。若空气已达到饱和，干湿球温度差等于零。

湿球温度下饱和蒸汽分压力和干球温度下水蒸气分压力之差与干湿球温度差之间的关系可由式(3.6)表达：

$$p_s - p_q = A(t-t_s)B \tag{3.6}$$

将 $\varphi = \dfrac{p_q}{p_{qb}} \times 100\%$ 代入 $p_s - p_q = A(t-t_s)B$ 得式(3.7)：

$$\varphi = \frac{p_s - A(t-t_s)B}{p_{qb}} \times 100\% \tag{3.7}$$

式中　φ——相对湿度，%；

　　　p_s——湿球温度下饱和蒸汽分压力，Pa；

　　　p_q——干球温度下水蒸气分压力，Pa；

　　　A——与风速有关的系数，$A = 0.000\,01\left(65 + \dfrac{6.75}{v}\right)$；

V——流经湿球的风速,m/s;

t——空气的干球温度,℃;

t_s——空气的湿球温度,℃;

B——大气压力,Pa;

p_{qb}——同温度下的饱和水蒸气分压力,Pa。

这样在测得干湿球温度后,通过计算或查表、查焓湿图(i-d 图),便可求得被测空气的相对湿度。

干湿球测湿法采用间接测量方法,通过测量干球、湿球的温度经过计算得到湿度值。干湿球湿度计的准确度除了取决于干球、湿球两支温度计本身的精度外,湿度计必须处于通风状态,只有纱布水套、水质、风速都满足一定要求时,才能达到规定的准确度。并且,测试过程中应读数规范准确。

干湿球测湿法的维护相当简单,在实际使用中,只需定期给湿球加水及更换湿球纱布即可。与电子式湿度传感器相比,干湿球测湿法不会产生老化、精度下降等问题。所以,干湿球测湿方法更适合于在高温及恶劣环境的场合使用。

常见的干湿球温度计有机械通风干湿球温度计、普通干湿球湿度传感器、电动干湿球湿度计。可扫描【二维码】详细了解其构造和使用方法。

常见的干湿球
温度计

3.3.2　电子式湿度传感器

某些物质放在空气中,它们的含湿量与所在空气的相对湿度有关;而含湿量大小又引起本身物理特性的变化。因此,可以将具有这些特性的物质或者元件制成传感器,再将对空气相对湿度的测量转换为对传感器的电阻或者电容值的测量,此种方法称为吸湿法湿度测量。常用的湿度传感器主要有氯化锂电阻湿度传感器、高分子湿度传感器、金属氧化物陶瓷湿度传感器和金属氧化物膜湿度传感器。湿度传感器生产厂在产品出厂前都要采用标准湿度发生器来逐支标定,电子式湿度传感器的准确度可以达到 2% ~3% RH。

电子式湿度传感器测湿方法适合于在洁净及常温的场合使用。在实际使用中,由于尘土、油污及有害气体的影响,使用时间一长,会产生老化,精度下降,湿度传感器年漂移量一般都在 ±2% 左右,甚至更高。一般情况下,生产厂商会标明 1 次标定的有效使用时间为 1 年或 2 年,到期需重新校准。一般说来,电子式湿度传感器的长期稳定性和使用寿命不如干湿球湿度传感器。

具有代表性的电子式湿度传感器有氯化锂电阻湿度传感器、高分子湿度传感器、金属氧化物陶瓷湿度传感器、金属氧化物膜湿度传感器。可扫描【二维码】进行学习。

电子式湿度
传感器

3.3.3　湿度测量仪器校正

湿度计的标定与校正需要一个维持恒定相对湿度的校正装置,并且用一种可作为基准校验方法去测定其中的相对湿度,再将被校正仪表放入此装置进行标定。校正装置所依据的方法有质量法、双压法及双温法等。下面介绍比较广泛使用的双温法及其校正装置。

双温法的基本原理是将某一温度和压力下的饱和湿空气,在恒压下使其温度升高到设定值,依据道尔顿定律和气体状态方程即可计算出在较高温度下气体的相对湿度。双温法能产生范围相当宽的已知湿度的气体,其相对湿度的准确度可达1% RH。

1) 双温法湿度计标定工作原理

双温法湿度计标定工作原理示意图如图3.5所示,T_s、T_c分别为设定的饱和腔温度和试验腔温度,且$T_s > T_c$,通过气泵使气流在饱和腔与试验腔之间不断循环,经过一定时间之后,气流中的水蒸气达到饱和状态。假设气体为理想气体,并且饱和腔总压力p_s等于试验腔内气体总压力p_c。则在温度为T的试验腔内气体的相对湿度可用式(3.8)计算:

$$\Phi = \frac{p(T_s)}{p(T_c)} \times 100\% \tag{3.8}$$

式中 $p(T_s)$——在温度T_s下的饱和水蒸气压力,Pa;

  $p(T_c)$——在温度T_c下的饱和水蒸气压力,Pa。

当$p_s \neq p_c$时,特别是在气流速度较高的情况下,需要考虑进行压力修正,如式(3.9)所示

$$\Phi = \frac{p(T_s)}{p(T_c)} \times \frac{p_c}{p_s} \times 100\% \tag{3.9}$$

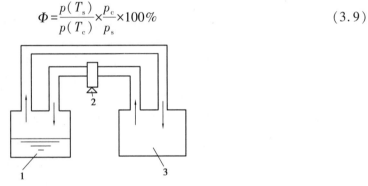

图3.5 双温法湿度计标定工作原理示意图
1—饱和腔;2—气泵;3—试验腔

2) 双温法湿度标定与校验设备

双温密闭循环式湿度校验设备如图3.6所示,适用于一般情况下的各种湿度的标定与校验,并且在高流速和低流速条件下,都能使空气充分饱和。饱和器1置于恒温槽5中、恒温槽通过温度传感器6、控制器及电加热器2实现自动恒温。试验腔11采用同心管结构。在密闭系统内,借助无油气泵16使空气在饱和器和试验腔之间密闭连续循环流动。气体的流速由控制阀17、旁通阀15和流量计19来控制。气流首先经过盘管21充分换热,然后进入饱和器1。饱和器中的湿度发生器采用离心式结构,即气体沿切线方向进入盛水的圆筒饱和器、喷嘴位于水面上方,与水面成一定角度。由于气流冲击水面以及离心力作用形成涡流,使气体同水充分混合。水雾和液态水被离心力甩向饱和器壁。被分离的气体从顶部进入水雾分离器4,其残余的小水滴,由排气口前的筛网捕集器捕集,空气在饱和器内达到饱和,饱和气体通过试验腔内管向上流动,然后改变方向,在内管和外管之间的环形通道向下流动。这种回流作用有利于温度分布均匀。

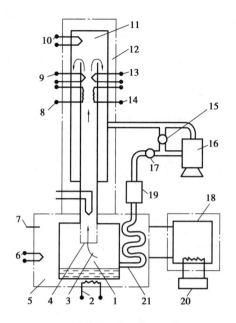

图3.6 双温密闭循环式湿度校验设备

1—饱和器;2—加热器;3—饱和空气;4—水雾分离器;5—恒温槽;

6,9,13—温度传感器;7—搅拌器;8—辅助电加热;

10—试验腔温度传感器;11—试验腔;12—绝热层;

14—手动加热器;15—旁通阀;16—气泵;17—流量控制阀;

18—低温液槽;19—流量计;20—冷冻机;21—换热器

来自饱和器的湿空气被设置在内管的加热器8、14加热之后进入试验腔11。加热器14为手动调节加热器,用以提供给定温度所需的热量,辅助加热器8与温度传感器9、13与调节器组成温度自控系统,使试验腔内的温度保持在给定值。试验腔的温度由温度传感器10测量。12为同心管的绝热层,用以减小试验腔同外界环境的热交换。如果要装置在低温下工作,通过由冷冻机20和低温液槽18组成的制冷系统,使恒温槽在给定的低温下运转。

3.4 压力测量

压力测量仪表是用来测量气体或液体压力的工业自动化仪表,又称为压力表或压力计。压力测量仪表按工作原理可分为液柱式、弹性式、电气式等类型。

工程上将垂直作用在输体单位面积上的压强称为压力。压力分绝对压力和工作压力。其关系如式(3.10)所示:

$$p = P - B \tag{3.10}$$

式中　p——工作压力,也称表压,Pa;

　　　P——绝对压力,Pa;

　　　B——大气压力,Pa。

压力测量仪表以大气压力为基准,测量大气压力的仪表称为气压计,测量超过大气压力的仪表称为压力计,测量小于大气压力的仪表称为真空计,但通常将它们简称为压力计或压力表。根据使用要求的不同有指示、记录、远传变送、报警、调节等多种形式。压力表的精度等级从0.005级到0.4级,应根据测定的目的要求做适当的选择。某些压力计又需与测压管配合使用。

依据不同的测压原理,压力计主要通过以下几种方法进行压力测量:

(1)平衡法压力测量

通过直接测量单位面积所承受的垂直方向上的力的大小来检测压力,如液柱式压力计。

压力计的
选择和安装

(2)弹性法压力测量

弹性元件感受压力后会产生弹性变形,形成弹性力,当弹性力与被测压力相平衡时,弹性元件变形量的大小反映了被测压力的大小,如弹簧管压力计、波纹管压力计等。据此原理工作的各种弹性式压力计已在工业上得到了广泛应用。

(3)物理性质法压力测量

一些物质受压后,它的某些物理性质会发生变化,通过测量这种变化就能测量出压力。据此原理制造出的各种压力传感器往往具有精度高、体积小、动态特性好等优点,成为近年来压力测量的一个主要发展方向。其中,半导体压阻式传感器和压电式传感器发展得更为迅速。

3.4.1 液柱式压力计

液柱式压力计是以一定高度的液柱所产生的静压力与被测介质的压力相平衡来测定压力值的。常用工作液体有水、水银、乙醇等。因其构造简单、使用方便,广泛应用于正、负压和压力差的测量中,在 $\pm 1.013\,25 \times 10^5 \mathrm{Pa}$ 的范围内有较高的测量准确度。

常见的液柱式压力有U型压力计、单管式压力计、斜管式压力计等类型。可扫描【二维码】进一步学习。

液柱式压力计

液柱式压力计除定期更换工作液体、清洗测量玻璃管外,一般不需要校验,如需有特殊要求需进行校验,可采用3.4.4节的方法进行检验。

3.4.2 弹性式压力计

弹性式压力检测是利用弹性元件作为压力敏感元件,并且把压力转换成弹性元件位移的一种检测方法。

弹性元件在弹性限度内受压后会产生变形,变形的大小与被测压力成正比。目前,作压力检测的弹性元件主要有膜片、波纹管和弹簧管等。常见的弹性式压力计有弹簧压力计、波纹管压力计、膜片式及膜盒式压力计等。可扫描【二维码】进一步学习。

弹性式压力计

3.4.3 电气式压力计

弹性式压力检测仪表由于结构简单,价格便宜,使用和维修方便,在工业生产中应用十分广泛。然而在测量压力变化快和高真空、超高压时,其动态和静态性能就不能适应,而电气式压力检测方法则较适合。电气式压力检测方法一般是用压力敏感元件直接将压力转换成电阻、电容及电荷量等电量的变化。利用压敏元件的压电特性实现这种压力——电量的转换,压敏元件主要有压电材料、应变片和压阻元件,下面就它们各自的工作原理作一简述。

常见的电气式压力计有霍尔式压力计、压阻式压力计和电容式压力计。可扫描【二维码】进一步学习。

电气式压力计

3.4.4 压力仪表的使用和校正

常用校验压力表的标准仪器为活塞式压力计,如图 3.7 所示。它的精度等级有 0.02 级、0.05 级和 0.2 级,可用来校准 0.25 级精密压力表,也可校准各种工业用压力表,被校压力的最高值有 0.6 MPa、6 MPa、60 MPa 3 种。

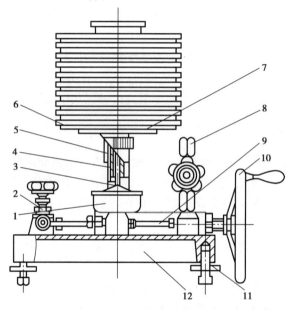

图 3.7 活塞式压力计

1—油杯;2—针阀;3—进油阀;4—油缸;5—活塞;6—砝码;
7—托盘;8—接口;9—导管;10—手摇泵;11—调平螺钉;12—架体

活塞式压力计是利用静力平衡原理工作的,它由压力发生系统(压力泵)和测量活塞两部分组成。通过手摇泵 10,使系统升压,从而改变工作液的压力 p。此压力通过油缸 4 内的工作液作用在活塞 5 上。在活塞 5 上面的托盘 7 上放有砝码 6。当活塞 5 下端面受到压力 p 作用所产生的向上顶的力与活塞 5、托盘 7 及砝码 6 的总重力 W 相平衡时,则活塞 5 被稳定在某一平衡位置上,此时力的平衡关系如式(3.11)所示:

$$pA = W \tag{3.11}$$

式中　A——活塞底面的有效面积,m^2;

　　　W——活塞、托盘及砝码总质量,N。

当活塞 5 底面的有效面积 A 一定时,可以方便而准确地由平衡时所加砝码的质量求出被测压力值 p。

校验步骤如下:

a.在测量范围内均匀选取 3~4 个检验点,一般应选在显示仪表刻度明显的整数点上。

b.均匀增压至刻度上限,保持上限压力 3 min,然后均匀降至零压,主要观察指针有无跳动、停止或卡塞现象。

单方向增压至校验点后读数,轻敲表壳后再读数。用同样的方法增压至每一校验点进行校验。然后再单方向缓慢降压至每一校验点进行校验。计算出被校表的基本误差、变差和零点位置等。

液柱式压力计也可用 0.5 级标准液柱式压力计与被校压力计比较,计算出误差。将标准压力计和被校压力计注入相同的工作液体,均调好零位。U 形管压力计、单管式压力计应保证垂直放置,斜管式压力计应保证水平放置。用三通接头和橡胶管把标准压力计和被校压力计连接。加压校验时,U 形管压力计、单管式压力计可每隔 50 mmH₂O 校对一点,对于斜管式压力计可分几段进行,25 mmH₂O 以下段每 1 mm 都应校对,25~80 mmH₂O 段可每隔 5 mm 校对一点,80 mmH₂O 以上段可每隔 10 mm 校对一点。应当指出的是,每个校验点都应做正、反两个行程的校验。

3.5　流速测量

流速是建筑环境技术领域中非常重要的一个基本参数,流速单位常以 m/s 表示。流速计又称为流速仪,是一种用以测量管路中流体速度的仪表。测定流速后,再乘以流体截面换算成流量,因而也用于间接测量流量。测速度的测量仪表很多,常用的有 4 种:①机械式风速仪;②热电风速仪;③测压管;④激光多普勒测速仪。

3.5.1　机械式风速仪

机械式风速仪是一种历史悠久的测量风速仪表。机械式风速仪测量流速是根据置于流体中的叶轮的旋转角速度与流体的流速成正比的原理来进行流速测量的。可扫描【二维码】进一步学习。

机械式风速仪

3.5.2　热电风速仪

热电风速仪是一种便携式、智能化的低风速测量仪表,在测量管道环境及供暖、空调制冷、环境保护、节能监测、气象、农业、冷藏、干燥、劳动卫生调查、洁净车间、化纤纺织以及各种风速实验等方面有广泛用途。可扫描【二维码】进一步学习。

热电风速仪

3.5.3 测压管(动压测速)

流体的压力是指垂直作用于单位面积上的力,有全压、静压和动压。动压测速的压力感受元件为测压管。测压管分为全压管、静压管和动压管。测压系统由测压管、连接管和显示记录仪表组成。测压管测得动压后经计算求得流体的流速。测压管既可对液体流动进行测量,又可对气体流动进行测量。可扫描【二维码】进一步学习。

测压管

3.5.4 激光多普勒测速仪

激光多普勒测速仪是利用随流体运动的微粒散射光的多普勒效应来获得速度信息。可扫描【二维码】进一步学习。

激光多普勒
测速仪

3.6 流量测量

流量是流体在单位时间内通过管道或设备某横截面处的数量。该数量用质量来表示,称为质量流量;用体积来表示,称为体积流量;用质量来表示,称为质量流量。流量测量仪表是指示被测流量和(或)在选定的时间间隔内流体总量的仪表。

质量流量与体积流量的关系如式(3.12)所示:

$$q_m = \rho q_v \tag{3.12}$$

式中 q_m——流体的质量流量,kg/h;

     ρ——流体的密度,kg/m³;

     q_v——流体的体积流量,m³/h。

其中,密度 ρ 是随流体的状态参数而变化的,所以在给出体积流量的同时也应给出流体的状态参数。特别是气体,其密度随压力、温度变化显著不同,为了便于比较体积流量的大小,常把工作状态下的体积流量换算为标准状态下(温度为20 ℃,绝对压为101 325 Pa)的体积流量。

①速度式流量测量方法:直接测出管道内流体的流速,依据式(3.13)计算流体的体积流量。

$$q_v = \bar{u} F \tag{3.13}$$

式中 $\bar{u}$——管道截面上流体的平均流速,m/s;

     F——管道截面积,m²。

②容积式流量测量方法:通过测量单位时间内经过流量仪表排出的流体的固定容积的数目来测量流量,如式(3.14)所示

$$q_v = NV \tag{3.14}$$

式中 V——流量仪表排出的流体的固定容积,m³/次;

     N——固定容积的数,次/h。

速度式流量测量方法最为常见,而测量管道内流体的流速的方法也有多种:

①通过测量流体差压信号来测量流体流速的方法称为差压式(节流式)流量测量方法,如孔板、喷嘴、文丘里管、V 形内锥式流量计、转子流量计、毕托管、动压平均管等;

②通过测量叶轮旋转次数来测量流量的仪表,称为叶轮式流量计,如水表、涡轮流量计;

③通过测量流体中感应电动势来测量流量的仪表,称为电磁式流量计;

④通过测量超声波在流体中传播速度来测量流量的仪表,称为超声波式流量计;

⑤通过测量流体中漩涡产生的频率来测量流量的仪表,称为漩涡(涡街)流量计。

3.6.1 压差式流量计

差压式流量测量方法,是根据伯努利方程提供的基本原理,通过测量流体压差信号来反映流体流量,它是目前生产中测量流量最成熟、最常用的方法之一。

在3.4.3 节中介绍了用毕托管测量管道中流体的全压和静压,通过二者差值获得动压,从而确定流体速度的大小。如果能确定管道截面上的流体的平均流速 $\bar{u}$,就可以求得流体的流量。测试系统一般由比托管、连接管和显示、记录仪表组成。

由于流体的黏性作用,管道测量截面上各点的速度或压力的分布是不均匀的,为了测出管道截面上的流体的平均流速 $\bar{u}$,通常将管道横截面划分成若干面积相等的部分,用毕托管测量每一部分中某一特征点的流体速度,并近似地认为,在每一部分中所有各点的流速都是相同的,且等于特征点的测量值。然后按这些特征点的流速值计算各相等部分面积上通过的流量,通过整个管道截面的流量即为这些部分面积流量之和,如式(3.15)、式(3.16)所示

流体体积流量

$$q_v = \frac{F}{n} \sum_{i=1}^{n} u_i \tag{3.15}$$

流体质量流量

$$q_m = \frac{F}{n} \sum_{i=1}^{n} \rho_i u_i \tag{3.16}$$

对于矩形管道,一般将管道截面划分成若干个面积相等的小矩形,在小矩形的中心布置测点,即为特征点的位置。对于圆形管道,可采用等圆环法来确定特征点。根据不同的测试场景需求,特征点位置的具体确定方法会有所不同。

节流式流量计
和转子流量计

此外,常见的压差式流量计还有节流式流量计、转子流量计。可扫描【二维码】进行学习。

3.6.2 叶轮式流量计

叶轮式流量计是通过测量叶轮旋转次数来测量流量的。常用的仪表有水表和涡轮流量计。可扫描【二维码】进行学习。

叶轮式流量计

3.6.3　电磁流量计

电磁流量计是根据法拉第电磁感应定律研制出的一种测量导电液体体积流量的仪表。电磁流量计由电磁流量传感器和转换器组成。可扫描【二维码】进行学习。

电磁流量计

3.6.4　**超声波流量计**

超声波流量计是利用超声波在流体中的传播速度会随被测流体流速而变化的特点于近代研发出的一种新型测量流量的仪表。超声波流量计由换能器与转换器组成。可扫描【二维码】进行学习。

超声波流量计

3.6.5　**涡街流量计**

涡街流量计是根据流体力学中的"卡门涡街"原理制作的一种流量测量仪表。涡街流量计由传感器和转换器组成。可扫描【二维码】进行学习。

涡街流量计

3.7　电量测试

3.7.1　**电流、电压和功率因素单项测量**

用电设备大多由交流电拖动,其所消耗的电能对时间的变化率称为功率。瞬时功率在一个周期内的平均值称为有功功率,图3.8所示为交流电压、电流和相位角示意图。

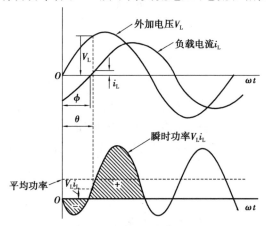

图 3.8　交流电压、电流和相位角示意图

将不消耗能量,只与电源进行能量交换的功率称为无功功率。有功功率是为保持用电设备正常运行所需的电功率,它将电能转换为其他形式能量(机械能、光能、热能)见式(3.17)。无功功率则是用于电路内电场与磁场的交换,并用来在电气设备中建立和维持磁场的电功率。凡是有电磁线圈的电气设备,要建立磁场,就要消耗无功功率。有功功率和无功功率的幅值(电压有效值与电流有效值的乘积)称为视在功率 $S(S=UI)$。

$$P = \frac{1}{T}\int_0^T P \mathrm{d}t = \frac{1}{T}\int_0^T ui \mathrm{d}t = UI\cos \Phi \tag{3.17}$$

式中　P——有功功率,W;

　　　　U——电压有效值,V;

　　　　I——电流有效值,A;

　　　　i——电流瞬时值,A;

　　　　u——电压瞬时值,V;

　　　　Φ——电压与电流的相位差;

　　　　$\cos \Phi$——功率因数,为有功功率与视在功率之比;

　　　　T——用电时间,h。

由式(3.16)可知,电功率除通过测得电压、电流和功率因数来求得外,还可以采用功率表来测量。在时间 τ 内,系统消耗的总电能可表示为式(3.18)。电能可以通过测得的功率来估算,也可以采用电能表来测量。

$$N = \int_0^T P \mathrm{d}\tau \tag{3.18}$$

式中　N——电能,kWh;

　　　　P——功率,kW;

　　　　T——用电时间,h。

对既有系统进行能耗测定时,需要计量用电设备所消耗的总电量。然而常常遇到系统无电能表,那么就需要通过功率表或分别测量电压、电流和功率因数来计算有功功率的情况。如果用电设备在使用时间内功率不变或电源电压及电流稳定,可以由式(3.19)估算系统所消耗的电能。

$$N = PT \tag{3.19}$$

1)电流测量

用电设备的交流电流采用电流表(指针式或数字式)来测量时,需与电流互感器配套使用。当采用电流互感器时,电流值可采用式(3.20)计算:

$$I = K_2 I_b \tag{3.20}$$

式中　I,I_b——实测电流值和测量仪表所显示的电流值,A;

　　　　K_2——电流互感器电流比系数。

400 V 以下交流电流可采用钳形电流表测量。钳形电流表由手柄、电流表(指针式或数字式)互感器铁芯等组成。互感器的二次线圈 S 与电流表连在一起,交流钳形电流表如图 3.9 所示。

使用时,收紧手柄 1,打开铁芯 3 的磁路,把需要测量的电线从铁芯的钳形开口处引进来,然后放松手柄,使钳口重新闭合。这时被测导线就相当于电流互感器的一次侧,通过导线的电流在电流互感器的二次侧线圈 S 中感应出和一次侧电流成一定比例的电流,电流表测出这个感应电流,根据比例关系(K_2)显出被测电路的电流。

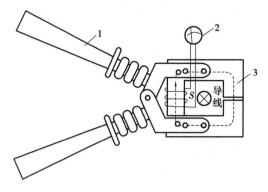

图 3.9　交流钳形电流表

1—手柄；2—电流表；3—互感器铁芯

2)电压测量

用电设备电压可以采用指针式或数字式电压表测量。当测量高压电动机的电压时,应配备高压电压互感器。当采用电压互感器时,电压值可采用式(3.21)计算:

$$U = KU_b \qquad (3.21)$$

式中　U, U_b——实测电压值和测量仪表所显示的电压值,V;

　　　　K——电压互感器电压比系数。

3)功率因素测量

功率因数采用如图 3.10 所示的功率因数表测量。图中 A 为固定线圈(电流线圈),分成两个绕制,以使可动线圈所在空间有比较均匀的磁场;B 和 C 是两个互成一定角度的活动线圈(电压线圈),它们固定在同一转轴上。线圈 B 和电阻值很大的电阻 R 串联,线圈 C 和感抗很大的线圈 L 串联(也可以串联电容),然后与负载并联。当负载电流 I 通过线圈 A 时,线圈 A 内

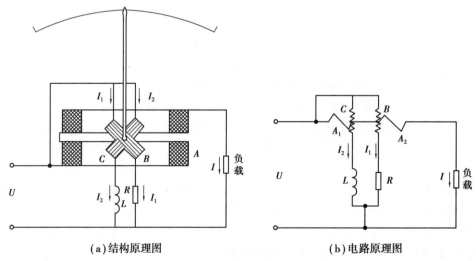

(a)结构原理图　　　　　　　　　　(b)电路原理图

图 3.10　功率因素表工作原理

产生了磁场。通过电压线圈的电流 I_1 和 I_2 在这磁场中受到电磁力 F_1 和 F_2 的作用,产生方向相反的转矩 M_1 和 M_2。当两个线圈在磁场中处于某一位置,M_2 大于 M_1 时,转轴就会向逆时针方向偏转,于是 M_1 逐渐减小,M_2 逐渐增大,直到 $M_1 = M_2$,转轴停止不动反过来也是这样,这时和轴连在一起的指针就指出一定的 $\cos \phi$,当负载的功率因数变动时,F_1 和 F_2 的大小也要变化,线圈在原来的位置上,M_1 和 M_2 不再相等,转轴要偏转到另一位置才能重新达到平衡,于是指针指出一个新的 $\cos \phi$。单相功率因数表的接线方法如图 3.11 所示。

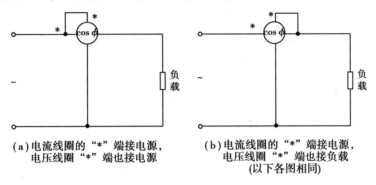

(a)电流线圈的"*"端接电源,
电压线圈"*"端也接电源

(b)电流线圈的"*"端接电源,
电压线圈"*"端也接负载
(以下各图相同)

图 3.11 单相功率因素表的接线方法

4)三相交流电路的功率计算

在三相交流电路中,相线和中线之间的电压称为相电压,相线之间的电压称为线电压。如果三相电路对称,每相的电压 U_p 和电流 I_p,以及它们之间的相位角 $\cos \phi$ 均相等,每相电路的有功功率根据式(3.17)可以表示为式(3.22):

$$P_p = U_p I_p \cos \phi \tag{3.22}$$

三相对称电路的总功率等于三个相等的相功率之和,如式(3.23)所示:

$$P = 3P_p = 3U_p I_p \cos \phi \tag{3.23}$$

如果测量线电压 U_1 和线电流 I_1,则对称电路的三相总功率,如式(3.24)所示:

$$P = \sqrt{3} P_p = \sqrt{3} U_p I_p \cos \phi \tag{3.24}$$

3.7.2 功率表

1)有功功率测量

有功功率功率表也称为瓦特表。功率表有机械式和电子式两种,机械式功率表的电流线圈(固定线圈)串接在被测电路中,用于测量流经负载的电流,图 3.12 所示为功率表的工作原理。

电压线圈(活动线圈)与附加电阻串联后和电路并联,用于测量负载电压。电功率按照式(3.17)计算,电量按照式(3.19)估算。

为避免由于电流线圈和电压线圈接线错误导致的功率表指针反转,在两个线圈的始端标以"±"或"*",接线时需要遵守下述规则:①电流线圈始端与电源端相连,电流线圈另一端与负载相连;②电压线圈的始端与电流线圈的任一端相连,电压线圈的另一端跨接在被测电路的另一端(与被测负载并联)。图 3.12 所示的功率表的电压线圈及电流线圈的始端(标示"＊"端)均连在电源端。当被测电路中电阻比较小时,也可以将电压线圈的始端接在电流线圈的另一端。

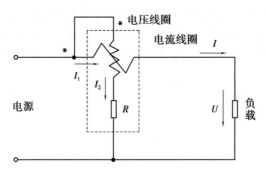

图 3.12　功率表的工作原理

在对称的三相四线制线路中,用一个功率表测出对称负载中一相的功率,将其乘以 3,即得三相总功率,按式(3.25)计算。图 3.13 所示为用一个功率表测量对称三相负载的总功率示意图。

$$P = 3P_{\mathrm{p}} = 3U_{\mathrm{p}}I_{\mathrm{p}}\cos\phi \qquad (3.25)$$

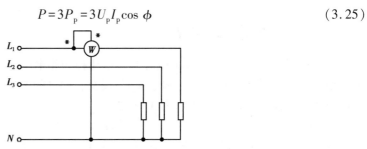

图 3.13　用一个功率表测量对称三相负载的总功率

对于不对称的三相四线制电路,三个功率表测得的功率之和即为三相负载的总功率,则三相总功率按式(3.26)计算。图 3.14 所示为用三个功率表测量不对称三相四线制电路的功率示意图。

$$P = P_{\mathrm{p}a} + P_{\mathrm{p}b} + P_{\mathrm{p}c} \qquad (3.26)$$

式中　$P_{\mathrm{p}a}$,$P_{\mathrm{p}b}$,$P_{\mathrm{p}c}$——分别为 a、b、c 三个功率表测得的相功率,W。

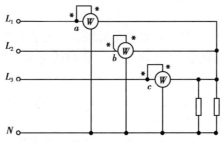

图 3.14　用三个功率表测量不对称三相四线制电路的功率

在三相三线制电路中,无论电源和负载是否对称,也不管负载接成星形还是接成三角形,都可以利用两表法测量三相总功率,两个功率表测得的功率之和即为三相负载的总功率,图 3.15 所示为用两个功率表测量三相三线制的功率图。按式(3.27)计算:

$$P = P_{I1} + P_{I2} \tag{3.27}$$

式中　P_{I1},P_{I2}——分别为两个功率表测得的线功率,W。

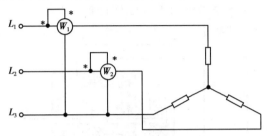

图 3.15　用两个功率表测量三相三线制的功率

为了便于测量三相功率,可以采用三相功率表测定。电子式功率表原理及应用与机械式相同,不再赘述。

2)无功功率测量

在三相四线制电路中,对称三相无功功率测量接线法如图 3.16 所示。利用无功功率表进行测量,然后将测量结乘以$\sqrt{3}$,就可以得到三相电路的总无功功率,如式(3.28)所示:

$$P_Q = \sqrt{3}\, U_1 I_1 \sin \phi \tag{3.28}$$

式中　P_Q——总无功功率,W;

　　　U_1——线电压,V;

　　　I_1——电流,A;

　　　ϕ——线电压 U_1 与线电流 I_1 的相位差。

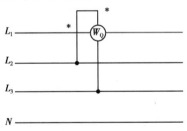

图 3.16　对称三相无功功率测量接线法

在对称三相三线电路中,三相无功功率测量接线法如图 3.14 所示,用两个功率表测量三相三线制电路的功率,按式(3.29)计算:

$$P_Q = \sqrt{3}\,(P_1 - P_2) = \sqrt{3}\, U_1 I_1 \sin \phi_x \tag{3.29}$$

式中　$P_1 - P_2$——功率表 W_1 与 W_2 读数差,W。

3.7.3 电能表

在交流电路中,测量电能的最方便的方法是利用电能表(电度表)进行电能测量。由于电能表是按式(3.18)进行电能计算的,因此可以精确测量用电设备所消耗的功率。电能表有机械式和电子式两种。图 3.17 所示为机械式电能表原理。

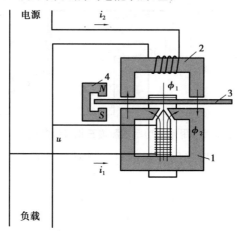

图 3.17　机械式电能表原理
1—电压部件;2—电流部件;3—旋转铝盘;4—永久磁铁

图中电压部件由铁芯及电压线圈组成,电流部件由 n 形铁芯及电流线圈组成,旋转铝盘固定在转轴上。电压线圈与负载并联,电流线圈与负载串联。当电路接通时,电压线圈中通过电流 i_1,电流线圈中通过电流 i_2,它们在铁芯及气隙中分别产生了交变磁通 ϕ_1 和 ϕ_2,穿过铝盘的交变磁通在铝盘内产生感应电动势,引起感应电流,产生转动力矩,使得铝盘旋转起来。铝盘转速与负载功率成正比。则在时间 t 内消耗的电能,如式(3.30)所示:

$$N = Pt = K'nt \tag{3.30}$$

式中　N——电能,kW·h;

　　　P——功率,kW;

　　　n——铝盘转速,转/h;

　　　t——时间,h;

　　　K'——仪表常数,(kW·h)/转。

安装电能表时,要使电流线圈与负载串联,电压线圈与负载并联。低电压(380 V 或 220 V)小电流(5 A 或 10 A 以下)的单相交流电路中,电能表可以直接接在线路上,单相电能表接线原理图如图 3.18 所示,如果负载电流超过电能表电流线圈的额定值,则需要经过电流互感器接入电路。

在三相四线制线路中,用一个电能表测出任一相负载所消耗的电能,将其乘以 3,即得三相总电能,三相电能表接线原理图如图 3.19 所示。对于不对称的三线四线制电路,可以采用三相四线电能表直接测出三相负载所消耗的总电能,三相四线电能表接线原理图如图 3.20 所示。在三相三线制电路中,可采用三相三线电能表测量三相负载总电能,三相三线电能表接线原理图如图 3.21 所示。

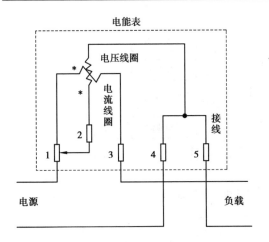

图 3.18 单相电能表接线原理图

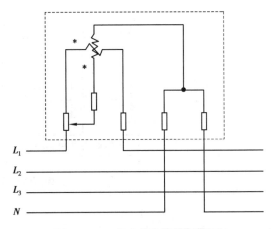

图 3.19 三相电能表接线原理图

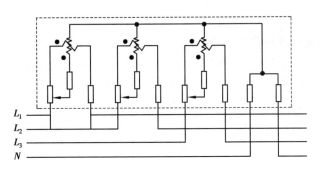

图 3.20 三相四线电能表接线原理图

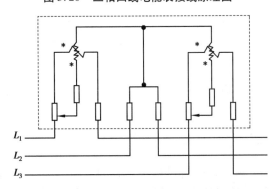

图 3.21 三相三线电能表接线原理图

三相四线电子式电能表工作原理图如图 3.22 所示,用户消耗的电能转换为电压、电流信号,经取样电路分别取样后,由电能表专用集成电路处理成为与消耗功率成正比的脉冲信号,CPU 记录电量脉冲并存储。根据时钟和时段的内容分别处理和记录对应时间段内的电量,LCD(液晶显示器)循环显示用户选择的参数,存储信息数据可通过红外抄表机或 RS485 通信接口进行信息数据传输。

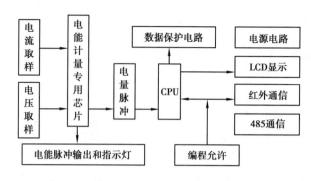

图 3.22　三相四线电子式电能表工作原理图

3.8　热量测试

有温差的地方,就有传热现象发生。在同一传热过程中,往往同时存在传导、对流和辐射几种传热方式,在流体输送等传质现象中,也有热量传递。单位面积上传热的强弱,称为热流密度。测量热流的仪表,称为热流计。热流计有多种形式,如测量传导热流的热阻式热流计,测量辐射热流的辐射式热流计,测量流体输送热流的热流计。流体输送测量除瞬时热量,还有累计热量,测量流体输送热流的仪表既可称为热流计,又可称为热量计或者热能计,习惯上称为热量计。

3.8.1　导热热流计

导热热流计是测量物体导热方式传递的热流密度的仪器,一般由热流传感器、连接导线和显示仪表组成。热阻式热流计是应用最广泛的导热热流计,已经成为测量建筑物结构、管道或各种保温材料的传热量及物性参数的主要仪表。下面以热阻式热流计为代表介绍导热热流计的原理及使用方法。可扫描【二维码】进一步学习。

导热热流计

3.8.2　辐射热测试仪器

辐射热测试仪器是用于测量热辐射过程中热辐射迁移量的大小、评价热辐射性能的仪器,一般由热辐射传感器和显示仪表组成。可扫描【二维码】进一步学习。

辐射热测试仪器

3.8.3　热量表

热量表最早诞生于欧洲,早期的热量表全部为机械式的,20 世纪 90 年代开始进入中国。我国第一台热量表诞生于 20 世纪 80 年代初。热量表根据测量介质状态可分为热水热量表和蒸汽热量表。根据换热模式可分为热水热量测量和冷冻水冷量测量两种情况,二者原理相同,一些热量表可兼顾两种模式的测量。可扫描【二维码】进一步学习。

热量表

3.9 空气污染物测试

世界卫生组织认为大气污染是致癌的一大因素。现代人一天有80%以上的时间在室内度过,室内空气质量对人体健康影响尤为突出。对空气污染物根据其形态和特性的不同,可分为以下几类:

①粉尘类,如扬起的尘土、炭粒等。

②金属尘类,如铁、铝等微小颗粒物等。

③湿雾类,如油雾、酸雾等。

④细菌类,如致病病菌等。

⑤有害气体类,如一氧化碳、甲醛、硫化氢、氮氧化物等。

⑥放射性气体类,如氡及其子体等。

我国《室内空气质量标准》(GB/T 18883—2022)对室内空气主要污染物控制指标就做了要求,详见附录6。对空气污染物进行测定分析,有利于制订改善室内空气质量的方案,减少有害气体对人的危害。

3.9.1 空气含尘浓度测试仪器

空气中悬浮着大量的固体或液体的颗粒称为悬浮颗粒物或气挟物。悬浮颗粒物按粒径大小可分为降尘和飘尘。降尘是指空气中粒径大于10 μm 的悬浮颗粒物,由于重力作用容易沉降,在空气中停留时间较短,在呼吸作用中又可被有效地阻留在上呼吸道中,因而对人体的危害较小。飘尘是指大气中粒径(指空气动力学当量直径)小于10 μm 的悬浮颗粒物,能在空气中长时间悬浮,它可以随着呼吸侵入人体的肺部组织,故又称为可吸入颗粒物。可吸入颗粒物在空气中是以气溶胶的形态存在,而且许多病原微生物往往吸附在颗粒物(粉尘)上面。由于可吸入颗粒物可以深入人的呼吸系统,因此它对人体的健康危害较大。

测定大气尘的浓度对于保障人体健康和评价洁净空调及生物洁净室的性能有重要意义。

大气尘的浓度一般有三种表示方法:

①计重浓度,以单位体积空气中含有的尘粒质量表示,计作 mg/m³、μg/m³;

②计数浓度,以单位体积空气中含有的尘粒个数表示,计作粒/L、粒/m³、粒/ft³(一般用于代表洁净度级别,如100 粒/ft³ 表示100 级别洁净度);

③沉降浓度,以单位时间单位面积上自然沉降下来的尘粒数或者质量表示,计作粒/(m³·h)。

从环境卫生、工业卫生和一般空调角度,大气尘的浓度均采用计重浓度或者辅助以沉降浓度。在空气洁净技术中,采用大气尘的计数浓度。对于大气尘来说,计重浓度和计数浓度间一般有此换算关系:1 mg/m³ = 10 粒/m³。空气含尘浓度测试可分为总悬浮颗粒的测量、可吸入颗粒物的测量。可扫描【二维码】进一步学习相关测试仪器。

空气含尘浓度测试仪器

3.9.2　空气菌落总数测试仪器

室内微生物的来源很广泛,有室外大气的渗透、人体、动物、植物以及受污染后的空调系统、地毯、家具等。如细菌和病毒就主要来源于人自身,人们通过说话、咳嗽、打喷嚏等活动,又可以将口腔、咽喉、气管、肺部的病原微生物通过飞沫喷入空气,传播给别人。而按照微生物的属性分,常见的室内微生物有细菌、真菌、病毒、尘螨等。按微生物对人体的影响程度可分为两大类:非致病性腐生微生物(包括芽孢杆菌属、无色杆菌属、放线菌、酵母菌等)和来自人体的病原微生物(结核杆菌、溶血性链球菌、金黄色葡萄球菌和感冒病毒等)。

空气菌落总数测试仪器

空气微生物的存在及其危害,虽经现场采样检验和流行病学调查可定性确认,但定量监测在技术上仍有较多困难,其的浓度一般采用菌落总数进行表示,单位 cfu/m^3。

菌落总数测试方法有沉降法、撞击法、过滤法,空气中生物微粒测定方法如图3.23所示。可扫描【二维码】进一步了解各类方法及相关测试仪器。

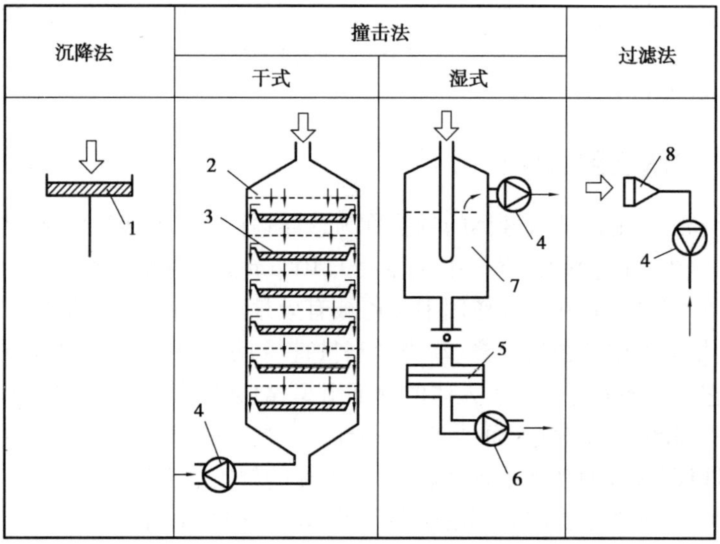

图 3.23　空气中生物微粒测定方法

1—盛有培养基的培养皿;2—多段孔板;3—平板培养基;
4—风机;5—滤膜过滤器;6—水泵;7—盛有培养液的器皿;8—微孔滤膜

3.9.3　有害气体浓度测试仪器

空气中的有害气体包括一氧化碳、硫化物、氮氧化物、甲醛、苯及苯系物、总挥发性有机物(TVOC)等,二氧化碳虽然无毒,但其浓度过高同样会对人体健康产生影响。对空气中有害气体的浓度进行测定,是评估环境空气质量是否达标重要手段,也是及时采取科学适宜措施调节改善环境空气质量的前提。以下主要对一氧化碳、二氧化碳、二氧化硫、氮氧化物、甲醛、苯、TVOC 的浓度测定方法及相关仪器(材料)进行介绍。

1)采样方法及设备

一般情况下,空气污染物的测定需要先将污染物样品收集起来(即采样),再用一定的物理和化学分析方法测定其污染物浓度。采样是污染物测定的关键步骤,正确的采样操作是后续分析结果真实有效的前提。根据污染物的存在状态、浓度、物理化学性质及分析方法的不同,测量过程中选用的采样方法和仪器也会不一样。

气体有害物采样方法一般有直接取样法、动力浓缩采样法、被动采样法等。可扫描【二维码】学习了解相关方法及仪器。

气体有害物
采样方法

2)一氧化碳和二氧化碳浓度测量

一氧化碳(化学分子式 CO)是一种无色、无味、无嗅、无刺激性的有害气体,几乎不溶于水。大气中一氧化碳为炼焦、炼钢、炼油、汽车尾气及家庭用燃料等的不完全燃烧产物。室内空气中一氧化碳主要来源于家庭烹饪中燃料的燃烧、吸烟等人为活动,同时也来源于室外受污染空气进入室内而产生的污染,尤其是居住在交通繁忙的道路两侧的居民。

二氧化碳(化学分子式 CO_2)也是一种无色、无味、无嗅、无刺激性的气体。易溶于水,二氧化碳的来源广泛,主要有含碳物质充分燃烧、生物发酵和呼吸作用等,在室内主要是燃料燃烧、烹饪、吸烟和人类的呼吸作用等。二氧化碳是评价建筑空气环境卫生质量的一项重要指标。

测定空气中所含的一氧化碳的方法有不分光红外吸收法、电导法和气相色谱法等。测定空气中所含的二氧化碳的方法有不分光红外吸收法、气相色谱法和容量滴定法等。不分光红外吸收法通过红外线气体分析器进行测定。本章节主要对红外线气体分析器进行介绍,可扫描【二维码】进行学习。

一氧化碳和二氧
化碳浓度测量

3)二氧化硫浓度测量

二氧化硫(化学式 SO_2)是最常见的硫氧化物,是无色气体,有强烈刺激性气味,是大气主要污染物之一,易溶于水。由于煤和石油通常都含有硫化合物,燃烧时会生成二氧化硫,自然界火山爆发、社会多数工业生产中均会产生二氧化硫。当二氧化硫溶于水中,会形成亚硫酸(酸雨的主要成分)。测量 SO_2 常用的方法有库仑滴定法、紫外荧光法、电导法、分光光度法、火焰光度法等。恒电流库仑滴定式二氧化硫分析仪、紫外荧光式二氧化硫分析仪分别是库仑滴定法和紫外荧光法测定二氧化硫浓度的主要仪器。本章节主要对这两种仪器进行介绍,可扫描【二维码】进行学习。

二氧化硫
浓度测量

4)氮氧化物浓度测量

大气中的氮氧化物主要以一氧化氮和二氧化氮形式存在。一氧化氮(化学式 NO)无色无味气体,难溶于水的有毒气体。一氧化氮化学性质非常活泼,与氧气反应后,可形成具有腐蚀性的气体——二氧化氮(NO_2)。二氧化氮(化学式 NO_2)是一种棕红色,易溶于水的气体。人为产生的二氧化氮主要来自高温燃烧过程的释放,比如机动车尾气、锅炉废气的排放等。二氧化氮可与水反应生成硝酸,是酸雨的成因之一。一氧化氮和二氧化氮两种物质均对人体呼吸道有刺激和腐蚀作用,是重要的大气污染物,其浓度测定可以分别进行,也可直接测定二者的总量。氮氧化物常用的测量方法为化学发光法、库仑滴定式法和盐酸萘乙二胺分光光度法。这里主要对化学发光式氮氧化物分析仪进行介绍,可扫描【二维码】进行学习。

氮氧化物
浓度测量

5)甲醛浓度测量

甲醛(化学分子式 HCHO)是一种挥发性有机化合物,无色、具有强烈刺激性气味,易溶于水、醚。甲醛是导致"不良建筑综合征"的危险因素之一,对人体的呼吸系统和皮肤有刺激作用。测量甲醛的方法很多,常用酚试剂比色法、乙酰丙酮分光度法,以上两种方法都用到了分光光度计。可扫描【二维码】进行学习。

甲醛浓度测量

3.10 环境放射性测试

有些物质的原子核不稳定,能自发地改变核结构,这种现象称为核衰变。在核衰变过程中总是放射出具有一定动能的带电或不带电的粒子,即 α、β 和 γ 射线,这种现象称为放射性。环境中的放射性来源于天然的和人为的放射性核素。大多数天然的放射性核素均可出现在大气中,但主要是氡的同位素(特别是^{22}Rn),它是镭的衰变产物,能从含镭的岩石、土壤、水体和建筑材料中逸散到大气中。氡是一种惰性气体元素,无色、无味、非常容易扩散,易溶解于水、脂肪中,与脂肪亲和力很高,进入人体易引发不孕育、胎儿畸形、癌症等后果,建筑室内环境中,氡是重要的致癌物质。

自然环境中的宇宙射线和天然的放射性物质构成的辐射称为天然放射性,它是判定环境是否受到放射性污染的基准,如在我国的《放射防护规定》中规定居民区空气中氡的最大允许浓度为 0.1~0.11 贝可/升(Bq/L)。放射性测量仪器检测放射性的基本原理基于射线与物质间相互作用所产生的各种效应,包括电离、发光、热效应和能产生次级粒子的核反应等。放射性测量仪器种类很多,以下对几种代表性仪器设备进行介绍。

3.10.1 采样装置和系统

空气中放射性物质的测定一般需先进行样本采集,再利用相关仪器进行测定。氡的采集可分为被动式和主动式两种形式。可扫描【二维码】进行学习。

空气中氡物质的
采样装置和系统

3.10.2 检测仪器

空气中氡的浓度可使用电离型检测器、闪烁检测器进行检测。可扫描【二维码】进行学习。

空气中氡浓
度的检测器

3.11　声环境测试

声环境与热环境、光环境是建筑室内物理环境的 3 个最主要的组成部分。声音是人们感知外界的重要媒介，良好的建筑声能愉悦身心，提高人的身体健康状况，并能提高劳动效率。建筑声环境测量包括噪声测量和建筑音质测量。建筑音质测量主要是为了满足如音乐厅、报告厅、影剧院等厅堂对音质的特殊要求。噪声测量是为了掌握在某个建筑环境中因为噪声源的存在而产生噪声的噪声声级、频谱和时间特性等。本章节主要介绍噪声测量的内容。噪声是主要的环境因素之一，通过测量的技术手段来降低和控制环境中的噪声，对营造一个无噪声污染的建筑环境具有非常大的意义。常用的噪声测试仪器有声级计、声级记录仪、噪声统计分析仪等。

3.11.1　噪声的基本知识

1)声音与声波

声音的产生源于声源诱发的振动在媒质中的传播，是机械振动状态的传播在人类听觉系统中的主观反映。这种传播过程是一种机械性质的波动，称为声波。在声波的传播过程中，空气质点的振动方向与波的传播方向相平行，所以声波是纵波。

当声波通过弹性介质传播时，介质质点在其平衡位置附近来回振动，质点完成一次完全振动所经历的时间称为周期，单位是秒(s)。质点在 1 s 内完成完全振动的次数称为频率，单位为赫兹(Hz)，它是周期的倒数。声波在其传播路径上，相邻两个同相位质点之间的距离称为波长，单位是米(m)，即波长是声波在每一次完全振动周期中所传播的距离。声波在弹性介质中传播的速度称为声速，单位是(m/s)。

2)噪声的定义

噪声的标准定义是：凡人们不愿听的各类声音都是噪声。一个人对一种声音是否愿听，取决于声音的响度、频率、内容、发出时间以及人本身的心理状态等因素。噪声作为环境污染因素之一，与水污染、空气污染、垃圾并列世界四大公害。建筑环境中的噪声污染源主要包括：交通运输噪声、工业机械噪声、城市建筑噪声、社会生活和公共场所噪声、传入室内和室内家用电器直接造成的噪声污染。噪声是声波的一种，具有声波的一切物理性质，在工程应用中除用声速度频率和波长描述外，还常用声强、声压、声功率等物理量表征其特性。

3)噪声的物理量

噪声的物理量有声强、声压、声强级与声压级、声功率和声功率级、噪声的频谱特性等。可扫描【二维码】进行学习。

噪声的物理量

4)噪声的主观评价及标准

声压是描述噪声的一个基本物理量,但人耳对声音的感受不仅和声压有关,还和频率有关,声压级相同而频率不同的声音听起来往往是不一样的。响度级是声音响度的主观综合感觉评价指标,它把声压级和频率用一个单位统一起来了。近年来,国际标准化组织提出了用噪声评价曲线(即 Noise Rating,简称 NR 或 N 曲线)作为标准来评价公众对户外噪声的反应。

噪声的主观评价及标准

国家颁布的国家标准(GB)和由主管部门颁布的标准及地方性标准,规定了不同场所的噪声允许标准。可扫描【二维码】学习噪声的主观评价及标准。

5)噪声的危害

噪声作为世界四大公害之一,其危害大,影响深远。环境噪声主要有以下几个方面危害:

(1)对听觉器官的损害

当人们进入较强烈的噪声环境时,会觉得刺耳难受,听力也出现暂时性的下降,这种现象称为"暂时性听阈偏移",也称"听觉疲劳"。人如果长年累月地处在强烈的噪声环境中,则会形成"永久性听阈偏移",即"听力损失",如职业病"噪声性耳聋"。通常,长期在 90 dB(A)以上的噪声环境中工作,就可能发生噪声性耳聋。此外,当人耳突然受到 140~150 dB 以上的极强烈噪声作用时,可使人耳受到急性外伤、一次作用就可使人耳聋,这种情况称为"爆震性耳聋"。

(2)引发多种疾病

噪声作用于人的中枢神经时,使人的大脑皮层"兴奋与抑制"平衡失调。长时间将会产生头疼、昏晕、失眠和全身疲乏无力等多种症状,严重的甚至引发神经衰弱。近年来,在噪声对心血管系统影响的研究中发现,噪声可以使心跳加速、心律不齐、血压升高等。

(3)对正常生活的影响

研究发现 45 dB(A)的噪声就会对正常人睡眠产生影响。强噪声会缩短人们的睡眠时间,影响入睡的深度,从而引发各种疾病。此外,70 dB(A)以上的噪声还会严重干扰人们互相交谈、收听广播、电话通信、听课与开会等。

(4)降低劳动生产率

噪声影响人的身体健康、精神状况、情绪状态,会间接降低人的工作效率。此外,在生产过程中,噪声对工作效率的影响随工作性质的不同而不同。需要集中注意力、认真思考或按信号及时做出反应和决定的工作,即使噪声较低,也会受到影响。

(5)其他危害

飞机低飞等情况出现的极强烈噪声,不仅对人产生危害,同时,对其他生物还有建筑物等都会产生破坏。

3.11.2 声级计

声级计是声学测量中最常用的噪声测量仪器。在把噪声信号转换成电信号时,可以模拟人耳对声波反应速度的时间特性,对不同频率及不同响度的噪声做出相应特性反应,描述出不同的反应曲线。可扫描【二维码】进行学习。

声级计

3.11.3 其他噪声测量仪器

1)声级频谱仪

噪声测量中如果需要进行频谱分析,通常在声级计中配以倍频程滤波器。根据规定分为10挡,即中心频率分别为 31.5Hz、63Hz、125Hz、250Hz、500Hz、1 000Hz、2 000Hz、4 000Hz、8 000Hz、16 000Hz。

2)声级记录仪

声级记录仪是常用的记录设备之一。它能记录直流和交流信号,可用于记录一段时间内噪声的起伏变化,以便对环境噪声做出准确评价,如分析某时段交通噪声的变化情况;也可用来记录声压级衰变过程,如测量房间的混响时间。磁带记录仪(录音机)可以把噪声记录在磁带上加以保存或重放。

3)噪声统计分析仪

噪声统计分析仪是一种数字式谱线显示仪,能把测量范围的输入信号在短时间内同时反映在一系列信号通道显示屏上,这对于瞬时变化声音的分析很有用处,通常用于较高要求的研究、测量。噪声统计分析仪型号很多,其中用干电池的可携带小型实时分析仪、具有储存功能,对现场测量,特别是测量瞬息变化的声音很方便。

随着计算机技术的不断发展,计算机应用于声学测量越来越广泛,经传声器接收、放大器放大后的模拟信号,通过模数转换成为数字信号,再经数字滤波器滤波或快速傅里叶变换(FFT)就可获得噪声频谱,再由计算机进行各种运算、处理和分析,可以得到各种所需的信息。最终结果可以很方便地存储、显示或通过打印机打印输出,做到测量过程自动化、显示结果直观化,大大节省人力,提高测量效率。可以预计,将来的环境噪声测量,将把计算机作为接收系统分析、处理数字信号的核心设备。

3.12 光环境测试

建筑光学是研究天然光和人工光在建筑中的合理利用、创造良好的光环境(Luminous Environment)以满足人们工作、生活、审美和保护视力等要求的应用学科,是建筑物理学的组成部分。舒适的室内光环境应该包括以下几个方面的内容:合适的照度,合理的照度分布、舒适的亮度及亮度分布、宜人的光色等。舒适的光环境可以满足人的视觉效能,创造特定的环境气氛,对人的精神状态和心理感受产生积极的影响。建筑光环境测量是为了检验采光或照明设施与所规定标准或设计条件的符合情况,测定维护和改善采光或照明的措施,以保障视觉工作要求和节省能源。

3.12.1　光的基本知识

1)光源

天然光源是利用天然光来采光的光源,它大致分为两类:太阳直射光和天空扩散光。一部分日光通过大气层入射到地面,它具有一定的方向性,会在被照射物体背后形成明显的阴影、称为太阳直射光。另一部分日光在通过大气层时遇到大气中的尘埃和水蒸气,产生多次反射、形成天空扩散光,使白天的天空呈现出一定的亮度,这就是天空扩散光。扩散光没有一定的方向,不能形成阴影。为防止眩光或避免房间过热,工作房间常需要遮蔽直射光。

由于自然光的利用存在时间、空间等限制,随着人类社会的发展,出现了火把、蜡烛、电灯等人工光源,现代社会的人工光源一般是电光源。电光源按其发光机理可分为热辐射光源、气体放电光源和固态光源。

天然光是太阳辐射的一部分,它具有连续光谱且只有一个峰值。研究表明,太阳的全光谱辐射是人们在生理上和心理上长期感到舒适满意的关键因素。而人工光的光谱由于其发光机理各不相同其光谱分布也不相同。大多数人工光源的光谱分布有两个以上的峰值,且不连续。一般来讲,光谱能量分布较窄的某种纯颜色的光源照明质量较差,光谱能量分布较宽的光源照明质量较好。前者的视觉疲劳高于后者。光谱成分不佳引起视觉疲劳是由于有明显的色差。因此,人们总希望人工光尽量接近天然光,不仅要求光谱分布接近或基本相同,并且也只有一个峰值,还要求有接近的光色感觉。

2)光的性质

光是能量的一种存在形式。光在一种介质(或无介质)中传播时,它的传播路径是直线,称为光线。光在传播过程中遇到新的介质时,会发生反射、透射与吸收现象。一部分光被介质表面反射,一部分透过介质,余下的一部分则被介质吸收。

光是以电磁波的形式传播辐射能的,电磁波的波长范围很广。只有波长在 380 ~ 780 nm 的这部分辐射才能引起光视觉,称为可见光(简称“光”),这些范围以外的光称为不可见光。波长小于 380 nm 的电磁辐射称为紫外线、X 射线、γ 射线或宇宙线等,波长大于 780 nm 的辐射称为红外线、无线电波。紫外线和红外线虽然不能引起人的视觉,但其他特性均与可见光相似。眼睛对不同波长的可见光产生不同的颜色感觉。将可见光波长从 380 ~ 780 nm 依次展开,光将分别呈现紫、蓝、青、绿、黄、橙、红色。一般光源如天然光和白炽光源等是由不同波长的光组合而成的,这种光源称为多色光源或称复合光源。

建筑采光和照明技术就是根据建筑物的功能和艺术要求,利用上述光、影、色的基本特性,创造良好的建筑光环境。

3)光的物理度量

光的度量方法分为辐射度量和光度量两种。前者是纯客观的物理量,不考虑人的视觉效果,而后者考虑人的视觉效果的。常用的光度量有光谱光效率、光通量、照度、发光强度和亮度。可扫描【二维码】进行深入学习。

光的物理度量

4）光环境的评价

一个优良的光环境,应能充分发挥人的视觉功效,使人轻松、安全、有效地完成视觉作业,同时又在视觉和心理上感到舒适满意。

评价一个光环境的质量好坏,除通过人的主观评价外,还需通过照度、亮度等物理指标进行客观评。我国《建筑照明设计标准》(GB50034)主要依据人的视觉功效特性,并结合视疲劳、主观感受和照明经济性等因素制订,指导建筑照明设计。评价光环境主要从以下照度水平、亮度比、光色、空间造型因素考虑。可扫描【二维码】进行深入学习。

评价光环境
的主要因素

3.12.2　照度计

光环境测量常用的物理测光仪器是光电照度计。可扫描【二维码】进行学习。

光电照度计

3.12.3　亮度计

光电亮度计是测量光环境或光源亮度用的仪器。可扫描【二维码】进行学习。

光电亮度计

3.13　室外气象参数测定

地球通过地球表面对太阳辐射热的吸收以及地球表面向太空的长波辐射,维持地球表面的热平衡,保持地球特有的适宜人类生存的室外气候条件。同时,室外气候条件会通过围护结构影响室内环境。与建筑使用密切相关的室外气象参数有:太阳辐射、空气温度、空气湿度、室外风速、降雨量等。

3.13.1　太阳能辐射观测站

建筑节能设计和评价中需要进行建筑能耗模拟,太阳辐射量是进行模拟的重要气象数据。研究太阳辐射可以为气象、水文、农业、白天所需的日光及太阳能的利用等提供重要的数据估计。太阳辐射能是地球上热量的基本来源。大气压力、气流、空气温度、空气湿度气象参数受太阳辐射的影响。可使用太阳辐射观测站测试太阳辐射能。可扫描【二维码】进行学习。

太阳能辐射
观测站

3.13.2　自动气象站

自动气象站系统采用模块化设计,可测量风速、风向、空气温度、空气湿度、大气压力、降雨量、全辐射、紫外辐射等各类气象数据。其系统测量精度高,数据容量大,遥测距离远,可靠性高。安装时必须在断电状态下连接各接口,确认无误后再通电。可扫描【二维码】进行学习。

自动气象站

3.14 燃气参数测试

燃气是指可以作为燃料的气体,它通常是以可燃气体为主要成分的、多组分的混合气体。可燃成分包括甲烷及碳氢化合物(烃类)、氢气、一氧化碳等;不可燃成分包括二氧化碳、氮气等惰性气体,部分燃气中还含有氧气、水蒸气及少量杂质。燃气的种类很多,主要有天然气、人工燃气、液化石油气、生物气(人工沼气)等。燃气测量是衡量城市燃气质量、保障燃气安全稳定供应、评价燃气用具功能、保证燃气用具安全的专业技术。本章节主要介绍天然气的测量内容。燃气的测试参数包括温湿度、流量、相对密度、热值、火焰传播速度、爆炸极限、成分分析等内容。

燃气是由多种气体组成的混合气体,不同种类燃气的成分不同,它们的特性也不同。通过燃气分析得到各组分的体积百分数后,可以根据各单一气体的特性值确定燃气的特性。因此,燃气成分分析是掌握燃气特性最基本的方法。通过燃气成分分析,可以检查燃气的品质是否符合规定;可以控制燃气的生产过程使之有效、经济地运行;可以计算和控制燃气的燃烧过程,使用气设备在最佳状况下工作。可见,燃气成分分析是燃气工程中需要经常实施的一项工作。燃气成分分析主要是分析燃气中各种单一气体成分的质量分数或体积分数。气体成分分析方法较多,主要有化学分析法、物理分析方法、色谱分析方法和质谱分析法等,且每种成分分析方法都有其优点和缺点。燃气成分分析目前最常用的方法是气相色谱分析法,气相色谱仪的相关介绍详见 3.9 节,此处不再阐述。

3.14.1 燃气温湿度测量仪器

温湿度是天然气计量参数之一,是天然气从工作条件换算成标准参比条件的必要参数,某些类型的流量计在计算流量时,也需要温湿度数据。测试燃气温度和湿度可使用露点仪、电解湿度计进行测试。

1)露点仪

露点仪广泛应用于 LNG、CNG 天然气行业、工业用气体、半导体行业、干燥工业、食品工业、电力行业、机械制造、空分行业、制药行业等需要快速检测微量水分析。

天然气露点仪原理与结构:内芯为一高纯铝棒,表面氧化成氧化铝薄膜,一层多空的金膜,该金膜与内芯之间形成电容,由于氧化铝薄膜的吸水特性,当水蒸气分子被吸入其中时,电容值发生变化,检测并放大该电容信号即可得到露点温度。便携式露点仪如图 3.24 所示。

图 3.24 便携式露点仪

2)电解湿度计

当燃气中的水蒸气含量很低时,普通的测湿仪表难以测量,这时应采用电解湿度计。电解

湿度计的基本原理是从被测气体中吸出水分,并将其电解。水的电解过程为

$$2H_2O \xrightarrow{\text{电解}} 2H_2 \uparrow + O_2 \uparrow \tag{3.31}$$

电解湿度计的流程图如图3.25所示。气样流经电解池时,所含有的水蒸气被五氧化二磷膜层吸收并电解。当吸收和电解过程达到平衡时,电解电流与气样中的水蒸气含量成正比,从而可通过测量电解电流得到气样的湿度。测量范围通常为 1 ~ 1 000 μL/L。

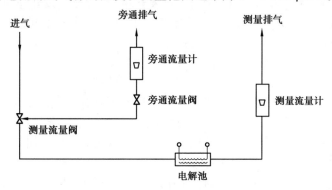

图 3.25　电解湿度计的流程图

根据法拉第定律和气体状态方程式,可导出电解电流和气样湿度之间的关系,如式(3.32)所示

$$I = \frac{QpT_0FV_r}{3p_0TV_0} \times 10^{-4} \tag{3.32}$$

式中　I——电解电流,μA;

　　　Q——气样流量,mL/min;

　　　T_0——零点温度,273.15 K;

　　　F——法拉第常数,$F = 964.85$ C/mol;

　　　p——环境压力,Pa;

　　　V_r——气样湿度体积比,μL/L;

　　　p_0——标准大气压 101 325 Pa;

　　　T——环境温度,K;

　　　V_0——摩尔体积,$V_0 = 22.4$ L/mol。

3.14.2　天然气流量计量仪器

1)天然气流量计量方法及特点

天然气流量计量是计量单位时间内流经封闭管道横截面的天然气量。天然气流量的计量包括体积计量、质量计量和能量计量三种方式。

(1)体积计量

测量时以体积(m³)作为天然气的计量单位,目前最常用的方法是以涡轮流量计、超声波流量计、腰轮流量计来测量一定时间内流过管道的天然气体积。由于气体体积随压力和温度的变化而变化,故体积计量必须说明计量时的温度和压力条件,即参比条件。

（2）质量计量

可由质量流量计直接计量流过管道的天然气质量，也可由各种类型的体积流量计与气体密度计相配套来测量，质量计量一般用克（g）作计量单位。质量计量的优点是不用考虑气体的压力和温度状态，但质量流量计对工作环境的要求很高。

（3）能量计量

能量计量是在体积计量的基础上，结合气体发热量，对天然气发热量进行计量，一般用百万焦耳（MJ）为计量单位。天然气是一种混合气体、由于产地来源不同，各组分及含量也存在差异，这使得不同来源的同样体积（质量）的天然气，其燃烧产生的能量也不同。因此，从科学公平计量的角度看，天然气能量计量比流量计量更加合理。

近些年来，压缩天然气（CNG）和液化天然气（LNG）快速发展，国内 CNG 和 LNG 加气机普遍采用质量流量计进行流量计量，加气机的检定采用与国际标准一致的质量流量（kg/s）为计量单位。质量计量的天然气标准装置主要包括质量法气体流量标准装置和标准表法气体流量标准装置。前者利用电子天平作为主标准器，主要用于送检加气机和加气机检定装置的检定/校准，后者主要采用质量流量计作为主标准器，用于加气机的现场检定。

天然气能量计量是目前国际上最流行的用于贸易和消费的计量结算方式。北美、南美、欧洲和亚洲大多数国家的天然气贸易、输送和终端消费均采用能量来计量和结算费用。我国目前已初步形成了能量计量体系，流量和发热量测量设备、设备检定技术法规、赋值方法、测量标准、量传和溯源链已日趋完备，可初步满足能量计量的应用要求。但在气体标准物质制备、发热量间接测定技术方面还需进一步提高，法律法规及能量计量标准体系也需进一步完善，管理制度还有待建立，以尽快适应和推广从流量计量到能量计量的转变。

由于天然气组分的复杂，使得天然气在流量测量方面存在不同于其他气体测量的特殊性，主要反映在以下几个方面：

①天然气中各组分含量可能因地点或时间变化而变化，这些变化又会导致天然气一系列物性参数发生变化，如密度、压缩因子、等熵指数等，而这些参数均与体积计量密切有关。

②天然气是一种易燃、易爆气体，故其计量用仪器设备的安装和操作均对组分有特殊要求。

③在计量管输天然气时，天然气中可能含有的油雾、液滴等杂质可能对临界流喷嘴、标准孔板、涡轮流量计等仪表的计量性能产生影响。

由此可见，天然气计量与其物性测量密切相关。

测量天然气物性的方法可分为两大类：第一类是利用组分分析数据进行计算；第二类是以仪器、仪表直接测量。第二类测量往往要涉及昂贵的设备和复杂的操作，一般实验室不具备实施条件，因而其标准化工作也相对滞后。但国际标准化组织天然气技术委员会已成立了天然气物性测量分委员会，已出台相关文件，对物性测量的范围、标准、程序等作了规定。

2）流量计量仪表

燃气计量仪表按计量原理可分为直接计量仪表和间接计量仪表两种。直接计量仪表的内部设有若干个计量室，按计量室的容积大小直接对通过的燃气量进行计量。间接计量仪表设有计量室，它利用燃气流量和时间因素求得累计值。比如，利用气流压差的孔板流量计，利用气流速度的涡轮流量计，利用气流受阻形成涡流的涡流流量计等，这些流量计多用于大流量计量。

燃气计量仪表的选用要素：

a. 根据实际需要,比较流量计的性能和功能,按照最优性能价格比的原则选择流量计。

b. 选择时应从仪表特性、天然气特性、环境因素、安装因素和经济因素 5 个方面综合考虑。

目前,家庭用及小型工商业燃气计量仪表多为干式小流量仪表,如膜式燃气表、超声波燃气表、罗茨燃气表等;中大型工商业用的燃气计量仪表对应的流量较大,主要有差压式、速度式和容积式等计量表,典型的为孔板流量计、涡轮流量计、超声流量计、旋进漩涡流量计和腰轮流量计等。可扫描【二维码】学习常见仪器相关内容。

国家标准《膜式燃气表》(GB/T 6968—2019)对燃气表的性能及检验方法都有明确的规定。可扫描【二维码】进行查看学习。

天然气流量
计量仪器

《膜式燃气表》
(GB/T 6968—2019)

3.14.3　燃气的相对密度测量仪器

1) 测量方法

测量相对密度的方法有以下几种：

① 计算法。依据测出的燃气各组分百分比乘以各个组分相对密度之和,即为燃气相对密度。此法只限于一般计算,不适用于正规测量。

② 称量法。利用天平称出相同压力、相同温度条件下,相等体积干燃气与干空气的质量,二者的比值即为燃气的相对密度。此方法直接、简单,但燃气很轻,称重困难,操作天平时容易产生误差。

③ 本生-希林法。两种不同气体,在相同的温度和压力条件下,从同一孔口流出时,密度比较大的气体的流速必然小于密度比较小的气体,通过测量两种气体各自的流速,可以准确测量燃气的相对密度。此方法操作简单,所用的仪器也不复杂,是目前通用的测量燃气相对密度的方法。

2) 本生-希林法燃气相对密度测量

(1) 测量原理

燃气相对密度计是采用在相同的温度与压力条件下,具有相等体积、不同种类的气体流过某固定直径的锐孔所需要的时间的平方与气体的密度成正比。

(2) 测量所用仪器仪表

① 燃气相对密度计:《城镇燃气热值和相对密度测定方法》(GB/T 12206—2006)规定了测量城镇燃气相对密度采用"本生-希林式气体相对密度计"进行测量,其结构如图 3.26 所示。

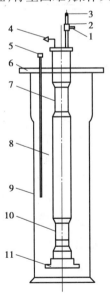

图 3.26　燃气相对密度计结构
1—放气孔;2—三向阀(空气及燃气出口);
3—测试孔;4—气体入口;5—温度计;
6—上部支架;7—上标线;8—玻璃内壁;
9—玻璃外筒;10—下标线;11—下部支架

②温度计：量程 0 ~ 50 ℃，最小刻度 0.2 ℃；秒表：最小刻度 0.1 s。

③大气压力计：水银大气压力指示值，最小刻度 0.01 kPa；附带温度计，最小刻度不大于 0.2 ℃。也可以用精度不低于 0.01 kPa 的其他大气压力计。

3.14.4 燃气热值测量仪器

根据《城镇燃气热值和相对密度测定方法》（GB/T 12206—2006）规定，采用容克式水流式热量计进行燃气热值测量，热值测量装置配置如图 3.27 所示。

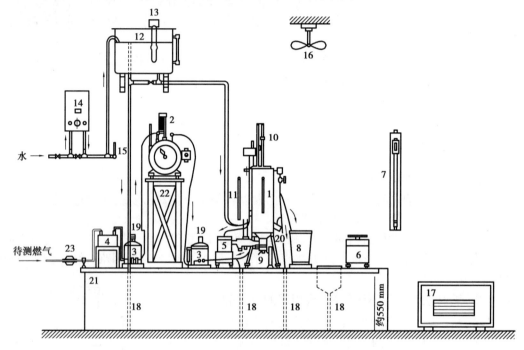

图 3.27 热值测量装置配置图

1—热量计；2—燃气表；3—湿式燃气调压器；4—燃气加湿器；5—空气加湿器；
6—电子秤；7—大气压力计；8—水桶；9—量筒；10—测水流温度用温度计；
11—测室温用温度计；12—水箱；13—搅拌机；14—水温调节器；
15—水温调节用温度计；16—风扇；17—室温调节器；18—排水口；19—砝码；
20—排烟口；21—测试台；22—燃气表支架；23—次压力调节器

采用容克式水流式热量计是采用水流吸热法进行燃气热值测量，即利用水流将燃气燃烧产生的热量完全吸收。根据水量与水温的升高即可以求出燃气的热值。这种方法确切可靠，受外界因素干扰较小，是通用的测量燃气热值的方法。水流吸热法有间歇测量和连续测量两种。

整个测量装置主要包含以下部件：

a. 热量计。

b. 空气加湿器。

c. 湿式燃气表：流量 20 ~ 1 000 L/h；最小刻度 0.02 L。

d. 湿式燃气调压器:用砝码调节出口燃气压力,调压范围为 0.20~0.60 kPa。

e. 燃气加湿器。

f. 温度计:热量计进口与出口采用双层玻璃管的精密水银温度计,温度范围 0~50 ℃,最小刻度 0.1 ℃。其他温度计,温度范围 0~50 ℃,最小刻度 0.2 ℃。

g. 电子秤:标量 8 kg,感量 2 g 以下。

h. 大气压力计:水银大气压力计,大气压力指示值 0.01 kPa;附带温度计,最小刻度不大于 0.2 ℃。也可用精度不低于 0.01 kPa 的其他大气压力计。

i. 水温控装置(水箱和水温调节器):水箱容量不宜小于 0.3 m^2,水流量为 2~3 L/min,水温低于室温(2±0.5)℃。

j. 燃烧器的喷嘴:燃烧器的喷嘴出口直径与高位热值、燃气流量的关系见表 3.2。

k. 水桶:盛水容量 8 kg。

l. 冷凝水量筒:容量 50 mL,最小刻度不大于 0.5 mL。

m. 秒表:最小刻度不大于 0.1 s。

表 3.2　燃烧器的喷嘴出口直径与高位热值、燃气流量的关系

高位热值/(kJ·m^{-3})	燃气流量/(L·h^{-1})	喷嘴出口直径/mm
62 800	65	1.0
54 400	75	1.0
46 000	90	1.0
37 000	110	1.5
29 300	140	2.0
21 900	200	2.0
16 700	250	2.0

燃气热值测量还有烟气吸热法、金属膨胀法、间接测量法等。可扫描【二维码】了解相关测试方法原理。

燃气热值
测量的方法

3.14.5　火焰传播速度测量

火焰传播速度也称燃烧速度,是气体燃料最重要的特性参数之一。它与燃烧工况有关,是稳定火焰的重要影响因素,是设计燃气燃烧器及燃烧设备的主要依据,也是判定燃气互换性的基本参数之一。

用点火源点可燃混合物时,产生局部燃烧反应而形成点源火焰。由于反应释放的热量和生成的自由基等活性中心向四周扩散传输,使紧挨着的一层未燃气体着火、燃烧,形成一层新的火焰。反应依次往外扩张,形成瞬时的球形火焰面。图 3.28 所示为静止均匀混合气体中的火焰传播示意图,此火焰面的移动速度称为层流火焰传播速度(或正常火焰传播速度),简称火焰传播速度,用 S 表示。未燃气体与已燃气体之间的分界面称为火焰锋面或火焰面,图 30.29 所示为流管中的火焰锋面。

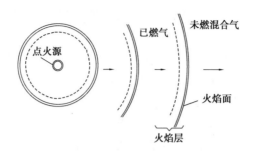

图 3.28　静止均匀混合气体中的火焰传播

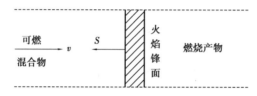

图 3.29　流管中的火焰锋面

　　火焰正常传播又分为层流火焰传播和紊流火焰传播两种形式。层流火焰传播速度一般为 1～100 cm/s,而紊流火焰传播速度在 200 cm/s 以上,一般工业技术的燃烧都属于紊流火焰传播。虽然在工程上常见的是紊流状态下的火焰传播,但是在静止介质或层流状态下的法向火焰传播是研究燃烧过程的基本问题,也是讨论紊流火焰传播的基础。

　　层流火焰传播速度没有精确的理论公式来计算。通常是依靠实验方法测得单一燃气或混合燃气在一定条件下的层流火焰传播速度值,有时也可依照经验公式和实验数据计算混合气的火焰传播速度。

　　目前尚缺少完全符合层流火焰传播速度定义的测量方法。几乎不可能得到严格的平面状火焰面,所以无法精确测量层流火焰传播速度。

　　测量层流火焰传播速度的实验方法,一般可归纳为静力法和动力法两类。可扫描【二维码】了解相关方法原理及使用的测试仪器、系统。

火焰传播速度
的方法及仪器、系统

3.14.6　爆炸极限测量

　　在燃气-空气(或氧气)混合物中,只有当燃气与空气的比例在一定极限范围内时,火焰才有可能传播。若混合比例超过极限范围,即当混合物中燃气浓度过高或过低时,由于可燃混合物的发热能力降低,氧化反应的生成热不足以把未燃混合物加热到着火温度,火焰就会失去传播能力而造成燃烧过程的中断。能使火焰继续不断传播所必需的最低燃气浓度,称为火焰传播浓度下限(或低限);能使火焰继续不断传播所必需的最高燃气浓度,称为火焰传播浓度上限(或高限)。上限和下限之间就是火焰传播浓度极限范围,或称着火浓度极限。

　　火焰传播浓度极限范围内的燃气空气混合物,在一定条件下(如在密闭空间里)会瞬间完成着火燃烧而形成爆炸,因此火焰传播浓度极限又称爆炸极限。了解燃气-空气混合物的火焰传播浓度极限,对安全使用燃气是很重要的,其值一般由实验测得。可扫描【二维码】学习了解具体的测量仪器设备。

火焰爆炸极
限测量仪器

4

环境参数测试

据统计,大部分人一天有80%以上的时间都在室内度过,室内环境质量直接关系到室内的舒适度及室内人员的身体健康和工作效率。根据国家《室内空气质量标准》(GB/T 18883—2022)室内空气检测参数可分为物理性、化学性、生物性、放射性四大类,物理性参数包括环境温度、相对湿度、空气流速、新风量;化学性参数包括二氧化硫、二氧化碳、苯系物、可吸入颗粒、总挥发性有机物 TVOC 等物质浓度;生物性参数主要为菌落总数;放射性参数主要是氡浓度。此外,环境噪声、照度也是影响室内环境品质的重要参数。本章节主要对室内温度、相对湿度及风速、室内新风量、室内照度和室内噪声几类参数的测试方法进行介绍。我国《室内空气质量标准》(GBT 18883—2022)、《民用建筑隔声设计规范》(GB 50118—2010)、室内工作场所的照面》(GB/T 26189—2010)等规范标准明确了各类参数适宜的限值范围,可详见教材附录6附表。

4.1 室内热环境测试

4.1.1 主要测试参数及仪器

室内热环境相关测试参数及仪器要求见表4.1。

表4.1 主要测试参数及仪器要求

参数	测试仪器	仪器要求
空气干球温度	膨胀式、电阻式、热电偶式温度测试仪器	量程-10~50 ℃;精度不低于±0.5 ℃
空气相对湿度	干湿球温度计、露点式湿度计或电子式湿度计	量程10%~100%;精度不低于±5%
空气流速	热线风速计、热球风速计、热敏电阻风速计	量程0~5 m/s;精度不低于±(0.05+5%读数)m/s;0.9 倍响应时间不应大于0.5 s

续表

参数	测试仪器	仪器要求
黑球温度	黑球温度计	量程 $0 \sim 60$ ℃;精度不低于±0.5 ℃
定向辐射热	辐射热计	量程$-2 \sim 2$ kW/m²;精度不低于±5%
表面温度	热电偶、铂电阻或热敏电阻的数字式温度计	量程$-10 \sim 60$ ℃;精度不低于±1 ℃

4.1.2 测试方法

室内热环境测试包括空气温度、空气相对湿度、空气流速、黑球温度、定向辐射热、表面温度等基本参数的测试,测试仪器应满足表4.1的要求。

(1)空气温度、空气相对湿度、空气流速、黑球温度、定向辐射热的测点布置

测点应布置在距外墙表面或冷热源(风口)大于0.5 m。房间测点示意图如图4.1所示。

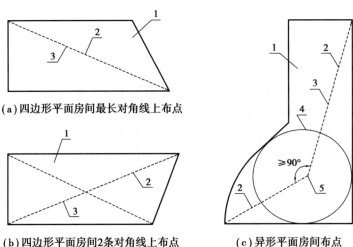

(a)四边形平面房间最长对角线上布点

(b)四边形平面房间2条对角线上布点

(c)异形平面房间布点

图4.1 房间测点示意图

1—房间平面;2—布点定位线;3—等分点;4—最大内接圆;5—圆心

①当房间为四边形房间时,测点水平布置。

a.室内面积不足16 m²,应测室内中央1点;室内面积16 m²及以上且不足30 m²应测两点(房间对角3等分点);

b.室内面积30 m²以上且不足60 m²应测3点(房间对角线4等分点),如图4.1(a)所示;

c.室内面积60 m²及以上且不足100 m²应该测5点(二对角线4等分,梅花形设点);

d.室内面积100 m²及以上,每增加50 m²应该增加1个测点(均匀布置),如图4.1(b)所示。

②当房间为异形时,测点水平布置。

a.当房间面积小于 16 m² 时,应在房间平面的最大内接圆圆心处布点;

b.当房间面积大于等于 16 m² 但小于 30 m² 时,应取房间平面最大内接圆圆心与房间角部连线中最长的且夹角不小于90°的2条连线作为布点定位线,并应在该圆心及2条定位线的2等分点处布点,如图4.1(c)所示;

c.当房间面积大于等于 30 m² 时,应取房间平面最大内接圆圆心与房间角部连线中最长的且夹角不小于90°的2条连线作为布点定位线,并应在该圆心及2条定位线的3等分点处布点。

③测点的高度布置。

a.房间或区域环境的基本参数分布均匀时,坐姿应距离地面 0.6 m,站姿应距离地面1.1 m。

b.房间或区域环境的基本参数分布不均匀时,坐姿应分别距离地面 0.1 m、0.6 m 和 1.1 m;站姿应分别距离地面 0.1 m、1.1 m 和 1.7 m。测量值应取不同高度测量值的加权平均值。

c.计算空气垂直温度差,坐姿时应分别测量距离地面 0.1 m 和 1.1 m 处的空气温度,站姿时,应分别测量距离地面 0.1 m 和 1.7 m 处的空气温度。

(2)表面温度的测点布置

a.当测试地板的表面温度时,应取以空气温度测试水平测点在地板的垂直投影点为测点,当测点处的地板有覆盖物时,测点应布置在覆盖物的表面;

b.当测试屋顶的表面温度时,应取以空气温度测试水平测点在屋顶的垂直投影点为测点,当测点处的屋顶有吊棚时,测点应布置在吊棚的表面;

c.当测试墙体的表面温度时,应在墙体的主要传热部位选择代表性的点为测点;

d.当测试门窗和天窗的表面温度时,应在门窗或天窗中心区域的透明部位布置测点,当测点处的门窗或天窗室内侧有遮阳装置时,测点应布置在遮阳装置的表面。

(3)测试条件和时间

a.建筑室内热环境测试,应在被测环境的主动和被动热环境调节手段、室内人员和主要发热设备处于正常工作状态时进行。

b.当对采暖状态下的建筑热环境进行工程评价测试时,应在设计设定的天气条件,或在室内外温差不小于设计温差的50%且多云或少云天气条件下进行。

c.当对空调状态下的建筑热环境进行工程评价测试时,应在设计设定的天气条件,或在室内外温差和相对湿度差不小于设计温差和设计湿度差的50%且晴或少云天气条件下进行。

d.当对自然通风或机械通风状态下的建筑热环境测试时,应在典型天气条件下进行。

e.每次测试的测试时段不应少于被测环境的典型使用时段,数据记录时刻的时间间隔不应大于 30 min。

f.风速测试时,每次数据记录应连续读数 3 min,读数的时间间隔不应大于 0.5 s。

(4)其他测试注意事项

a.温度计的测头应设置辐射热防护罩。辐射热防护罩应为两端开口的圆筒,圆筒的内径尺寸应满足当圆筒内置入测头时的通风过流面积不小于圆筒内径面积的50%,圆筒长度应为其内径的(2~4)倍;辐射热防护罩内、外表面应采用半球发射率不大于 0.04 且太阳辐射吸收系数不大于 0.15 的光面金属箔。温度测试时,应将温度计测头置于辐射热防护罩中部,辐射热防护罩的开口不得朝向房间的冷热源。

b. 当使用有方向性的风速计时,应保证测头正对来流方向。风速测试应避免人员或其他测试仪器对测点附近的气流产生干扰。

c. 黑球温度测试时,当测点处有太阳直射时,应采用球体外表面太阳辐射吸收系数为 0.65 ~ 0.75 且直径为 40 ~ 50 mm 的黑球温度计。黑球温度测试时,应避免测点附近人员或其他测试仪器产生的风速或辐射热干扰。

d. 定向辐射热测试每处测点应测试上下、前后、左右共 6 个方向的定向辐射热;当确定上下方向时,应将辐射热计水平放置,并应以测头面向上者为"上",测头面向下者为"下";当确定前后或左右方向时,应将辐射热计竖直放置,按顺时针方向旋转并每隔 15° 读取辐射热值,应将辐射热值的绝对值最大者对应的方向定为"前",其相反的方向定为"后",其逆时针旋转 90° 的方向定为"左",其顺时针旋转 90° 的方向定为"右"。定向辐射热测试时,应避免测点附近人员或其他测试仪器产生的辐射热干扰。

e. 当测试非透明表面的表面温度时,应对测头及其引出的 80 ~ 100 mm 长导线做绝缘处理;应将测头及其引出的 80 ~ 100 mm 长导线埋入或贴附于被测表面,当采用埋入做法时,埋入深度不应大于 1.0 mm 并应保证测头和导线与表面紧密接触,当采用贴附做法时,应确保测头和导线与被测表面粘贴密实,粘贴面不应残留气泡;应对布置测头和导线的部位做表面处理,使该表面的发射率与被测表面的发射率相差不大于 10% 。

f. 当测试透明表面温度时,应采用热电偶测试,测头直径不应大于 1.0 mm,引出导线直径不应大于 0.3 mm;应对热电偶测头及其引出的 80 ~ 100 mm 长导线做绝缘处理;应采用透明材料将测头和导线与被测表面粘贴密实,粘贴面不应残留气泡。

(5)测试数据处理

①空气干球温度的数据处理。

a. 某测点的逐时刻空气干球温度应取该测点在测试时段上各时刻的记录数据;

b. 某测点的空气干球温度应为该测点在测试时段上逐时刻空气干球温度平均值;

c. 房间某测试高度的空气干球温度应为该测试高度上各测点的空气干球温度平均值;

d. 房间的空气干球温度应为房间各测试高度的空气干球温度平均值。

②空气相对湿度的数据处理。

a. 某测点逐时刻空气相对湿度应取该测点在测试时段上各时刻的记录数据。

b. 当采用通风干湿球温度计测试时,某测点逐时刻相对湿度应按式(4.1)—式(4.3)计算:

$$\varphi = \frac{P_{q,b}(t_s) - A(t_a - t_s)B}{P_{q,b}(t_a)} \times 100\% \qquad (4.1)$$

$$P_{q,b}(t_a) = \text{EXP}\begin{bmatrix} \dfrac{-5\,800.220\,6}{t_a + 273.15} + 1.391\,499\,3 - 0.048\,602\,39 \\ (t_a + 273.15) + 0.417\,647\,68 \times 10^{-4}(t_a + 237.15)^2 - \\ 0.144\,520\,93 \times 10^{-7}(t_a + 273.15)^3 + \\ 6.545\,967\,3\ln(t_a + 273.15) \end{bmatrix} \qquad (4.2)$$

$$P_{q,b}(t_s) = EXP \begin{bmatrix} \dfrac{-5\ 800.220\ 6}{t_s+273.15}+1.391\ 499\ 3-0.048\ 602\ 39 \\ (t_s+273.15)+0.417\ 647\ 68\times10^{-4}(t_s+237.15)^2- \\ 0.144\ 520\ 93\times10^{-7}(t_s+273.15)^3+ \\ 6.545\ 967\ 3\ln(t_s+273.15) \end{bmatrix} \quad (4.3)$$

式中　φ——某测点的注释空气相对湿度,%；

t_a——该测点某时刻的空气干球温度,℃；

t_s——该测点某时刻的空气湿球温度,℃；

$P_{q,b}(t_a)$——对应于 t_a 的饱和水蒸气压力,Pa；

$P_{q,b}(t_s)$——对应于 t_s 的饱和水蒸气压力,Pa；

A——温度计系数,取 0.000 677；

B——测试时的大气压,Pa。

c.某测点的空气相对湿度应为该测点在测试时段上逐时刻空气相对湿度的平均值。

d.房间的空气相对湿度应为房间各测点的空气相对湿度平均值。

③空气流速的数据处理。

a.某测点的逐时刻空气流速应按式(4.4)计算：

$$v_a = \dfrac{\sum\limits_{i=1}^{n}v_{ai}}{n} \quad (4.4)$$

式中　v_a——某测点的逐时刻空气流速,m/s；

v_{ai}——该测点某时刻的第 i 个空气流速的读数,m/s；

n——该测点某时刻的连续读数的个数。

b.某测点的空气流速应为该测点在测试时段上逐时刻空气流速的平均值。

c.房间某测试高度的空气流速应为该测试高度上各测点的空气流速平均值。

d.房间的空气流速应为房间各测试高度的空气流速平均值。

④某测点的逐时刻黑球温度应取测试时段上该测点各时刻的黑球温度记录值。

⑤某测点某方向的逐时刻定向辐射热应取测试时段上该测点该方向的各时刻的定向辐射热记录值。

⑥表面温度的数据处理。

a.应按地板表面温度、屋顶表面温度、墙体表面温度、门窗或天窗表面温度分别进行数据处理；

b.某表面某测点的逐时刻表面温度应取测试时段上各时刻的表面温度记录数据；

c.某表面某测点的表面温度应为该测点在测试时段上逐时刻表面温度的平均值；

d.房间某表面的表面温度应为房间该表面各测点的表面温度平均值。

(6)参数计算

①房间垂直温差计算。

房间垂直温差按式(4.5)计算

$$\Delta t_{a,h} = t_{a,h} - t_{a,f} \quad (4.5)$$

式中　△$t_{a,h}$——房间的头脚垂直空气温差,℃;

　　　$t_{a,h}$——房间头部测试高度的空气干球温度,℃;

　　　$t_{a,f}$——房间脚踝测试高度的空气干球温度,℃。

②紊流强度计算。

a. 某测点的逐时刻紊流强度应按式(4.6)计算:

$$TU = \frac{\sqrt{\dfrac{1}{n-1}\displaystyle\sum_{i=1}^{n}(v_{ai}-v_a)^2}}{v_a} \times 100 \tag{4.6}$$

式中　TU——某测点的逐时刻紊流强度,%;

　　　v_a——该测点某时刻的空气流速,m/s;

　　　v_{ai}——该测点某时刻的第 i 个空气流速的读数,m/s;

　　　n——该测点某时刻的连续读数的个数。

b. 某测点的紊流强度应为该测点在测试时段上逐时刻紊流强度的平均值。

c. 房间某测试高度的紊流强度应为该测试高度上各测点的紊流强度平均值。

d. 房间的紊流强度应为房间各测试高度的紊流强度平均值。

③平均辐射温度计算。

a. 某测点逐时刻平均辐射温度应按式(4.7)、式(4.8)计算:

$$\bar{t}_\tau = \left[(t_g+273.15)^4 + \frac{0.25\times10^8\times v_a}{\varepsilon_g}\left(\frac{|t_g-t_a|}{D}\right)\right]^{\frac{1}{4}} \times(t_g-t_a)-273.15\ (自然对流) \tag{4.7}$$

$$\bar{t}_\tau = \left[(t_g+273.15)^4 + \frac{1.1\times10^8\times v_a}{\varepsilon_g\times D^{0.4}}(t_g-t_a)\right]^{\frac{1}{4}} -273.15\ (强制对流) \tag{4.8}$$

式中　$\bar{t}_\tau$——某测点的逐时刻平均辐射温度,℃;

　　　t_g——该测点某时刻的黑球温度,℃;

　　　t_a——该测点某时刻的空气干球温度,℃;

　　　ε_g——黑球的发射率;

　　　D——黑球直径,m。

b. 某测点的平均辐射温度应为该测点在测试时段上逐时刻平均辐射温度的平均值。

c. 房间的平均辐射温度应为房间各测点的平均辐射温度平均值。

④平面辐射温度计算。

a. 某点某方向的逐时刻平面辐射温度应按式(4.9)计算:

$$t_{pr} = \left[\frac{E}{\sigma}+(t_c+273.15)^4\right]^{\frac{1}{4}}-273.15 \tag{4.9}$$

式中　t_{pr}——某测点某方向的逐时刻平面辐射温度,℃;

　　　E——该测点该方向的某时刻定向辐射热,W/m²;

　　　σ——斯蒂芬-玻尔兹曼常数,W/(m²·K⁴),取 5.67×10⁻⁸ W/(m²·K⁴);

　　　t_c——该测点该时刻该方向的辐射热传感器温度,℃。

b. 某测点某方向的逐时刻不对称辐射温度应为测试时段上该测点该方向的逐时刻平面辐

射温度与该测点相反方向的逐时刻平面辐射温度之差的绝对值。

c.某测点某方向的不对称辐射温度应为该测点在测试时段上各时刻该方向的不对称辐射温度平均值。

d.房间某方向的不对称辐射温度应为房间各测点该方向的不对称辐射温度平均值。

4.2 室内新风量测试

4.2.1 主要测试参数及仪器

相关测试参数及仪器详见表4.2。

表4.2 主要测试参数及仪器要求

参数	测试仪器	仪器要求
示踪气体浓度	气体浓度测定仪等	CO_2气体浓度检测精度：±30 ppm 或±3% 读数；分辨率：1 ppm；响应时间(t_{90})：<30 秒
房间体积	卷尺	准确度应为±1.0%

4.2.2 测试方法

对室内新风量的检测采用示踪气体浓度衰减法，即在待测室内通入适量示踪气体，由于室内、室外空气交换，示踪气体的浓度呈指数衰减，根据浓度随着时间的变化值，计算出室内的新风量和换气次数。

（1）示踪气体采集及测定

首先测定室内空气总量，通过室内总体积与物品所占体积的差值计算得到。关闭门窗，在室内通入适量的示踪气体后，将气源移至室外，同时用电风扇搅动空气 3 ~ 5 min，使示踪气体分布均匀，示踪气体的初始浓度应达到至少经过 30 min，衰减后仍高于仪器，测量从开始至 30 ~ 60 min 时间段示踪气体浓度，在此时间段内测量次数不少于 5 次。再按对角线或梅花状布点采集空气样品，同时在现场测定并记录。调查检测区域内设计人流量和实际最大人流量。

一般选用无毒、易检测的示踪气体如 CO_2、SF_6 等，用气体浓度测定仪对样品的气体浓度进行测定。

（2）室内新风量计算

可按式(4.10)计算换气次数。

$$A = \frac{\ln(c_1 - c_0) - \ln(c_t - c_0)}{t} \qquad (4.10)$$

式中 A——换气次数，单位时间内由室外进入室内的空气总量与该室内空气总量之比；

c_1——示踪气体的环境本底浓度，mg/m^3 或%；

c_0——测量开始时的示踪气体浓度，mg/m^3 或%；

c_t——时间为 t 时的示踪气体浓度,mg/m^3 或%;

t——测定时间,h。

可按式(4.11)计算室内新风量。

$$Q = \frac{A \cdot V}{P} \tag{4.11}$$

式中 Q——新风量,单位时间内每人平均占有由室外进入室内的空气量,$m^3/$(人·h);

A——换气次数;

V——室内空气容积,m^3;

P——取设计人流量与实际最大人流量两个数中的高值,单位为人。

4.3 室内照度及噪声测试

4.3.1 主要测试参数及仪器

相关测试参数及仪器详见表4.3。

表4.3 主要测试参数及仪器要求

参数	测试仪器	仪器要求
噪声	积分平均声级计或环境噪声自动监测仪器	精度为 2 型及 2 型以上
照度	照度计	量程 1~5 000 lx;示值误差不超过±8%

4.3.2 测试方法

1)室内照度检测

室内照度测试确定测试点时,在无特殊要求的公共场所整体照明情况下,测定面的高度为地面以上 1~1.5 m。一般大小的房间取 5 个点(每边中点和室中心各 1 个点)。影剧院、商场等大面积场所的测量可用等距离布点法,一般以每 100 m 布 10 个点为宜。在场所狭小或因特殊需要的局部照明情况下,也可测量其中有代表性的一点。由于有些情况下是局部照明和整体照明兼用的,所以在测量时,整体照明的灯光是开着还是关闭,要根据实际情况合理选择,并要在测定结果中注明。

测定开始前,白炽灯至少开 5 min,气体放电灯至少开 30 min。为了使受光器不产生初始效应,在测量前至少曝光 5 min,受光器上必须洁净无尘。测定时受光器一律水平放置于测定面上。测定者的位置和服装不应该影响测定结果。

在测试时应区分作业区域和紧邻区域,分别进行测试和评价。对于多个测定点的场所用各点的测定值的算术平均值求出平均照度。必要时记录最大值和最小值及其点的位置。而对一个点的测定结果则直接记录。

2）室内噪声检测

测量时声级计或传声器可以手持，也可以固定在三脚架上，使传声器指向被测声源，为了尽可能减少反射影响，要求传声器离地面高 1～1.5 m，距墙面和其他主要反射面不小于 1 m。

（1）测点布置

①对于住宅、学校、医院旅馆办公建筑及商业中面积小于 30 m² 的房间，在被测区域内选取 1 个测点，应位于房间中央。

②对于面积大于等于 30 m²、小于 100 m² 的房间，选取 3 个测点，均匀分布在房间长方向的中心线上，平面为正形时测点应均匀分布在与窗面积最大的墙面平行的中心线上。

③对于面积大于等于 100 m² 的房间，可根据具体情况优化选取能代表该区域室内噪声水平的测点及数量。

④测点分布应均匀且具代表性，在人的活动区域内。对于开敞式，测点分布应均匀且具代表性，在人的活动区域内。对于开敞式办公室，测点应布置在办公区域；对于商场，测点应布置在购物区域。

⑤此外，噪声测点的布置应符合下列规定：

a.测点距地面的高度应为 1.2～1.6 m。

b.测点距房间内各反射面的距离应大于等于 1.0 m。

c.各测点之间的距离应大于等于 1.5 m。

d.测点距房间内噪声源的距离应大于等于 1.5 m。

e.对于间歇性非稳态噪声的测量，点数可为一个，应设在房中央。

f.测量室内噪声时，应无人（测试人员除外）。测量住宅、学校旅馆办公建筑及商业的室内噪声时，应在关闭门窗的情况下进行。

（2）测试时间

对于室内允许噪声级分为昼间标准、夜间标准的房间，例如住宅中卧室旅馆的客房、医院病房等，室内噪声级测量分别在昼间、夜间两个时段内进行；对于室内允许噪声级为单一全天标准的房间，例如教室、办公室、诊室等，室内噪声级的测量在房间使用时段进行。昼间和夜时段所对应的分别为：昼间，6：00～22：00 时；夜间，22：00～6：00 时；或者按当地政府的规定。

文化娱乐场所、商场（店），可测定营业前 30 min、营业后 30 min，营业结束前 30 min 的噪声 A 声级。旅店业、图书馆、博物馆、美术馆、展览馆、医院候诊室、公共交通等候室、公共交通工具均在营业后 60 min 测定。

（3）测试过程

①对于稳态噪声，在各测点处量对于稳态噪声，在各测点处量 5～10 s 的等效（连续 A 计权）声级，每个测点量 3 次，并将各测点的所有量值进行能量平均，计算结果修约到个数位。

②对于声级随时间变化较复杂的持续非稳态噪，在各测点处量 10 min 的等效（连续 A 计权）声级。将各测点的所有量值进行能量平均，计算结果修约到个数位。

③对于间歇性非稳态噪声，测量噪声源密集发声 20 min 的等效（连续 A 计权）声级。

④当建筑物内部的电梯是影响室噪声级主要源时，测量应在电梯正常运行时进行。

(4)数据处理

一般场所,可将各测点的所有量值进行能平均计算,作为环境噪声测试结果。

在公共场所噪声标准中,规定用等效声级 L_{Aeq} 作为评价值,用累积百分声级 L_{10}、L_{50}、L_{90} 作为分析依据。对于公共场所的一般性卫生监测,可分别求出各点的 L_{50},然后进行合成或平均计算作为公共场所噪声的判定依据。

累积百分声级 L_N 的计算方法如下:

将在规定时间内测得的所有瞬时 A 声级数据(如 100 个数据),按声级的大小顺序排列并编号(由大到小),则第一个 L_1 就是最大值。第 10 个值 L_{10} 表示在规定时间内有 10% 的时间的声级超过此声级,它相当于在规定时间内噪声的平均峰值;L_{50} 为第 50 个数据,表示在规定时间内有 50% 的时间的声级超过此声级,它相当于在规定时间内噪声的平均值;L_{90} 为第 90 个数据,表示在规定时间内有 90% 的时间的声级超过此声级,它相当于在规定时间内噪声的背景值。

等效声级 L_{Aeq} 可按式(4.12)计算。

$$L_{Aeq} = 10\lg\left(\sum_{i=1}^{n} 10^{0.1L_{Ai}}\right) - 10\lg n \tag{4.12}$$

式中 n——在规定的时间 T 内采样的总数,$n = T/\Delta t$;

   Δt——采样测量的时间间隔,s;

   L_{Ai}——第 i 次测量的 A 声级,dB。

由于环境噪声标准中都用 A 声级,故如不加说明,则等效声级就是等效(连续)A 声级,并常简单地用符号 L_{eq} 表示。

当 $n = 100$ 时,则等效声级可由式(4.13)表示。

$$L_{Aeq} = 10\lg\left(\sum_{i=1}^{100} 10^{0.1L_{Ai}}\right) - 20 \tag{4.13}$$

如果数据 L_{Ai} 遵从正态分布,则等效声级可用式(4.14)近似计算。

$$L_{Aeq} = L_{50} + \frac{d^2}{60} \tag{4.14}$$

式中 d——L_{10} 与 L_{90} 之差,dB;

   L_{10},L_{50},L_{90}——累积统计声级,dB。

噪声的测量结果用等效声级 L_{Aeq} 来表示,该点的噪声水平用累积百分声级的 L_N 表示其声级的分布。

5 管网参数测试

建筑环境与能源应用工程专业学习中主要的管网系统根据输送介质不同,可分为风系统管网、水系统管网、蒸汽管网、燃气系统管网等。

风系统、水系统管网测试是供暖、通风与空调工程,消防防排烟系统竣工验收调试,保证系统正常工作,满足设计要求的重要测试内容,同时,也是建筑节能评估和改造、系统诊断和优化等节能、优化举措的重要测试内容,在建筑环境与能源应用工程等专业科研实验中,也常涉及风、水系统测试。

燃气管道工程的设计、施工质量不仅影响居民生活、商业经营和工业生产的用能需求,更是关乎人民的生命财产安全。新建、改建、扩建的城镇燃气室内工程、输配工程竣工后均需进行试验,只有调试验收合格,保障供气安全,方可投入使用。

熟练掌握以上管网系统测试的相关知识,并进行实践锻炼,是建筑环境与能源应用工程等相关专业综合型、复合型人才必备的专业能力和素质。

5.1 风系统管网参数测试

通风与空调工程风系统可分为排风系统、新风系统、空调风系统,是满足提高室内空气质量、排除有害气体、营造舒适热湿环境、满足人体健康或生产工艺要求的重要系统。消防风系统可分为防烟加压送风系统、排烟系统、补风系统,在建筑发生火灾时,起防烟、排烟作用,为人员逃生和消防营救创造有利条件。风系统管网主要由风管、动力装置(如风机)、空气处理设备(如新风机组)及管件(风阀、风口、三通、弯头等)组成。

本章节主要介绍风机、风管、风口相关测试内容和方法,空气处理设备测试详见第6章节。

5.1.1 主要测试参数及仪器

风系统测试的主要参数有气流温度、相对湿度、风速(或风量)、压力(全压、静压、动压)以及输送设备耗功率等基本参数。测试仪器应在使用合格检定或校准合格有效期内,精度等级及最小分度值应能满足测试准确性要求。

采暖通风与空气调节工程中基本技术参数性能指标测试以及采暖、通风、空调、洁净、恒温恒湿工程的试验、试运行及调试的检测,风系统基本参数检测仪表性能见表5.1。

表5.1　风系统基本参数检测仪表性能

参数	测试仪器	仪器要求
空气温度	膨胀式、电阻式、热电偶式温度测试仪器	量程-10～50 ℃;精度不低于±0.5 ℃
空气相对湿度	干湿球温度计、露点式湿度计等	量程10%～100%;精度不低于±5%
风速(风量)	风速仪、毕托管+微压计、风量罩等	风速仪量程下限应小于系统最低风速,上限应大于系统最高风速;精度不低于±(0.05+0.05 va)m/s。风量罩量程下限应小于系统最小风量,上限应大于系统最大风量;精度不低于3%±10 m³/h
动压、静压	毕托管+微压计	微压风系统量程0～150 Pa;低压风系统量程0～600 Pa;中压风系统量程0～1 800 Pa;高压风系统量程0～3 200 Pa;精度不低于±1.0 Pa
大气压力	大气压力计	量程50～110 kPa;精度±0.5 kPa
电功率	功率表(指示式、积算式)、数字功率计、电流表、电压表、功率因素表、频率表、互感器、转矩转速仪、天平式测功计	功率表:指示式不低于0.5级精度,积算式不低于1级精度;数字功率计:±0.2%量程;电流表、电压表、功率因素表、频率表:不低于0.5级精度;互感器:不低于0.2级精度;转矩转速仪、天平式测功计:准确度±1.5%
转速	转速表、光学或磁性计数器,或频闪观测仪	准确度±1.0%
时间	秒表	准确度±0.2%
质量	电子天平、台秤等	准确度±1.0%

在供暖、通风、空调系统中,介质需要依靠输送设备提供动能进行输送,最常用的输送设备为泵与风机。泵与风机是利用外加能量输送流体的流体机械。风机广泛应用在工业通风除尘,建筑空气调节,消防防烟排烟等系统中,按用途有一般用途通风机、除尘通风机、防爆通风机、防腐通风机、高温排烟通风机等。水泵广泛应用在供热、制冷、消防灭火、工业排污等工程中,按用途有冷却水泵、热水泵、消防水泵、污水泵等。

熟练掌握泵和风机测试的相关知识,并进行实践锻炼,是建筑环境与能源应用工程等相关专业综合型、复合型人才必备素质。本章节主要对工程施工质量验收、运行调试、节能检测等工程及研究场景中风机、水泵运行性能测试方法进行介绍。

5.1.2 测试方法

1)风管及风口

风管和风口的空气温度、相对湿度、风量、风速以及风管风压、漏风量是风系统管网重要的测试内容。

(1)温度及相对湿度测试

①送、回风温度、相对湿度的测点布置应符合下列规定。

a.风口送、回温度测试位置应位于风口表面气流直接触及的位置(包含散流器出口);

b.风管内和机组进、出风温度测试位置应位于风管中央或机组预留点。

风系统气流温度、相对湿度测试位置除依据系统实际测试条件外,宜根据测试分析内容进行选择。以全空气系统为例,室内回风与新风混合后送入空气处理机制,经换热后通过送风管和送风口送至室内。当分析空调系统对室内的供冷/供热情况时,宜选取送风口及回风口处进行温度、相对湿度测试;当分析空调机组换热量时,由于存在管路温差,温度、相对湿度测试位置宜选取靠近空调机组进出风接口的风管断面进行送风温度、相对湿度以及混风温度、相对湿度测试;当要分析机组承担的新风负荷时,除测试空调机组出口送风温度、相对湿度外,需对新风温度和相对湿度进行测试。测试示意图如图5.1所示。

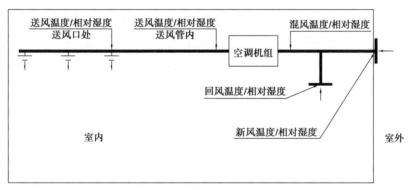

图5.1 测试示意图

②温度、相对湿度可按下列步骤及方法进行测量。

a.根据委托要求和现场的实际情况确定检测状态;

b.检查系统是否运行稳定;

c.确定测点的具体位置以及测点的数目;

d.使用检测仪器设备进行检测。

③温度应按式(5.1)计算。

$$t_{p} = \frac{\sum_{i=1}^{n} t_{i}}{n} \tag{5.1}$$

式中 t_{p}——测点的平均温度,℃;

n——测试点的个数;

t_i——第 i 个测点温度,℃。

(2)风管压力测试

风系统的全压、静压和动压一般可用 U 型压力计或毕托管和微压计进行测定。测定时,将毕托管的全压接头与压力计的一端连接,压力计的读数即为该测点的全压值,把静压头与压力计的一端连接,压力计的读数即为该测点的静压值,全压与静压之差即为该测点的动压值。

①U 形管压力计测定法。

用 U 形管压力计测定风压,其连接方法如图 5.2 所示。测气体全压的孔口应迎着风道中气流的方向,测静压的孔口应垂直于气流的方向。用 U 型压力计测全压和静压时,另一端应与大气相通,因此压力计上读出的压力,实际上是风道内气体压力与大气压力之间的压差(即气体相对压力)。

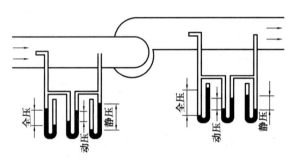

图 5.2   用 U 形管压力计测定风压

U 型压力计用 U 形玻璃管制成,其中测压液体视被测压力范围,选用水、乙醇或汞。U 型压力计不适于测量微小压力。压力值由液柱高差读得换算,压力值按式(5.2)计算:

$$p = \rho g h (\text{Pa}) \tag{5.2}$$

式中 p——压力,Pa;

h——液柱差,mm;

ρ——液体密度,g/cm³;

g——重力加速度,m/s²。

②毕托管与倾斜式微压计测试法:

吸入段毕托管与倾斜式微压计测定风压的连接方法如图 5.3 所示。压出段毕托管与倾斜式微压计测定风压的连接方法如图 5.4 所示。使用微压计进行测定时,将毕托管的全压接头和微压计的"+"(或正压接头)相连,所测数据即为该点的全压值。将毕托管的静压接头与微压计的"+"(正压接头)相连,所测数据即为该点的静压值。如果将毕托管的全压接头和静压接头分别与微压计的"+"(正压)接头和"-"(负压)接头相连,所测出的数值则为该测点的动压值。

微压计容器开口与测定系统中压力较高的一端相连,斜管与系统中压力较低的一端相连,作用于两个液面上的压力差,使液柱沿斜管上升,压力按式(5.3)计算:

$$p = K \cdot L (\text{Pa}) \tag{5.3}$$

式中 L——斜管内液柱长度,mm;

K——斜管系数,由仪器斜角刻度读得。

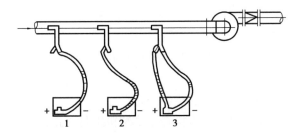

图 5.3 吸入段毕托管与倾斜式微压计测定风压的连接方法

1—全负压;2—静负压;3—动压

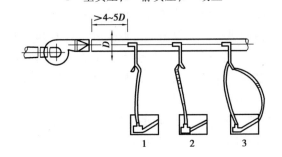

图 5.4 压出段毕托管与倾斜式微压计测定风压的连接方法

1—全正压;2—静正压;3—动压

由于速度分布的不均匀性,压力分布也是不均匀的。因此,为提高测试准确性,应在同一断面上多点测量,然后求出该断面的平均值。断面风压测点确定方法与风管风速测试一致。

测定断面的平均全压、静压、动压可分别按式(5.4)—式(5.6)计算:

$$P_q = \sum_1^n P_{qn} \tag{5.4}$$

$$P_j = \sum_1^n P_{jn} \tag{5.5}$$

$$P_d = P_q - P_j \tag{5.6}$$

式中 P_{qn}——测定断面各测点的全压值,Pa;

P_{jn}——测定断面各测点的静压值,Pa;

n——测点总数。

当各测点的动压值相差不太大时,其平均动压可按这些测定值的算术平均值计算,见式(5.7):

$$P_d = \sum_1^n P_{dn} \tag{5.7}$$

式中 P_{dn}——测定断面上各测点的动压值,Pa;

n——测点总数。

在对风管某一断面进行动压测定时,有时会出现某些测点值为负值或零的情况。这表明气流不稳定,该断面不宜作为测定断面。如果气流方向偏出风管中心线15°以上,该断面也不宜作测量断面(检查方法:毕托管端部正对气流方向,慢慢摆动毕托管,使动压值最大,这时毕托管与风管外壁垂线的夹角即为气流方向与风管中心线的偏离角)。如果未能找到更合适的断面,且测定仪器无异常现象时,则仍认为该断面的流量还是存在的,因此在计算平均动压值时,可将负值做零数来计算,但测点数应包括测点数为零和负值的全部测点。

(3)风管风速、风量测试

风管风速、风量测试应按以下的方法步骤进行。

①风管风量、风速和风压测试之前应检查系统和机组是否正常运行,并调整到检测状态。

a. 当风系统测试为通风与空调工程竣工验收的系统调试时,应注意不同类型的空调系统,有不同的检测状态要求。

b. 通风与空调工程系统非设计满负荷条件下的联合试运转及调试,应在制冷设备和通风与空调设备单机试运转合格后进行。恒温恒湿空调工程的检测和调整应在空调系统正常运行24 h 及以上,达到稳定后进行。净化空调系统运行前,应在回风、新风的吸入口处和粗、中效过滤器前设置临时无纺布过滤器。净化空调系统的检测和调整应在系统正常运行 24 h 及以上,达到稳定后进行。工程竣工洁净室(区)洁净度的检测应在空态或静态下进行。检测时,室内人员不宜多于 3 人,并应穿着与洁净室等级相适应的洁净工作服。

②测定时测定截面位置和测定截面内测点位置要选得合适,因其将会直接影响测量结果的准确性和可靠性。

a. 测试断面位置:

风管风量测量的断面应选择在气流均匀的直管段上,且距上游局部阻力部件不应小于 5 倍管径(或矩形风管长边尺寸),距下游局部阻力构件不应小于 2 倍管径(或矩形风管长边尺寸)的管段位置,图 5.5 所示为测定断面位置选择示意图。

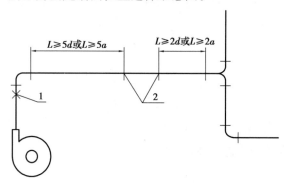

图 5.5　测定断面位置选择示意图

1—静压测点;2—测定断面;a—矩形风管长边长;d—圆形风管直径

b. 测试点数目及布置:

由于速度分布的不均匀性,必须在同一断面上多点测量,然后求出该断面的平均值。

矩形风管断面测点数的确定及布置如图 5.6 所示:将将矩形风管测定断面划分为若干个接近正方形的面积相等的小断面,且面积不应大于 0.05 m²,边长不应大于 220 mm(虚线分格),测点应位于各个小断面的中心(十字交点)。

圆形风管断面测点数的确定及布置:应将圆形风管断面划分为若干个面积相等的同心圆环,测点布置在各圆环面积等分线上,并应在相互垂直的两直径上布置两个或 4 个测孔,圆形风管测点到管壁测孔的距离应符合表 5.2 的规定,圆形风管断面 3 个圆环时的测点布置示意图如图 5.7 所示。

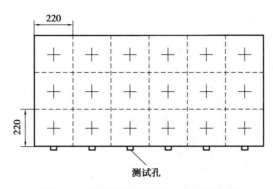

图 5.6　矩形风管断面测点布置示意图

表 5.2　圆形风管测点到管壁测孔的距离

测点序号 距离(r) 圆环数	200 mm 以下 3 环	200 ~ 400 mm 4 环	400 ~ 700 mm 5 环	700 mm 以上 6 环
1	0.1	0.1	0.05	0.05
2	0.3	0.2	0.20	0.15
3	0.6	0.4	0.30	0.25
4	1.4	0.7	0.50	0.35
5	1.7	1.3	0.70	0.50
6	1.9	1.6	1.3	0.70
7	—	1.8	1.5	1.3
8	—	1.9	1.7	1.5
9	—	—	1.8	1.65
10	—	—	1.05	1.75
11	—	—	—	1.85
12	—	—	—	1.95

　　建筑防烟排烟系统在建筑发生火灾时,为人员提供逃生条件、为消防灭火创造有利条件,对保护人民生命和财产安全具有重要的作用,其测试要求更高,断面测点选取方法与常规通风与空调工程系统有些不同。

　　对于矩形防排烟风管,应将矩形断面划分成若干相等的小截面,且使这些小截面尽可能近正方形,每个断面的小截面数目不得少于 9 个,然后将每个小截面的中心作为测点,图 5.8 所示为矩形风管测点布置示意图。对于圆形防排烟风管,应将圆形截面分成若干个面积相等的同心圆环,在每个圆环上布置4个测点且使4个测点位于互相垂直的两条直径上,圆形风管测点布置示意图如图5.9所示。

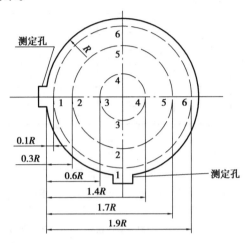

图 5.7　圆形风管断面 3 个圆环时的测点布置示意图

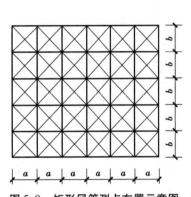

图 5.8　矩形风管测点布置示意图

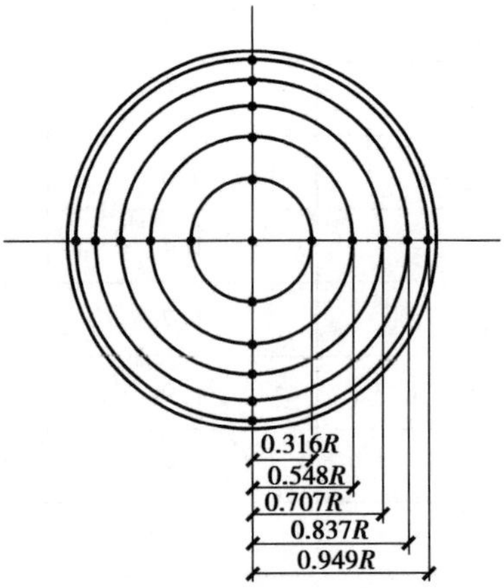

图 5.9　圆形风管测点布置示意图

圆形管道环数划分推荐表见表5.3。

表 5.3　圆形管道环数划分推荐表

风管直径/m	0.3	0.35	0.4	0.5	0.6	0.7	0.8	1.0 以上
圆环数	5	6	7	8	10	12	14	16

测点距风管的距离(图5.9)按式(5.8)计算:

$$R_n = R\sqrt{\frac{2n-1}{2m}} \tag{5.8}$$

式中　R——风管的半径,m;

　　　R_n——从风管中心到第 n 个测点距离,m;

n——自风管中心起测点的顺序号(即圆环顺序号);

m——风管划分的环数。

③依据仪表的操作规程,调整测试用仪表到测量状态。

④逐点进行测量,每点宜进行两次以上测量。

⑤常用的测定管道内风速的方法分为间接式和直读式两类。

间接式,先测得管内动压,再进行风速转化,此法虽较繁琐,由于精度高,在通风系统测试中得到广泛应用。一般采用毕托管结合微压计进行测试。图 5.10 所示为毕托管测试压力示意图。使用毕托管测量时,毕托管的直管应垂直管壁,毕托管的测头应正对气流方向(偏差不宜大于 5%)且与风管的轴线平行,测量过程中,应保证毕托管与微压计的连接软管通畅无漏气。

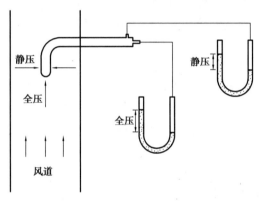

图 5.10　毕托管测试压力示意图

直接式,常采用数字式风速仪直接获得风速测试值。当采用热风速仪测量风速时,风速探头测杆应与风管管壁垂直,风速探头应正对气流吹来方向。

⑥风管实测风量可按以下方法计算。

a. 当采用毕托管和微压计测量时,实测风量应按下列公式计算风量:

测定断面平均风速按式(5.9)计算:

$$\bar{v} = \sqrt{\frac{2}{\rho}\left(\frac{\sqrt{P_{d1}} + \sqrt{P_{d2}} + \cdots + \sqrt{P_{dn}}}{n}\right)} \tag{5.9}$$

式中　$\bar{v}$——测定断面平均风速,m/s;

n——测点数,个;

ρ——管道内空气的密度,kg/m³;

$\sqrt{P_{dn}}$——管道内各测点动压,Pa。

b. 当采用热电风速计或数字式风速计测量风量时,断面平均风速为各测点风速测量值的平均值,风管实测风量应按式(5.10)计算:

$$L = 3\,600 \times F \times V \tag{5.10}$$

式中　F——风管测定断面面积,m²;

V——风管测定断面平均风速,m/s。

气体在管道内的流速、流量与大气压力、气流温度有关。当管道内输送气体不是常温时，应同时给出气流温度和大气压力。当需要将实测风量进行标准风量转换时，需进行空气温度和当下大气压力测试，并按式(5.11)进行计算：

$$L_s = \frac{L \cdot \rho}{1.2} \tag{5.11}$$

大气压力检测的测点布置应将大气压力测试装置放置于当地测点水平处，保持与测试环境充分接触，并不受外界相关因素干扰；应在测试环境稳定后，对仪表进行读值；大气压力检测的数据处理应取两次测试值的平均值作为测试结果。

根据《通风与空调工程施工质量验收规范》(GB 50243—2016)系统非设计满负荷条件下的联合试运转及调试，系统总风量调试结果与设计风量的允许偏差应为-5% ~ +10%；变风量空气处理机组在设计机外余压条件下，新风量的允许偏差应为0 ~ +10%；变风量末端装置的最大风量调试结果与设计风量的允许偏差应为0 ~ +15%。

(4)风管漏风量检测

①风管漏风量检测条件应符合下列规定。

a. 风管漏风量检测应在风管分段连接完成或系统主干管安装完毕、漏光检测合格后进行；

b. 系统分段、面积测试应完成，试验管段分支管口及端口应密封；

c. 测试风管端面按仪器要求安装好连接软管；

d. 检测场地应有220 ~ 380 V电源。

②风管漏风量可按下列步骤及方法进行检测。

a. 使用连接软管将漏风量测试仪的出风口与被测风管连接起来，并应确保严密不漏；

b. 使用测压软管连接被测风管和微压计(或U型压力计)的一侧，使用测压软管将微压计与漏风量测试装置流量测试管测压口连接，或将微压计的双口与流量测试管的测压口连接；

c. 接通电源，启动风机，通过调整节流器或变频调速器，向被测试风管内注入风量，缓慢升压，使被测风管压力(微压计或U型压力计)示值控制在要求测试的压力点上，并基本保持稳定，记录漏风量测试仪进口流量测试管的压力或孔板流量测试管的压差；

d. 经计算得出测试风管的漏风量，记录测试数据，并根据测试风管的面积计算单位漏风量。

(5)风口风量测量

①散流器风口风量，宜采用风量罩法测量。

当采用风量罩测量风口风量时，应选择与风口面积较接近的风量罩体，罩口面积不得大于4倍风口面积，且罩体长边不得大于风口长边的2倍。风口宜位于罩体的中间位置；罩口与风口所在平面应紧密接触、不漏风。

②当风口为格栅或网格风口时，宜采用风口风速法测量。

采用风口风速法测量风口风量时，在风口出口平面上，测点不应少于6点，并应均匀布置。

③当风口为条缝形风口或风口气流有偏移或由于某些原因风口风速法测试有困难时，宜采用辅助风管法测量。

采用辅助风管法测量风口风量时，辅助风管的截面尺寸应与风口内截面尺寸相同，长度不应小于2倍风口边长。辅助风管应将被测风口完全罩住，出口平面上的测点不应少于6点，且应均匀布置。

④风口实测风量可按以下方法计算。

采用风口风速法(或辅助风管法)测量时,风口风量应按式(5.12)计算:

$$L = 3\ 600 \times F \times V \qquad (5.12)$$

式中　F——风口截面有效面积(或辅助风管的截面积),m^2;

　　　V——风口处测得的平均风速,m/s。

(6)局部排风罩口风速风量测定

罩口风速测定一般用匀速移动法、定点测定法。

①匀速移动法按以下方法测试。

a.测定仪器:叶轮式风速仪。

b.测定方法:对于罩口面积小于0.3 m^2的排风罩口,可将风速仪沿整个罩口断面按图5.11所示的路线慢慢地匀速移动,移动时风速仪不得离开测定平面,此时测得的结果是罩口平均风速。此法进行三次,取其平均值。

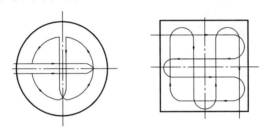

图5.11　罩口平均风速测定路线

②定点测定法按以下方法测试。

a.测定仪器:标定有效期内的热风速仪。

b.测定方法:对于矩形排风罩,按罩口断面的大小,把它分成若干个面积相等的小块,在每个小块的中心处测量其气流速度。各种形式罩口测点布置如图5.12所示。断面积大于0.3 m^2的罩口,可分成9～12个小块测量,每个小块的面积<0.06 m^2,如图5.12(a)所示;断面积≤0.3 m^2的罩口,可取6个测点测量,如图5.12(b)所示;对于条缝形排风罩,在其高度方向至少应有两个测点,沿条缝长度方向根据其长度可以分别取若干个测点,测点间距≤200 mm,如图5.12(c)所示。对圆形罩至少取4个测点,测点间距≤200 mm,如图5.12(d)所示。

排风罩罩口平均风速按算术平均值计算。

排风罩风量一般采用动压法和静压法进行测定。

动压法测量排风罩的风量如图5.13所示,测出断面1—1上各测点的动压 p,按式(5.9)和式(5.10)计算排风罩的排风量。

在现场测定时,各管件之间的距离很短,不易找到比较稳定的测定断面,用动压法测量流量有一定困难。在这种情况下,如图5.14所示,用静压法测量排风罩的风量。

③局部排风罩压力损失按式(5.13)计算。只要已知排风罩的流量系数及管口处的静压,即可测出排风罩的流速。

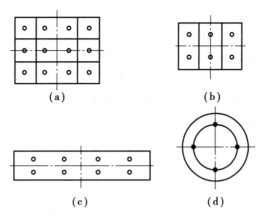

图5.12　各种形式罩口测点布置

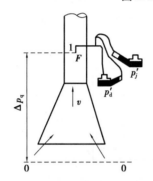

图5.13　动压法测量排风罩的风量

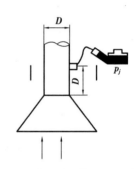

图5.14　静压法测量排风罩的风量

$$\Delta p_d = p_q^0 - p_q' = 0 - (p_j' + p_d') = -(p_j' + p_d') = \zeta \frac{v_1^2}{2}\rho = \zeta p_d' \qquad (5.13)$$

式中　p_q^0——罩口断面的全压,Pa;

　　　p_q'——1—1 断面的全压,Pa;

　　　p_j'——1—1 断面的静压,Pa;

　　　p_d'——1—1 断面的动压,Pa;

　　　ζ——局部排风罩的局部阻力系数;

　　　v_1——断面 1—1 的平均流速,m/s;

　　　ρ——空气的密度,kg/m³。

2)风机

风量、风压、功率及效率是评价通风机运行性能的重要参数。在实际工程中,风机随管网特性曲线变化,运行参数往往会偏离风机额定工况参数。为保障风机稳定、高效地运行,风机选用的设计工况效率不应低于风机最高效率的90%。本小节主要对工程调试验收、检测评估中风机风量、风压、电功率和效率等参数测试方法进行介绍。

（1）测试要求

风机运行性能各参数测试,应满足以下要求:

a.应在被测风机测试状态稳定后,开始测量;

b.风机效率测试过程中,应同时测量风量、风压、电功率等参数;

c. 检测工况下,应每隔 5 ~ 10 min 读数 1 次,连续测量 60 min,并应取每次读数的平均值作为检测值。

(2)通风机风量和风压的测量

通风机在单位时间内所输送的气体体积流量称为风量或流量 L,m³/s 或 m³/h。它通常是指在工作状态下输送的气体量。通风机的风压是指全压,它为动压和静压两部分之和。通风机全压等于出口气流全压与进口气流全压之差。通风机的风量、风压测试常选用毕托管和压力计联合测试。

①测试断面:

通风机风量和风压测试断面宜选择在靠近通风机进出口且无明显涡流的,流线接近于平行且垂直于该截面的位置,但在实际工程中,很难满足以上条件,可寻找速度分布均匀性较好的截面位置,当 75% 以上的动压测量值大于最大测量值的 1/10 时,速度分布的均匀性可以接受。测试截面典型动压分布如图 5.15 所示。

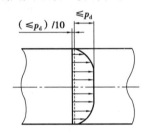

(a)理想的 p_d 分布

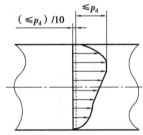

注:对进入通风机进口的气流还是满意的,但对进入进气箱的气流是不满意的,可能在进气箱内产生涡流。

(b)好的 p_d 分布

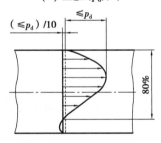

注:大于75%的 p_d 读数大于 p_{dmax}/10(对进入通风机进口或进气箱的流动是不满意的)。

(c)满意的 p_d 分布

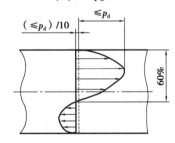

注:少于75%的 p_d 读数大于 p_{dmax}/10(对进入通风机进口或进气箱的流动是不满意的)。

(d)不满意的 p_d 分布

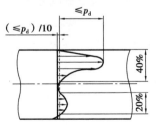

注:少于75%的 p_d 读数大于 p_{dmax}/10(对进入通风机进口或进气箱的流动是不满意的)。

(e)不满意的 p_d 分布

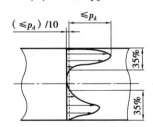

注:少于75%的 p_d 读数大于 p_{dmax}/10(对进入通风机进口或进气箱的流动是不满意的)。

(f)不满意的 p_d 分布

图 5.15　测试截面典型动压分布

②全压测试：

当风机进风和出风段有较长直管道时，可利用毕托管（或总压管）直接测得其进风和出风的全压。

当风机进风和出风段没有较长的直风道条件时，由于在风道断面上静压变化较小，可在某一断面上单独测出静压（P_j），然后用风量测量结果中得到的风速求得动压（P_d），相加得到全压。

③静压测试：

如测试现场具备条件，静压（P_j）的测量宜采用静压环法，具体方法如下：

a. 在测量截面管壁上将相互成90°分布的4个静压孔的取压接口连接成静压环，将压力计一端与该环连接，另一端和周围大气相通。压力计的读值为该截面的静压。

b. 管壁上静压孔直径应取1~3 mm，孔边必须呈直角，且无毛刺，取压接口管的内径应不小于两倍静压孔直径。当采用圆柱形风道时，4个孔应等距分布在圆周上。当采用矩形风道时，该孔应位于4个侧面的中心位置。

c. 静压环的测孔连接方法如图5.16所示。

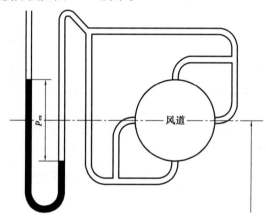

图5.16　静压环测孔连接方法示意图

如现场不具备采用静压环法测试条件时，也可采用毕托管进行测试，当用毕托管测量截面上的静压时，应重复三次，取平均值。

④风量测试：

通风机的风量为风机出风口端风量和吸风口端风量的平均值。风机前后的风量之差不应大于5%，否则应重测或更换测量截面。风量测试方法参照风管风量测试方法。

⑤风机风压计算：

风机风压为风机进风和出风的全压差，按式（5.14）计算：

$$P = P_2 - P_1 \tag{5.14}$$

式中　P——风机全压，Pa；

P_2——风机出口全压，Pa；

P_1——风机入口全压，Pa。

如果在距离风机入口或出口较远处截面进行测试时，风机的全压应为吸入段测得的全压和压出段测得的全压之差，再加测定断面距风机入口和出口之间的阻力损失值（包括沿程阻力和局部阻力），按式（5.15）计算：

$$P = P_2 - P_1 + \Delta P \tag{5.15}$$

式中　P——风机全压,Pa;

　　　P_2——风机吸入段全压,Pa;

　　　P_1——风机压出段全压,Pa;

　　　ΔP——吸入段、压出段之间阻力损失,Pa。

(3)风机功率测试

风机功率包括风机输入功率、风机输出功率、风机电机输入功率、风机电机输出功率、风机配用电机功率等不同功率概念。

①风机输入功率:

风机输入功率是原动机传到风机轴上的机械功率,又称风机轴功率。

风机轴功率可在实验台中通过平衡电机法进行测试。电机转速可通过转速表(机械转速表或激光转速表)进行测试。风机轴力矩可通过平衡杆和台秤测试反力矩的方式进行测试。电机方向力矩测试如图 5.17 所示。也可采用扭矩仪进行测试,将扭矩仪安装在通风机与传动系统或驱动通风机的电机之间,将获得的扭矩值。

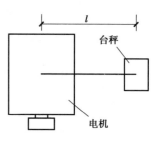

图 5.17　电机方向力矩测试

轴功率为风机轴上力矩与电机转子角速度的乘积,如式(5.16)所示:

$$N_z = M\omega \tag{5.16}$$

其中转子角速度 ω 按式(5.17)计算:

$$\omega = \frac{2\pi n}{60} \tag{5.17}$$

作用风机上的力矩 M 按式(5.18)计算:

$$M = mgl \tag{5.18}$$

式中　N_z——风机轴功率,W;

　　　ω——转子角速度,1/s;

　　　M——作用在风机轴上的力矩,也是作用在电机轴上的反力矩,J;

　　　n——电机转速,m/s;

　　　m——台秤读数,kg;

　　　g——重力加速度,9.81 m/s²;

　　　l——力臂长度,即砝码中心至电机中心的距离,m。

②风机输出功率:

风机输出功率又称为有效功率 N_y,它表示单位时间内气体从风机中所得到的实际能量,等于风压与流量的乘积,可以通过测试风量、风压后,按式(5.19)计算获得。

$$N_y = \frac{Lp}{3\,600}(W) \tag{5.19}$$

式中　N_y——通风机的有效功率,W;

　　　L——通风机的风量,m³/h;

p——通风机的风压,Pa。

③风机电机输入功率:

电机输入功率为输出到驱动装置的功率,装置吸收的总功率。在电机驱动的情况下,即是输入至电机端子的功率。电机输入功率可通过电功率表进行测试。一个三相交流电动机的输入功率应使用两个单相瓦特计、一个三相瓦特计或多相瓦特计的方法进行测量。在直流电动机的情况下,或是一个瓦特计或是一个安培计加一个伏特计,均可以使用。当风机系统未独立安装电功率表进行电功率监测时,可使用钳形功率表进行测试。

④风机电机的输出功率:

电机输出功率也是驱动电机的轴功率。

电机输出功率可由通风机轴功率除以机械效率获得,按式(5.20)计算:

$$N_o = N_z / \eta_m \tag{5.20}$$

式中 N_o——电机输出功率,W;

N_z——风机轴功率,W;

η_m——机械效率,电机直联时,$\eta_m = 100\%$,电机的轴功率等于通风机轴功率;联轴器直联时,$\eta_m = 98\%$;三角皮带传动(滚动轴承)时,$\eta_m = 95\%$。

电机输出功率也可通过在电机端子处测得的输入功率乘以用分离损失法估算的电机效率进行计算,采用的是三相交流电机或直流电机,其损失估算不同。

⑤电机配电功率:

样本和产品铭牌上标出的功率通常是标准状态下风机的配电电机功率。配电电机功率是电机输入功率考虑电机安全容量系数计算所得的电机功率,按式(5.21)计算:

$$N = K \times N_e \tag{5.21}$$

式中 N_e——电机输入功率,W;

K——电机容量安全系数,见表5.4。

表5.4   电机容量安全系数

电机功率/kW	安全系数 K
<0.5	1.5
0.5 ~ 1	1.4
1 ~ 2	1.3
2 ~ 5	1.2
>5	1.15

(4)风机效率

通风机在运行过程中存在轴承损失、密封装置损失等能量损失,作用于气体的有效功率 N_y 小于消耗在通风机轴上的轴功率(通风机的输入功率)N_z,两者比值为风机效率,又称全压效率,按式(5.22)计算:

$$\eta = \frac{N_y}{N_z} \tag{5.22}$$

3)风系统性能

暖通空调风系统的性能检测主要包括风机单位风量耗功率检测、新风量检测和定风量系统平衡度检测三部分内容。

（1）风机单位风量耗功率检测

单位风量耗功率表示通风空调系统每小时输送单位体积风量的耗功率，是评估通风、空调系统能耗及节能性的重要指标。

①检测内容及方法：

a.被测风机测试状态稳定后，开始测量；

b.分别对风机的风量和输入功率进行测试；

c.风机的风量应为吸入端风量和压出端风量的平均值，且风机前后的风量之差不应大于5%。

②风机单位风量耗功率计算，如式（5.23）所示：

$$W_{\mathrm{s}} = \frac{N}{L} \tag{5.23}$$

式中　W_{s}——风机单位风量耗功率，$W/(m^3 \cdot h)$；

　　　N——风机的输入功率，W；

　　　L——风机的实际风量，m^3/h。

风道系统单位风量耗功率检测值见表5.5，应符合国家标准《公共建筑节能设计标准》（GB 50189—2015）要求。

表5.5　风道系统单位风量耗功率检测值 $W_{\mathrm{s}}[W/(m^3/h)]$

系统形式	W_{s}限值
机械通风系统	0.27
新风系统	0.24
办公建筑定风量系统	0.27
办公建筑变风量系统	0.29
商业、酒店建筑全空气系统	0.30

（2）新风量检测

新风量是衡量室内空气质量的一个重要参数，新风量直接影响空气的流通和室内空气污染的程度。新风量检测是暖通空调风系统性能检测的主要内容之一。

暖通空调风系统新风量的抽检比例不少于新风系统数量的20%；不同风量的新风系统抽检数量不应少于1个。

检测应当在系统正常运行后进行，且所有的风口应处于正常开启状态。新风量检测应采用风管风量检测方法，并应符合现行行业标准《公共建筑节能检测标准》（JGJ/T 177）有关规定。

节能检测中,新风量检测值的允许偏差不应超过±10%。

(3)定风量系统平衡度检测

一个暖通空调送风系统往往有多条干管、分支管和多个风口。设计时,每个风口的风量常常设计为相等或确定的值。但由于风机出口到每一个风口的阻力不同,使得每个风口的出风量各不一样。为了达到设计的要求,需要对每条支路或每个风口进行平衡度检测,并通过调节使得其风量满足设计要求。对于支路系统,当支路系统少于 5 个时应全数检测,当支路系统多于 5 个时,应按照近端 2 个、中间区域 2 个、远端 2 个的原则进行选择性检测。

①检测方法:

风系统平衡度的检测应在系统正常运行后进行,且所有末端应处于全开状态,检测期间受检系统的总风量应维持恒定且为设计值的 100% ~ 110%。

风量检测应采用风管风量检测方法,也可采用风量罩风量检测方法,并应符合现行行业标准《公共建筑节能检测标准》(JGJ/T 177)有关规定。系统支路风量测试应从系统的最不利环路开始,检测各支路的比值。

②风系统平衡度计算:

风系统平衡度可按式(5.24)计算:

$$FHB_j = \frac{G_{wm,j}}{G_{wd,j}} \tag{5.24}$$

式中　FHB_j——第 j 个支路处的风系统平衡度;

　　　$G_{wm,j}$——第 j 个支路处的实际风量,m^3/h;

　　　$G_{wd,j}$——第 j 个支路处的设计风量,m^3/h;

　　　J——支路编号。

90% 的受检支路平衡度应为 0.9 ~ 1.2。

5.2　水系统管网参数测试

水系统一般由冷热源设备、输配设备、末端设备及连接的管网和附件组成。空调水系统按其功能可分为冷冻水系统、热水系统、冷却水系统和冷凝水系统等。水系统的具体组成则根据建筑的不同供冷、供暖方案,冷热源设备及末端形式的不同而有所差异。集中供暖系统水系统一般由散热器、地板辐射供暖盘管等供热末端设备,室内采暖管道,换热器(热交换器),水泵,室外供热管网,阀门等附件组成;冷水机组+锅炉空调系统水系统冷源侧由冷水机组、冷却塔、水泵、冷冻水管道、冷却水管道及阀门等附件组成;热源侧由锅炉、水泵、热水管道及阀门构件组成;用户侧由冷热水管道,风机盘管、空气调节机组、辐射供冷供暖系统等末端设备、阀门等附件组成。水系统之于供暖、空调系统,如同血管之于人体,水系统合理设计、正常运行,是供暖、空调系统长久高效稳定运行及良好使用效果的重要保障。

本章节主要介绍水系统管网阀门、管道、水泵的相关测试内容及方法,冷热源设备、空调末端设备等测试内容详见第 6 章。

5.2.1 主要测试参数及仪器

水系统测试的主要参数有水流温度、流速(或水流量)、压力等基本参数。测试仪器应在使用合格检定或校准合格有效期内,精度等级及最小分度值应能满足测试准确性要求。水系统基本参数检测仪表性能应见表5.6。

表5.6 水系统基本参数检测仪表性能

参数	测试仪器	仪表准确度
温度	玻璃水银温度计、铂电阻温度计等各类温度计(仪)	0.2 ℃(空调) 0.5 ℃(采暖)
流量	压差式、电磁式、容量式、超声波流量计	≤2%(测量值)
压力	压力仪表	≤5%(测量值)
电功率	功率表(指示式、积算式)、数字功率计、电流表、电压表、功率因素表、频率表、互感器、转矩转速仪、天平式测功计	功率表:指示式不低于0.5级精度,积算式不低于1级精度; 数字功率计:±0.2%量程; 电流表、电压表、功率因素表、频率表:不低于0.5级精度; 互感器:不低于0.2级精度; 转矩转速仪、天平式测功计:准确度±1.5%
功率	转矩转速仪、天平式测功计、标准电动机和其他测功仪表	准确度±1.5%
转速	转速表、光学或磁性计数器,频闪观测仪	准确度±1.0%
时间	秒表	准确度±0.2%
质量	电子天平、台秤等	准确度±1.0%

5.2.2 测试方法

1)水管路

工程中一般需对水管连接设备进出口处等关键位置的水温、水流量、水压进行测试。

(1)水温测试

①水温测点应布置在靠近被测机组(设备)的进出口处。当被检测系统有预留安放温度计位置时,宜利用预留位置进行测试。

②水温可按下列步骤及方法进行测量。

a.确定检测状态,安装检测仪表。

b.依据仪表的操作规程,调整测试仪表到测量状态。膨胀式、压力式等温度计的感温泡,宜完全置于水流中;当采用水银温度计测量时,温度计应插入充满油的保护套内,保护套插入形式如图5.18所示;当采用铂电阻等传感元件检测时,应对显示温度进行校正。

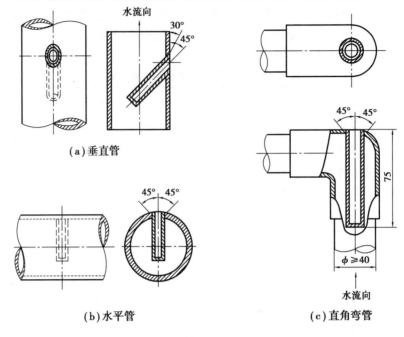

图5.18 保护套插入形式

c.待测试状态稳定后,开始测量。

d.测试过程中,若测试工况发生比较大的变化,需对测试状态进行调整,重新进行测试。

③水温检测的数据处理应将各次测量值的算术平均值作为测试值。

(2)流量测试

①水流量测点布置应符合下列规定:

a.水流量检测的测点布置应设置在设备进口或出口的直管段上;

b.对于超声波流量计,其最佳位置可为距上游局部阻力构件10倍管径、距下游局部阻力构件5倍管径之间的管段上。

②水流量可按下列步骤及方法进行测量:

a.确定检测状态,安装检测仪表;当采用转子或涡轮等整体流量计进行流量的测量时,应根据仪表的操作规程,调整测试仪表到测量状态;当采用超声波流量计进行流量的测量时,应按管道口径及仪器说明书规定选择传感器安装方式。测量时,应清除传感器安装处的管道表面污垢,并应在稳态条件下读取数值。

b.待测试状态稳定后,开始测量,测量时间宜取10 min。

③水流量检测的数据处理应取各次测量的算术平均值作为测试值。

(3)水压测试

水管路压力测点布置应在系统原有压力表安装位置。压力可按下列步骤及方法进行测量:

a.确定检测状态,拆卸系统原有压力表,安装已标定或校准过的压力表,压力表量程宜为试验压力的 2 倍左右,但不低于 1.5 倍和高于 3 倍的试验压力。

b. 依据仪表的操作规程,调整测试仪表到测量状态。

c. 待测试状态稳定后,开始测量。

d. 压力检测的数据处理应取各次测量的算术平均值作为测试值。

2)水泵

流量、扬程、功率及效率是评价水泵运行性能的重要参数。在实际工程中,水泵随管网特性曲线变化,运行参数往往会偏离风机额定工况参数。水泵效率的检测值应大于设备铭牌值的 80%。本小节主要对工程调试验收、检测评估中水泵流量、扬程、电功率和效率等参数测试方法进行介绍。

(1)测试要求

水泵运行性能各参数测试应满足以下要求:

a. 应在被测水泵测试状态稳定后,开始测量;

b. 水泵效率测试过程中,应测量水泵流量,并测试水泵进出口压差,以及水泵进出口压力表的高差,同时记录水泵输入功率;

c. 检测工况下,应每隔 5~10 min 读数 1 次,连续测量 60 min,并应取每次读数的平均值作为检测值。

(2)水泵流量测试

流量是指单位时间内流经封闭管道或明渠有效截面的流体量,又称瞬时流量。

水泵流量测试需保证流经泵的全部流量均流经测试仪器装置。流量计上、下游侧直管段管径应与流量计相同,上游侧直管段长度至少为管子直径的 10 倍,下游侧直管段长度至少为管子直径的 5 倍。直管段长度是指法兰至法兰之间的距离。

水泵流量测试有称重法、容积法、压差装置法、速度面积法、电磁法、超声波法等,在工程测试中,电磁法、超声波法是较为常用的方法。流量的测试方法参照水管的流量测试方法。

(3)水泵扬程测试

从水泵出口法兰排出进入管道的流量称为水泵质量流量,体积流量为质量流量除以流体密度。水泵扬程以泵输送的液柱高度表示,它代表了泵传递的能量是水泵出口总水头与入口总水头的代数差。

①测试断面:

水泵出口总水头与入口总水头通常应在泵(或泵和亦属于试验对象的连接附件的组合体)的入口截面 S_1 和出口截面 S_2 处确定。为了便于实现和测量精确,一般是在 S_1 的上游和 S_2 的下游与 S_1 和 S_2 有某一小段距离的 S_1' 截面和 S_2' 截面处进行测量水泵测试系统,如图 5.19 所示。

在管路长度允许的情况下,入口测量截面 S_1' 一般应设在与泵入口法兰相距 2 倍管路直径的上游处。出口测量截面 S_2' 应设在与泵出口法兰相距 2 倍管路直径的下游处。在常规的空调系统、给排水系统中,如果入口速度水头与扬程之比很小(小于 0.5%),则可将取压孔设在入口法兰自身位置。出口速度水头小于扬程的 5% 的泵,出口测量截面可以设在出口法兰处。入口测量截面应该设在与泵入口法兰同直径同轴的直管段截面处,出口测量截面应设在与泵出口法兰同轴同直径的直管段截面处。

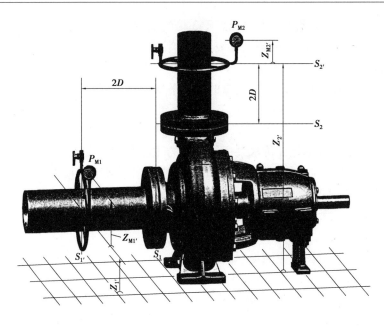

图 5.19　水泵测试系统

取压孔设置如图 5.20 所示。如测试条件允许,宜设置 4 个取压孔连通环形汇集管进行压力测试,如图 5.20(a)所示,但在实际工程中,常常不具备这样的条件,往往仅设置一个取压孔,如图 5.20(b)所示。水泵出口压力测试当仅使用一个或两个取压孔时,取压孔应垂直于蜗壳的平面或泵壳内的任何弯头的平面如图 5.21 所示。

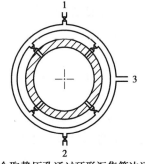

(a)4个取静压孔通过环形汇集管边通

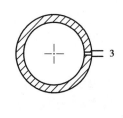

(b)1个取压孔或两个对置

图 5.20　取压孔设置

1—放气;2—排液;3—通至压力测试仪的连通管

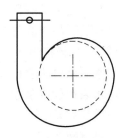

图 5.21　垂直于蜗壳平面或弯头平面的取压孔

②扬程计算:

a.常规水泵。

水泵扬程为出口总水头与入口总水头的代数差。入口总水头是测得的表压力水头、测量点相对基准面的高度以及速度水头三项之和。其中,速度水头是以视吸入管路中流速为均匀分布而计算出的。出口总水头是测得的表压力水头、测量点相对基准面的高度以及速度水头三项之和。其速度水头是以视出口管路中流速为均匀分布而计算出的。

水泵扬程按式(5.25)计算：

$$H = H_2 - H_1 \tag{5.25}$$

水泵入口总水头按式(5.26)计算：

$$H_1 = Z_1 + \frac{p_1}{\rho g} + \frac{U_1^2}{2g} \tag{5.26}$$

水泵出口总水头按式(5.27)计算：

$$H_2 = Z_2 + \frac{p_2}{\rho g} + \frac{U_2^2}{2g} \tag{5.27}$$

式中 H——水泵扬程,m;

    H_1,H_2——水泵入口、出口总水头,m;

    p_1,p_2——水泵入口、出口处静压,Pa;

    Z_1,Z_2——水泵入口、出口与基准面的高差,m;

    U_1,U_2——水泵入口、出口流速,m/s;

    ρ——流体密度,kg/m³。

当测试断面在 S_1' 和 S_2' 时,应考虑其间的管路摩擦损失,即 S_1 和 S_1' 之间的 H_{11} 和 S_2 和 S_2' 之间的 H_{22}(最终归结为局部水头损失),水泵扬程计算按式(5.28)计算：

$$H = H_{2'} - H_{1'} + H_{22'} + H_{11'} \tag{5.28}$$

即

$$H = Z_{2'} - Z_{1'} + \frac{p_{2'} - p_{1'}}{\rho g} + \frac{U_{2'}^2 - U_{1'}^2}{2g} + H_{22'} + H_{11'} \tag{5.29}$$

式中 H——水泵扬程,m;

    $H_{1'}$,$H_{2'}$——水泵入口、出口测试截面总水头,m;

    $p_{1'}$,$p_{2'}$——水泵入口、出口测试截面静压,Pa;

    $Z_{1'}$,$Z_{2'}$——水泵入口、出口测试截面与基准面的高差,m;

    $U_{1'}$,$U_{2'}$——水泵入口、出口测试截面流速,m/s;

    $H_{22'}$——水泵出口与测试截面之间的局部阻力损失,m;

    $H_{11'}$——水泵入口与测试截面之间的局部阻力损失,m。

当测试截面中心与压力测量仪表的高差较小时,可认为仪表压力读数为测试界面压力。当两者高差较大时,需要对压力读数 p_m 进行修正。

$$p_{1'} = p_{m1'} + \rho_f g (Z_{m1} - Z_{1'}) \tag{5.30}$$

$$p_{2'} = p_{m2'} + \rho_f g (Z_{m2} - Z_{2'}) \tag{5.31}$$

式中 $p_{m1'}$,$p_{m2'}$——入口、出口压力表读数,Pa;

    Z_{m1},Z_{m2}——入口、出口压力表与基准面的高差,m;

    ρ_f——压力计连接管中流体密度,kg/m³。

b. 潜没式水泵。

如图 5.22 所示潜没式水泵入口部分设置在水中。

入口总水头等于抽取液体处的自由表面液位相对基准面的高度加上与作用在该表面上的表压力水头。出口总水头可通过测量排出管中的压力来确定,如果泵是向一个具有自由液面

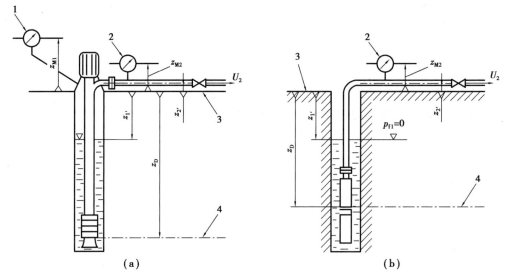

图 5.22　潜没式水泵

1—压力表读数;2—压力表读数;3—基准面;4—NPSH 基准面

的开式池中排出液体,则通过测量池中液位来确定。在这种情况下,假如在液位测量点附近液体真正处于静止状态,则出口总水头等于泵排出液体处的自由表面液位相对基准面的高度加上作用在该表面上的表压力的水头。该方法,水泵测量截面之间存在的少量水头损失,忽略不计。水泵扬程按式(5.32)计算:

$$H = H_2 - H_1 \tag{5.32}$$

水泵入口总水头按式(5.33)计算:

$$H_1 = Z_{1'} + \frac{p_{M1}}{\rho g} + \frac{\rho_{f1}}{\rho}(Z_{M1} - Z_{1'}) \tag{5.33}$$

水泵出口总水头按式(5.34)计算:

$$H_2 = Z_{2'} + \frac{p_{M2}}{\rho g} + \frac{\rho_{f2}}{\rho}(Z_{M2} - Z_{2'}) + \frac{U_2^2}{2g} \tag{5.34}$$

式中　H——水泵扬程,m;

　　　H_1,H_2——水泵入口、出口总水头,m;

　　　p_{M1},p_{M2}——水泵入口、出口处压力表读数,Pa;

　　　$Z_{1'}$,$Z_{2'}$——水泵入口、出口与基准面的高差,m;

　　　U_2——水泵出口流速,m/s;

　　　ρ——水泵流体密度,kg/m^3;

　　　ρ_{f1},ρ_{f2}——入口、出口压力计连接管中流体密度,kg/m^3;

　　　Z_{M1},Z_{M2}——入口、出口压力表与基准面的高差,m。

(4)水泵功率测试

水泵功率包括水泵输入功率、水泵输出功率、水泵电机输入功率、水泵电机输出功率等不同功率概念。

①水泵的输入功率。

水泵的输入功率为驱动机输出给水泵的功率,又称水泵的轴功率。

在实验系统中,轴功率可采用平衡电机法进行测量。将电机转子固定在轴承上,使电机定子可以自由转动。当定子线圈通入电流时,定子与转子之间便产生一个感应力矩,该力矩使定子和转子按不同方向各自旋转。若在定子上安装一套天平,使之对定子作用一反向力矩 M',当定子静止不动时,两者力矩相等。因此,只要测得天平砝码的质量和砝码距定子中心的距离,便可求出感应力矩 M。轴功率为力矩与电机转子角速度的乘积。转子角速度可通过测量转子的转速求得。转速应尽可能通过计数,即测量一段时间间隔内的转数。通常,可用直接显示的转速表、光学或磁性计数器或频闪观测仪来实现。对不能直接测量转速的泵(如潜没式泵)。一般检查电网频率和电压结构。此外。转速也可通过测量振动频率得出。在交流电动机驱动泵的情况下,转速也可通过供电频率和电动机转差率数据评价得出。

$$P_z = M\omega \tag{5.35}$$

$$\omega = \frac{2\pi n}{60} \tag{5.36}$$

$$M = mgL \tag{5.37}$$

式中　P_z——水泵轴功率,W;

　　　ω——转子角速度,1/s;

　　　M——作用在水泵轴上的力矩,也是作用在电机轴上的反力矩,J;

　　　n——电机转速,m/s;

　　　m——砝码质量,kg;

　　　g——重力加速度,9.81 m/s^2;

　　　l——力臂长度,即砝码中心至电机中心的距离,m。

②水泵输出功率。

水泵输出功率是水泵出口液体的有效功率,可通过测试水泵流量、扬程,计算获得,按式(5.38)计算

$$P_y = \rho g H Q \tag{5.38}$$

式中　P_y——水泵的有效功率,W;

　　　Q——水泵的流量,m^3/s;

　　　H——水泵的扬程,m;

　　　ρ——流体密度,m^3/h;

　　　g——重力加速度,9.81m/s^2。

③水泵电机输入功率和输出功率。

水泵电机输入功率和输出功率的测试与计算方法与风机相似,可参照风机,此处不做详细介绍。

(5)水泵效率和总效率

泵输出功率除以泵输入功率为水泵的效率,按式(5.39)计算:

$$\eta = \frac{P_y}{P_z} \tag{5.39}$$

泵输出功率除以驱动机输入功率为水泵的总效率,按式(5.40)计算:

$$\eta_r = \frac{P_y}{P_r} \tag{5.40}$$

水泵效率的检测值应大于设备铭牌值的80%。

3)采暖工程系统水压试验

采暖系统水压试验应包括阀门水压试验、散热器水压试验、地板辐射供暖盘管水压试验、室内采暖管道水压试验、换热器水压试验和室外供热管网水压试验。

(1)阀门水压试验规定

①阀门水压试验应包括强度试验和严密性试验。

②阀门外观检查应无损伤,规格应符合设计要求,质量合格证明文件及性能检测报告应齐全、有效。

③阀门的强度试验压力应为公称压力的1.5倍;严密性试验压力应为公称压力的1.1倍,试验压力在试验持续时间内应保持不变,且壳体填料及阀瓣密封面应无渗漏。

④阀门试验应以水作为介质,温度应在5~40 ℃。阀门持续试验时间见表5.7。

表5.7　阀门测验持续时间

公称直径 DN/mm	最短试验持续时间/s		
	严密性试验		强度试验
	金属密封	非金属密封	
≤50	15	15	15
65~200	30	15	60
250~450	60	30	180

⑤阀门强度试验的步骤及方法。

a.把阀门放在试验台上,封堵好阀门两端,完全打开阀门启闭件;

b.从另一端口引入压力,打开进水阀门,充满水后,及时排气;

c.缓慢升至试验压力值,不得急剧升压;

d.到达强度试验压力后(止回阀应从进口端加压),在规定的时间内,检查阀门壳体是否发生破裂或产生变形,压力有无下降,壳体(包括填料阀体与阀盖连接处)是否有结构损伤;

e.阀门水压试验后,擦净阀门水渍存放,并逐个记录阀门强度试验情况。

⑥阀门严密性试验的步骤及方法。

a.阀门严密性试验应在强度试验合格的基础上进行;主要阀类的严密性试验方法见表5.8;

b.对于规定了介质流通方向的阀门,应按规定的流通方向加压(止回阀除外);在试验压力下,规定时间内检查阀门的密封性能;

c.阀门严密性试验后,擦净阀门水渍存放,并逐个记录阀门严密性试验情况,见表5.8。

表5.8　阀门严密性试验

序号	阀类	试验加压方法
1	闸阀	关闭启闭件,从一端引入压力,缓慢升压至试验压力,在规定的时间内检查阀瓣处是否严密,压力是否有下降;一端试验合格后,用同样的方法检验另一密封面,从另一端引入压力,检查阀瓣处是否严密,压力是否下降。
2	球阀	
3	旋塞阀	
4	截止阀	试验程序同闸阀试验程序。在对阀座密封最不利的方向,引入压力至试验压力,在阀门完全关闭的状态下,在规定的试验时间内检查阀瓣是否渗漏。
5	调节阀	
6	蝶阀	沿着对密封最不利的方向引入介质并施加压力。对称阀座的蝶阀可沿任一方向加压。试验程序同闸阀试验程序。
7	止回阀	沿着使阀瓣关闭的方向引入介质并施加压力,检查是否渗漏,试验程序同闸阀试验程序。

(2)散热器水压(强度)试验规定

①散热器外观检查应无损伤,规格应符合设计要求,质量合格证明文件及性能检测报告应齐全、有效。

②水压试验水温应在5~40 ℃,当设计无要求时试验压力应为工作压力的1.5倍,但不得小于0.6 MPa,试验时间应为2~3 min,压力不降且不渗漏。

③散热器水压(强度)可按下列步骤进行。

a.将散热器轻放在试验台上,安装试验用临时丝堵和补芯、放气阀门、压力表和手动试压泵等试验部件。

b.试压管道连接后,开启进水阀门向散热器内充水,同时打开放气阀,待水灌满后,关闭放气阀门。

c.缓慢升压至散热器工作压力,检查无渗漏后再升压至规定的试验压力值,关闭进水阀门,稳压2~3 min,观察散热器各接口是否有渗漏现象、压力表值是否下降。

d.散热器水压试验后应及时排空腔内积水,并分别填写每组散热器试验情况。

(3)地面辐射供暖盘管水压试验规定

①水压试验之前,管道敷设应符合设计要求,并对试压管道和管件采取安全有效的固定和保护措施;冬期进行水压试验时,还应采取可靠的防冻措施;水压试验应在盘管隐蔽前进行。

②试验压力应为工作压力的1.5倍并不得小于0.6 MPa,稳压1 h内压力降不得大于0.05 MPa且不渗不漏。

③地面辐射采暖盘管水压试验的步骤及方法如下:

a.水压试验时,经分水器缓慢注水,同时应将管道内空气排尽;

b.充满水后进行检查,观察无渗漏现象后再进行加压;

c.缓慢升压,升压至工作压力,观察管道无渗漏现象后,再继续升压至试验压力,时间不宜少于15 min;

d.升压至试验压力后停止加压,稳压1 h观察有无渗漏现象,记录压力下降数值;

e. 应按分集水器分别记录试验情况。

④室内采暖管道水压试验应符合下列规定：

a. 室内采暖管道水压试验应在管道安装完成，且经检查符合设计要求后进行。

b. 冬期进行水压试验时，应采取可靠的防冻措施，试压结束后应及时将水放尽，必要时应采用压缩空气或氧气将低点处存水吹尽。

c. 水压试验水温应在 5~40 ℃，试验压力应符合设计要求。当设计未注明时，使用金属管道热水采暖系统，顶点试验压力应以系统顶点工作压力加 0.1 MPa，同时在系统顶点的试验压力不应小于 0.3 MPa；使用塑料管及复合管的热水采暖系统，顶点试验压力应以系统顶点工作压力加 0.2 MPa，同时在系统顶点的试验压力不应小于 0.4 MPa；隐蔽的局部管道，试验压力应为管道工作压力的 1.5 倍。

d. 水压试验时应保证最低点试验压力不超过该处的设备和管道以及附件的最大承受压力。

e. 加压泵所处位置的试验压力，应为顶点的试验压力与试压泵所处的位置与顶点的标高差的静水压力之和。

（4）室内采暖管道水压试验的步骤及方法

①应开启试压管路全部阀门，关闭试验段与非试验段连接处阀门；

②打开进水阀门向管道系统中注水，同时开启系统高点排气阀，将管道及采暖设备内的空气排尽，待水注满后，关闭排气阀和进水阀；

③使用加压泵向系统加压，宜分 2~3 次升至试验压力，升压过程中应对系统进行全面检查，无异常现象时继续加压；

④缓慢升压至工作压力后，检查各部位是否存在渗漏现象，当无渗漏现象后再升压至试验压力，进行全面检查，当管道系统和设备检查结果符合要求后，降至工作压力，再作检查；

⑤水压试验结束后，打开排气阀和泄水阀，将水排至指定地方，并填写试验记录。

（5）换热器水压试验规定

①换热器的质量合格证明文件及性能检测报告应齐全、有效。

②换热器的试验压力应为最大工作压力的 1.5 倍，且不应低于 0.4 MPa，水压试验水温应在 5~40 ℃。

③换热器水压试验的步骤及方法如下：

a. 开启进水阀门向换热器内充水，同时打开放气阀排气，充满水后关闭进水阀门和排气阀门；

b. 缓慢升压至规定试验压力，10 min 内观察压力下降情况；

c. 试验结束后，开启排气阀和泄水阀门进行泄水，并记录试验情况。

（6）室外供热管道水压试验规定

①室外供热管道水压试验应在管道安装工作全部完成后进行。

②冬期进行水压试验时，应采取可靠的防冻措施，试压合格后应及时将水放尽。

③水压试验压力应为工作压力的 1.5 倍，且不应低于 0.6 MPa，水压试验水温应在 5~40 ℃。

④室外供热管网水压试验的步骤及方法如下：

a. 将系统的阀门全部开启,同时开启各高点放气阀,关闭最低点泄水阀;

b. 向管道系统内充水,待管道中空气全部排净,放气阀不间断出水时,关闭放气阀和进水阀,全面检查管道是否存在漏水现象;

c. 管道无漏水现象后,使用加压泵对管道系统进行加压,加压宜分 2~3 次升至试验压力,加压过程中应检查系统管道是否存在渗漏、变形、破坏等现象;

d. 水压试验结束后应及时将管道内水排净,并记录试验情况。

4) 通风与空调系统水压试验

通风与空调系统水压试验应包括阀门水压试验、风机盘管水压试验、供冷(热)管道水压试验等。

①阀门水压试验方法参照采暖系统阀门水压试验。

②风机盘管水压试验压力应为工作压力的 1.5 倍,试验方法参照散热器系统水压试验。

③供冷(热)管道水压试验应符合下列规定:

a. 水压试验应在管道安装完成并经检查符合设计要求后进行。

b. 当冬期进行水压试验时,应采取可靠的防冻措施,试压结束后应及时将水放尽,必要时应采用压缩空气或氧气将低点处存水吹尽。

c. 水压试验水温应在 5~40 ℃,试验压力应符合设计要求,当设计未注明时,应符合下列规定:

Ⅰ.冷热水、冷却水系统的试验压力,当工作压力不大于 1.0 MPa 时,试验压力应为 1.5 倍工作压力,且不应小于 0.6 MPa;当工作压力大于 1.0 MPa 时,试验压力应为工作压力加 0.5 MPa;耐压塑料管的强度试验压力(冷水)应为 1.5 倍工作压力,且不应小于 0.9 MPa,严密性试验压力应为 1.15 倍的设计工作压力。

Ⅱ.系统最低点压力升至试验压力后,应稳压 10 min,压力下降不应得大于 0.02 MPa,然后应将系统压力降至工作压力,外观检查无渗漏为合格。对于大型、高层建筑等垂直位差较大的冷(热)水、冷却水管道系统,当采用分区、分层试压时,在该部位的试验压力下,应稳压 10 min,压力不得下降,再将系统压力降至该部位的工作压力,在 60 min 内压力不得下降、外观检查无渗漏为合格。

d. 供冷(热)管道水压试验步骤及方法参照室内采暖管道水压试验。

5.3 燃气管网参数测试

建筑燃气系统是根据各类用户对燃气用量及压力的要求,将燃气由城市燃气管网(或自备气源)输送到建筑内各燃气用具的燃气管道、燃气设备等形成的系统。建筑燃气系统的构成,随城市燃气系统的供气方式及供气对象的不同而不同。

强度试验和气密性试验是燃气管道调试验收的重要内容,本章节将对其测试方法、要求进行介绍,燃气设备相关测试内容,详见第 6 章内容。

5.3.1 主要测试参数及仪器

燃气管网的强度试验和气密性试验,主要测试参数为压力,试验用压力计应在校验的有效期内,检测仪表性能应见表5.9。

表5.9 主要测试参数及仪器要求

管网类型	试验项目	测试仪器	仪表要求
室内燃气管道	强度试验	弹簧压力表、U型压力计等	量程应为被测最大压力的1.5~2倍,弹簧压力表的精度不应低于0.4级,U型压力计的最小分度值不得大于1 mm。
	气密性试验		
室外燃气管道	强度试验	弹簧压力表等	量程应为试验压力的1.5~2倍,其精度不得低于1.5级。
	气密性试验	弹簧压力表等	

5.3.2 测试方法

1)室内燃气管道测试

本节主要介绍供气压力小于或等于0.8 MPa(表压)的新建、扩建和改建的城镇居民住宅、商业用户、燃气锅炉房(不含锅炉本体)、实验室、工业企业(不含用气设备)等用户室内燃气(含天然气、人工煤气、液化石油气)管道(自引入管阀门起至燃具之间的管道)试验和验收测试方法。

(1)强度测试

①强度试验范围:

不同敷设方式和建筑类型,室内燃气管道强度试验的范围有所不同,应符合下列要求:

a.明管敷设时,居民用户应为引入管阀门至燃气计量装置前阀门之间的管道系统;暗埋或暗封敷设时,居民用户应为引入管阀门至燃具接入管阀门(含阀门)之间的管道;

b.商业用户及工业企业用户应为引入管阀门至燃具接入管阀门(含阀门)之间的管道(含暗埋或暗封的燃气管道)。

②强度试验前准备:

a.待进行强度试验的燃气管道系统与不参与试验的系统、设备、仪表等应隔断,并应有明显的标志或记录,强度试验前安全泄放装置应已拆下或隔断;

b.进行强度试验前,管内应吹扫干净,吹扫介质宜采用空气或氮气,不得使用可燃气体。

③强度试验方法和要求:

a.试验介质应采用空气或氮气,不可采用可燃气体和氧气进行试验。

b.强度试验压力应为设计压力的1.5倍且不得低于0.1 MPa。

c.在低压燃气管道系统达到试验压力时,稳压不少于0.5 h后,应用发泡剂检查所有接头,无渗漏、压力计量装置无压力降为合格;在中压燃气管道系统达到试验压力时,稳压不少于0.5 h后,应用发泡剂检查所有接头,无渗漏、压力计量装置无压力降为合格;或稳压不少于

1 h,观察压力计量装置,无压力降为合格;当中压以上燃气管道系统进行强度试验时,应在达到试验压力的50%时停止不少于15 min,用发泡剂检查所有接头,无渗漏后方可继续缓慢升压至试验压力并稳压不少于1 h后,压力计量装置无压力降为合格。

d. 试验时发现的缺陷,应在试验压力降至大气压力后进行处理。处理合格后应重新进行试验。

e. 暗埋敷设的燃气管道系统的强度试验和严密性试验应在未隐蔽前进行,保证修补工作的安全和修补的质量。

f. 当采用不锈钢金属管道时,强度试验和严密性试验检查所用的发泡剂中氯离子含量不得大于$25×10^{-6}$。

（2）气密性试验

①气密性试验范围:严密性试验范围应为引入管阀门至燃具前阀门之间的管道。通气前还应对燃具前阀门至燃具之间的管道进行检查。

②气密性试验前准备:室内燃气系统应在强度试验合格之后再进行严密性试验。

③气密性试验方法和要求:

a. 低压管道系统。

试验压力应为设计压力且不得低于5 kPa。在试验压力下,居民用户应稳压不少于15 min,商业和工业企业用户应稳压不少于30 min,并用发泡剂检查全部连接点,无渗漏、压力计无压力降为合格。

当试验系统中有不锈钢波纹软管、覆塑铜管、铝塑复合管、耐油胶管时,在试验压力下的稳压时间不宜小于1 h,除对各密封点检查外,还应对外包覆层端面是否有渗漏现象进行检查。

低压燃气管道严密性试验的压力计量装置应采用U型压力计。

试验时发现的缺陷,应在试验压力降至大气压力后进行处理。处理合格后应重新进行试验。

b. 中压及以上压力管道系统。

试验压力应为设计压力且不得低于0.1 MPa。在试验压力下稳压不得少于2 h,用发泡剂检查全部连接点,无渗漏、压力计量装置无压力降为合格。

试验时发现的缺陷,应在试验压力降至大气压力后进行处理。处理合格后应重新进行试验。

2）室外燃气管道测试

本节主要介绍城镇燃气设计压力不大于4.0 MPa的新建、改建和扩建输配工程的管道（包括自引入管阀门起至室外配气支管之间管线）的试验和验收测试方法。

（1）强度测试

①强度试验前准备:

a. 试验用的压力计及温度记录仪应在校验有效期内。

b. 试验方案已经批准,有可靠的通信系统和安全保障措施,已进行了技术交底。待试验管道与无关系统采取隔离措施,与已运行的燃气系统之间必须加装盲板且有明显标志,按设计图检查管道的所有阀门,试验段必须全部开启。

在对聚乙烯管道或钢骨架聚乙烯复合管道试验时,进气口应采取油水分离及冷却等措施,确保管道进气口气体干燥,且其温度不得高于40 ℃;排气口应采取防静电措施。

c. 管道焊接检验、清扫合格。

d. 埋地管道回填土宜回填至管上方0.5 m以上,并留出焊接口。

②强度试验方法和要求:

a. 管道应分段进行压力试验,一旦试验不合格便于查找漏点,试验管道分段最大长度宜按表5.10执行。

表5.10　管道试压分段最大长度

设计压力 P/MPa	试验管道分段最大长度/km
$P \leqslant 1.6$	5
$1.6 < P \leqslant 4.0$	10

b. 试验管道的两端应安装压力表,压力表的量程应为试验压力的1.5~2倍,精度不得低于1.0级,并应在有效校验期内。采用气体介质进行强度试验时,还应在管道两端安装温度计,安装位置应避光,温度计分度值不应大于1 ℃。

c. 强度试验压力和介质见表5.11。

表5.11　强度试验压力及介质

管道种类			设计压力 P /MPa	试验压力/MPa	试验介质
钢质管道			$P > 0.8$	$1.5P$	洁净水
			$P \leqslant 0.8$	$1.5P$,且不小于0.4	空气或惰性气体
球墨铸铁管道			P	$1.5P$,且不小于0.4	空气或惰性气体
聚乙烯管道	PE100		P	$1.5P$,且不小于0.4	空气或惰性气体
	PE80	SDR11	P	$1.5P$,且不小于0.4	空气或惰性气体
		SDR17(17.6)	P	$1.5P$,且不小于0.2	空气或惰性气体

d. 水压试验时,试验管段任何位置的管道环向应力不得大于管材标准屈服强度的90%。架空管道采用水压试验前,应核算管道及其支撑结构的强度,必要时应临时加固。试压宜在环境温度5 ℃以上进行,否则应采取防冻措施。

e. 强度试验应缓慢升压。采用水为介质时,当压力升至试验压力的30%和60%时,应分别进行检查,如无泄漏或异常,继续升压至试验压力,然后应稳压1 h,观察压力计,无变形、无压力降为合格。采用气体介质时,升压速度应小于0.1 MPa/min,当压力升到试验压力的10%时,应至少稳压5 min,当无泄漏或异常,继续缓慢升压到试验压力的50%,进行稳压检查,随后按照每次10%的试验压力升压,逐次检查,无泄漏、无异常,直至升压至试验压力后稳压1 h,无持续压力降为合格。

f. 水压试验合格后,应及时将管道中的水放(抽)净,并按要求进行吹扫。

g. 经分段试压合格的管段相互连接的焊缝,经射线照相检验合格后,可不再进行强度试验。

h. 试验时所发现的缺陷,必须待试验压力降至大气压后进行处理,处理合格后应重新试验。

③其他要求。

试验时应设巡视人员,无关人员不得进入。在试验的连续升压过程中和强度试验的稳压结束前,所有人员不得靠近试验区。人员离试验管道的安全间距可按表 5.12 确定。

表 5.12 安全间距

设计压力 P/MPa	防护警戒距离/m
P≤0.4	≥6
0.4<P≤1.6	≥10
1.6<P≤4.0	≥20

(2)气密性测试

①气密性试验前准备:

a. 应在强度试验合格、管线全线回填后进行严密性试验。

b. 管道应与无关系统采取隔离措施,与已运行的燃气系统之间必须加装盲板且有明显标志。试验前应按设计图检查管道的所有阀门,试验段必须全部开启。在对聚乙烯管道或钢骨架聚乙烯复合管道吹扫及试验时,进气口应采取油水分离及冷却等措施,确保管道进气口气体干燥,且其温度不得高于 40 ℃;排气口应采取防静电措施。

②气密性试验方法和要求:

a. 试验用的压力表或电子压力记录仪应在校验有效期内,其量程应为试验压力的 1.5 ~ 2 倍。当采用压力表时,其精度等级、最小分格值及表盘直径应满足表 5.13 的要求。当采用电子压力记录仪时,精度等级应满足表 5.14 的要求。

表 5.13 试验用压力表的精度等级、分格值及表盘直径

量程/MPa	精度等级	最小表盘直径/mm	最小分格值/MPa
0 ~ 0.16	0.4	150	0.001
0 ~ 0.60	0.4	150	0.005
0 ~ 1.0	0.4	150	0.005
0 ~ 1.6	0.4	150	0.01
0 ~ 2.5	0.25	200	0.01
0 ~ 4.0	0.25	200	0.01
0 ~ 6.0	0.16	250	0.01

续表

量程/MPa	精度等级	最小表盘直径/mm	最小分格值/MPa
0 ~10	0.16	250	0.02

表 5.14　试验用电子压力记录仪的精度等级

量程/MPa	精度等级
0 ~0.5	0.4
0 ~2	0.4
0 ~6	0.4

b. 严密性试验介质宜采用空气或惰性气体。低压管道严密性试验压力应为设计压力,且不应小于 5 kPa;中压及以上管道严密性试验压力应为设计压力,且不应小于 0.1 MPa。

c. 试压时的升压速度不宜过快。对设计压力大于 0.8 MPa 的管道试压,压力缓慢上升至 30% 和 60% 试验压力时,应分别停止升压,稳压 30 min,并检查系统有无异常情况,如无异常情况继续升压。管内压力升至严密性试验压力后,待温度、压力稳定后开始记录。

d. 严密性试验稳压的持续时间应为 24 h,每小时记录不应少于 1 次,当修正压力降小于 133 Pa 为合格。修正压力降应按式(5.41)确定:

$$\Delta P' = (H_1 + B_1) - (H_2 + B_2)\frac{273 + t_1}{273 + t_2} \tag{5.41}$$

式中　$\Delta P'$——修正压力降,Pa;

H_1,H_2——试验开始和结束时的压力计读数,Pa;

B_1,B_2——试验开始和结束时的气压计读数,Pa;

t_1,t_2——试验开始和结束时的管内介质温度,℃。

e. 试验时所发现的缺陷,必须待试验压力降至大气压后进行处理,处理合格后应重新试验。

f. 所有未参加严密性试验的设备、仪表、管件,应在严密性试验合格后进行复位,然后按设计压力对系统升压,应采用发泡剂检查设备、仪表、管件及其与管道的连接处,不漏为合格。

③其他要求:

试验时应设巡视人员,无关人员不得进入。在试验的连续升压过程中和强度试验的稳压结束前,所有人员不得靠近试验区。人员离试验管道的安全间距可按表 5.12 确定。

5.4　蒸汽管网参数测试

5.4.1　主要测试参数及仪器

蒸汽供热管网测试参数有供汽压力、供汽温度、供汽瞬时流量和累正流量(热量)、返回热源的凝结水温度、压力、时流量和累计流量。测试仪器应在使用合格检定或校准合格有效期内,精度等级及最小分度值应能满足测试准确性要求。蒸汽系统基本参数检测仪表性能应符合表5.15 的要求。

表 5.15　蒸汽系统基本参数检测仪表性能

序号	测试参数	单位	测试仪器	仪表准确度
1	温度	℃	玻璃水银温度计、铂电阻温度计等各类温度计(仪)	0.5 ℃
2	蒸汽流量	m³/h	蒸汽流量计	≤2%(测量值)
3	冷凝水流量	m³/h	超声波流量计或其他形式流量计	≤2%(测量值)
4	压力	Pa	压力仪表	≤5%(测量值)

5.4.2　测试方法

蒸汽供热管网在热源与供热管网的分界处应检测,记录供汽压力、供汽温度、供汽瞬时流量和累正流量(热量)、返回热源的凝结水温度、压力、时流量和累计流量。

汽热力网热力站应检测、记录总供汽瞬时和累计流量、压力、温度和各分支系统压力、温度,需要时应检测各分支系统流量。凝结水系统应检测凝结水温度、凝结水回收量。有二次蒸发器、汽水换热器时,还应检测其二次侧的压力、温度。

供汽压力和温度,供汽瞬时流量应采用记录仪表连续记录瞬时值,其他参数应定时记录。供热介质流量的检测应考虑压力、温度升高,流量检测仪表应适应不同季节流量的变化必要时配安装适应不同季节负荷的两套仪器。

6

设备及系统性能测试

建筑环境与能源应用工程专业学习中涉及多种设备与系统。按设备用途及所属系统类型可分为冷热源设备、空气处理末端设备、输送设备、燃气设备等几大类。各类设备通过管网形成功能各异、形式多样的系统,满足生活、生产不同场所需求。

各设备运行性能和系统能效是供暖、供燃气、通风与空调工程安全、节能检测的重要内容,同时,也是建筑用能评估和改造、系统诊断等节能、优化举措的重要测试内容。在建筑环境与能源应用工程等专业科研实验中,也常涉及各类设备、系统的运行参数及性能测试。

该部分内容复杂、综合性强,熟练相关测试知识,并进行实践锻炼,是建筑环境与能源应用工程等相关专业综合型、复合型人才必备的综合能力和素质。

6.1 冷热源设备性能测试

在供热、空调系统中,必须有冷热源设备及系统提供冷、热量才能为功能房间、场所营造生活、生产所需的环境温湿度。冷热源设备通常利用天然气等一次能源,或地热能、空气热能等可再生能源,通过冷、热媒(水、制冷剂等)实现供冷、供热。冷热源设备的运行特性及性能对供暖、空调系统的运行效果至关重要。同时,冷热源系统运行能耗约占空调系统能耗的50%,是供暖、空调系统节能研究、技术突破的重点。

本章节主要对蒸汽压缩循环冷水(热泵)机组、溴化锂吸收式冷(温)水机组、锅炉等代表性冷热源设备在工程施工质量验收、运行调试、节能检测等工程、研究场景中的测试方法进行介绍。其他冷热源设备运行性能检测可参照本章节内容。

6.1.1 主要测试参数及仪器

冷热源设备相关测试参数及测试仪器要求见表6.1。

表6.1 主要测试参数及仪器要求

参数	测试仪器	仪器要求
水、空气、制冷剂温度	玻璃水银温度计、电阻温度计等各类温度计(仪)	准确度:±0.1 ℃
	热电偶温度计	准确度:±0.5 ℃
空气相对湿度	干湿球温度计、露点式湿度计等	精度不低于±5%
风速(风量)	风速仪、风量罩等	风速仪精度不低于±(0.05±5%)m/s;风量罩精度不低于3%±10 m³/h
空气动压、静压	毕托管和微压计	精度不低于±1.0 Pa
水、制冷剂压力	水柱压力计、电子压力计、弹簧管压力计、膜片压力计	准确度±1.0%
水、制冷剂流量	压差式、电磁式、容量式、超声波流量计	准确度±1.0%
噪声	积分平均声级计或环境噪声自动监测仪器	精度为2型及2型以上
电功率	功率表(指示式、积算式)、数字功率计、电流表、电压表、功率因素表、频率表、互感器、转矩转速仪、天平式测功计	功率表:指示式不低于0.5级精度,积算式不低于1级精度;数字功率计:±0.2%量程;电流表、电压表、功率因素表、频率表:不低于0.5级精度;互感器:不低于0.2级精度;转矩转速仪、天平式测功计:准确度±1.5%
转速	机械式、电子式	准确度±1.0%
时间	秒表	准确度±0.2%
质量	各类台秤、磅秤等	准确度±1.0%
耗油量	应能显示累计油量或能自动存储、打印数据或可与计算机接口的油表等	准确度≤5%($Q_{min} \sim 0.2Q_{max}$),≤2%($0.2Q_{max} \sim Q_{max}$)
耗气量	应能显示累计气量或能自动存储、打印数据或可与计算机接口的气表等	准确度≤3%($Q_{min} \sim 0.2Q_{max}$)≤1.5%($0.2Q_{max} \sim Q_{max}$)

6.1.2 测试方法

1)蒸汽压缩循环冷水(热泵)机组

本节主要介绍电动机驱动的采用蒸汽压缩制冷循环的冷水(热泵)机组在采暖通风与空气调节工程试验、试运行及调试检测中运行性能参数的测试方法。图6.1所示为冷水机组水温流量测试示意图。

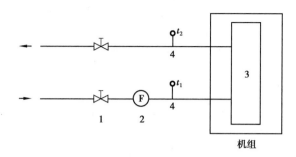

图 6.1　冷水机组水温流量测试示意图
1—流量调节阀;2—流量计;3—使用侧换热器;4—温度计

蒸汽压缩制冷循环的冷水(热泵)机组按机组功能可分为单冷式、制冷及电加热制热兼用式、制冷及热泵制热兼用式,按制冷运行放热测热交换方式可分为水冷式(水热源)、风冷式(空气热源)和蒸发冷却式。冷却塔一体机组、盐水机组、乙二醇机组等可用本章节方法进行机组运行参数测试。

(1)水冷式机组

水冷式机组需进行主要试验和校核试验。机组主要试验一般采用液体载冷剂法,校核试验方法可采用热平衡法和液体制冷剂流量计法,采暖通风与空气调节工程现场检测中一般采用热平衡法进行测试。

①制冷(热)量主要试验:

主要试验机组制冷(热)量采用液体载冷剂法测试,具体方法和计算如下:

a.测量应在机组试验工况稳定 1 h 后进行。在测量开始前允许压力、温度、流量和液面作微小的调节。测量开始后不允许对机组做任何调节。

b.检测时应同时分别对机组使用侧换热器冷水(热水)的进、出口处水温和流量进行检测,根据进、出口温差和流量检测值计算得到系统的供冷(供热)量;在机组使用侧换热器的冷(热)水进(出)口处安装水温、水量测量装置,温度计套管采用薄壁钢管或不锈钢薄壁管,垂直插入流体(温度计套管的尺寸不使气流受到明显影响),管径较小时可逆流向斜插或用测温管,插入深度为二分之一管道直径。套管内注润滑油或其他导热介质,读数时不应拔出温度计。其他测试注意事项参照第 5 章水系统测试相关内容。

c.应每隔 5 ~ 10 min 读一次数,连续测量 60 min,取每次读数的平均值作为测试的测定值。

d.工程中要求使用侧换热器水侧应进行保温隔热,可忽略换热器水侧的热量损失,机组制冷(热)量,按式(6.1)计算:

$$Q_0 = \frac{cV\rho\Delta t}{3\ 600} \tag{6.1}$$

式中　Q_0——主要测试机组制冷(热)量,W;

　　　V——使用侧水平均流量,m^3/h;

　　　Δt——使用侧水进、出口平均温差,℃;

　　　ρ——水平均密度,kg/m^3;

c——平均温度下水的比热容,kJ/(kg·℃)。

使用侧换热器水侧未进行保温隔热时,机组制冷(热)量还应考虑使用侧换热器水侧冷(热)量损失,按式(6.2)计算:

$$Q_e = K_e A_e |t_m - t_a| \qquad (6.2)$$

式中 Q_e——使用侧换热器水侧冷(热)量损失,W;

   K_e——使用侧换热器外表面与环境空气之间的传热系数,可取 $K_e = 20$ W/(m²·℃);

   A_e——使用侧换热器水侧的外表面面积,m²;

   t_a——环境空气温度,℃;

   t_m——使用侧换热器冷(热)水进、出口温度的平均值,℃。

②压力损失测试:

水侧压力损失测定装置在冷水(热泵)机组的水配管接头上连接压力测试用管,按以下装置测定冷水、冷却水或热水进口侧与出口侧的压差。

冷水(热泵)机组的冷水、冷却水及热水进出口接口上连接各自的直管,直管长度为配管直径4倍以上的直管,在距加接后的配管直径2倍以上位置圆周上设置一个压力测试孔,其位置与冷水(热泵)机组内部配管及连接配管弯头平面成垂直方向,图6.2所示为压力测试管。

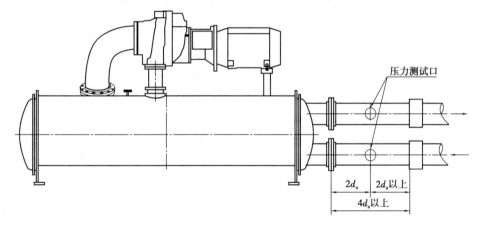

图6.2 压力测试管

测压孔垂直接管内壁,测定孔径为2~6 mm,图6.3所示为压力测试孔,与管内壁垂直,长度为孔径的2倍以上。其位置的内表面应光滑,孔内缘应无毛刺。

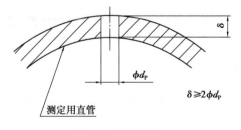

图6.3 压力测试孔

U形水银液柱计水侧压力损失测定装置如图6.4所示。弹性金属管压力表水侧压力损失测定装置如图6.5所示。

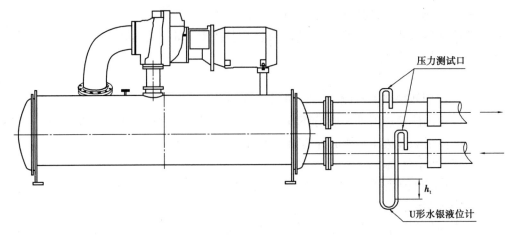

图 6.4   U 形水银液柱水侧压力损失测定装置

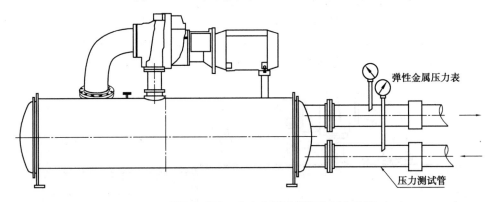

图 6.5   弹性金属管压力表水侧压力损失测定装置

当该机组达到稳定的测试工况,制冷制热量测试的同时,测定冷水(热泵)机组进口侧与出口侧的压力差。此时应完全排除仪表及仪表与压力测试孔之间接管内的空气,并充满清水。

水侧压力损失按式(6.3)计算:

$$h_w = p_{w1} - p_{w2} - 0.01h \tag{6.3}$$

式中 h_w——水侧压力损失,MPa;

p_{w1}——装置进口处压力,MPa;

p_{w2}——装置出口处压力,MPa;

h——两压力表中心之间的垂直高度差,m;出口高取正值,进口高取负值。

其他类型冷水(热泵)机组、溴化锂吸收式冷(温水)机组、锅炉机组等冷热源机组水侧压力损失,均可参照以上方式进行测试。

③功率测试:

水冷式机组耗电设备主要是压缩机和油泵。功率测试应与机组制冷制热量测试同时进行。

从电源输入驱动制冷压缩机、油泵电动机的功率是制冷压缩机的电机输入功率,在电动机输入线端进行测量。

测量三相交流电动机输入功率宜采用"两功率表"法(两台单相功率表)测量,也可采用"三功率表"法(三台单相功率表)或一台三相功率表测量。

当采用两表(两台单相功率表)法测量时,电机输入功率应为两表检测功率之和。功率表测量值应在满量程的三分之一以上(采用"两功率表"法测量时,其中一个功率表的测量值可以小于满量程的1/3)。用"两功率表"法或"三功率表"法测量三相交流电动机功率时,指示的电流和电压值应不低于功率表额定电压和电流值的60%。对于数字功率计,如果使用电流互感器,电流的实际显示值应不低于互感器量程的20%。

电动机输入功率按式(6.4)计算:

$$N = \sum P_i \tag{6.4}$$

式中　N——电动机输入功率,W;

　　　P_i——每个电动机的功率表测得的功率,W。

由于电动机运行过程存在能量损耗,轴功率往往低于电动机输入功率,轴功率测试有以下三种方法:

a. 直接法。采用转矩转速仪直接测得轴的输入扭矩和转速。

b. 标准电动机法。根据测得的输入电流、电压、输入功率查电动机实测效率曲线,求得轴功率。

c. 天平式测功计法。轴功率按式(6.5)计算:

$$N_z = \frac{Gln_1}{974} \tag{6.5}$$

式中　N_z——轴输入功率,W;

　　　G——放在电动机定子外壳固定横杆上,用以平衡压缩机(或油泵、风机、淋水装置水泵)制动力矩的砝码质量,kg;

　　　l——砝码至电动机转子中心距离,m;

　　　n_1——压缩机(或油泵、风机、淋水装置水泵)实际转速,r/min。

对于有皮带或外部齿轮传动时,测试的轴功率,还应乘上传动效率。其中,直联传动的传动效率为1.0;精密齿轮传动的传动效率为每级0.985;三角皮带传动的传动效率为0.965。

其他类型冷水(热泵)机组、溴化锂吸收式冷(温水)机组、锅炉机组等采用三相电源供电的冷热源机组输入功率均可参照以上方式进行测试。

④制冷(热)量校核试验:

校核试验机组制冷(热)量采用热平衡法测试,主要方法及计算如下:

a. 测量应在机组试验工况稳定1 h后进行。在测量开始前允许压力、温度、流量和液面作微小的调节。测量开始后不允许对机组做任何调节。

b. 检测时应同时分别对机组热源侧换热器进、出口处水温和流量进行检测,以及机组的压缩机电动机、油泵电动机、电加热器等输入功率进行测试。

c. 应每隔5~10 min读一次数,连续测量60 min,取每次读数的平均值作为测试的测定值。

忽略热源侧、使用侧制冷剂向环境的换热损失,机组制冷(热)量按以下公式计算:

制冷工况制冷量按式(6.6)计算:

$$Q_0' = \frac{cV\rho\Delta t'}{3\ 600} - P \tag{6.6}$$

制热工况制热量按式(6.7)计算：

$$Q_0' = \frac{cV\rho\Delta t'}{3\ 600} + P \tag{6.7}$$

式中　Q_0'——校核试验机组制冷(热)量,W；

　　　V——热源侧水平均流量,m^3/h；

　　　$\Delta t'$——热源侧水进、出口平均温差,℃；

　　　ρ——水平均密度,kg/m^3；

　　　c——平均温度下水的比热容,$kJ/(kg \cdot ℃)$；

　　　P——水冷式机组的压缩机电动机、油泵电动机、电加热器等输入功率,W。

⑤热平衡率：

水冷式机组校核试验和主要试验的试验结果偏差按式(6.8)计算：

$$\Delta = \frac{|Q_0 - Q_0'|}{Q_0} \tag{6.8}$$

式中　Δ——热平衡率,按《采暖通风与空气调节工程检测技术规程》(JGJ/T 260—2011)冷水机组的校核试验热平衡率偏差不得大于15%；

　　　Q_0——主要测试机组制冷(热)量,W；

　　　Q_0'——校核试验机组制冷(热)量,W。

⑥机组性能系数：

电驱动压缩机的蒸汽压缩循环冷水(热泵)机组的性能系数(COP)是评价机组运行能效的指标。能效分析可分为瞬时能效、某一段时间平均能效和年平均能效多个层面。

机组瞬时能效是某一时刻测试瞬时制冷(热)量除以该时刻对应的机组总输入功率。由于系统换热过程中各部分参数具有延滞性,以及测试仪器本身具有测试响应时间,故瞬时COP值对于评价系统性能的价值不大,工程中很少使用。

在工程实测中经常使用测试工况下,系统稳定状态连续运行60 min 的测试数据平均值进行计算,COP 值反映机组一段时间内平均能效,水冷式机组的制冷(制热)性能系数一般选用该值,按式(6.9)计算：

$$\text{COP} = \frac{Q_0}{N_i} \tag{6.9}$$

式中　COP——水冷式机组的制冷(制热)性能系数；

　　　Q_0——测试机组测定工况下的平均制冷(热)量,W；

　　　N_i——测试机组测定工况下的总输入的功率,水冷式机组一般指压缩机电动机输入功率,W。

此外,可通过对机组一个供冷(热)季度的总供冷(热)量和总耗电量的监测,分析机组的年制冷(热)平均能效,该值更能真实反映机组长时间运行的整体能效水平,按式(6.10)计算：

$$\text{COP}_j = \frac{\sum Q_0}{\sum N_i} \tag{6.10}$$

式中 COP_j——水冷式机组的年制冷(制热)能效;

$\sum Q_0$——机组供冷(热)季的总供冷(热)量,$kJ \cdot h$;

$\sum N_i$——机组供冷(热)季的的总累计输入功率,$kJ \cdot h$。

⑦噪声测试:

a. 测试条件。

测试仪器应满足表6.1的要求,每次测量前、后应用准确度优于±0.5 dB 的声级校准器在一个或多个频率上对整个测试仪器系统进行校准。

b. 测量表面。

基准体是一个恰好包络被测机组并终止于反射平面上的最小矩形六面体。确定基准体时,对于机组上凸出的小部件(如连接管、拉手等)不予考虑。

噪声测量表面分为半球测量表面和矩形六面体测量表面。

对于全封闭、半封闭制冷压缩机及尺寸较小的其他机组,选用半球测量表面。

半球测量表面的中心就是基准体几何中心在反射平面上的投影,半球测量面的半径 r 应不小于特性距离 d_0 的两倍。

特性距离 d_0 按式(6.11)计算:

$$d_0 = [(0.5L_1)^2 + (0.5L_2)^2 + L_3^2]^{\frac{1}{2}} \tag{6.11}$$

式中 d_0——特性距离,m;

L_1, L_2, L_3——基准体的长、宽、高,m。

半球面半径 r 优先选取 1 m 或 2 m。如果 d_0 大于 1 m,则应选用矩形六面体测量表面。

半球测量表面面积按式(6.12)计算:

$$S_1 = 2\pi r^2 \tag{6.12}$$

式中 S_1——半球测量表面面积,m^2;

r——半球测量表面半径,m。

矩形六面体测量表面是位于反射平面上的与基准体几何相似的矩形箱表面。测量表面与基准体对应面应平行且相距为 d_0,d_0 优先选用的测量距离为 1 m。

测量表面面积按式(6.13)计算:

$$S_2 = 4(ab + ac + bc) \tag{6.13}$$

式中 S_2——测量表面面积,m^2;

b——测量表面长、宽的一半,m;

c——测量表面的高,m。

c. 测点位置。

所有的测点位置都应在测量表面上。半球测量表面上共布置 10 个测点,半球测量表面上测点位置图如图6.6所示。半球测量表面上测点位置表见表6.2。矩形六面体测量表面上的测点分为基本测点和附加测点,基本测点为 9 个,附加测点为 8 个,矩形六面体测量表面上测点位置图如图6.7所示。矩形六面体测量表面上测点位置表见表6.3。

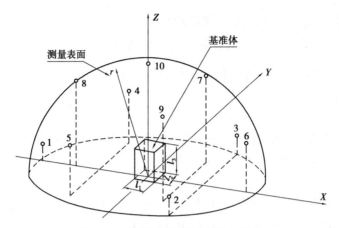

图 6.6　半球测量表面上测点位置图

表 6.2　半球测量表面上测点位置表

测点号	X/r	Y/r	Z/r
1	-0.99	0	0.15
2	0.50	-0.86	0.15
3	0.50	0.86	0.15
4	-0.45	0.77	0.45
5	-0.45	-0.77	0.45
6	0.89	0	0.45
7	0.33	0.57	0.75
8	-0.66	0	0.75
9	0.33	-0.57	0.75
10	0	0	1.0

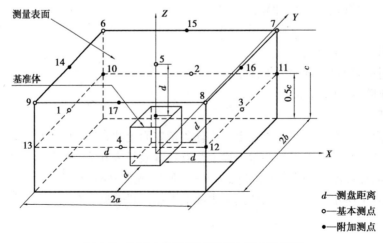

图 6.7　矩形六面体测量表面上测点位置图

表6.3 矩形六面体测量表面上测点位置表

基本测点				附加测点			
测点号	X	Y	Z	测点号	X	Y	Z
1	$-a$	0	$0.5c$	10	$-a$	$-b$	$0.5c$
2	0	b	$0.5c$	11	a	$-b$	$0.5c$
3	a	0	$0.5c$	12	a	b	$0.5c$
4	0	$-b$	$0.5c$	13	$-a$	b	$0.5c$
5	0	0	c	14	$-a$	0	c
6	$-a$	b	c	15	0	$-b$	c
7	a	b	c	16	a	0	c
8	a	$-b$	c	17	0	b	c
9	$-a$	$-b$	c				

在下列情况下需附加测点：

Ⅰ.基准体的任一边大于$2d$(d为测量距离)；

Ⅱ.基本测点上测得的声压级最大值与最小值之差超过测点数；

Ⅲ.当被测机组很大或选用较小的测量距离时,应继续增加附加测点,使测量表面上测点间距不超过$2d$,并均匀地分布。

对某种形式的机组,如果通过测试表明减少若干测点测定的声功率级与基本测点上测定的声功率级之差在±1 dB之内,则可以适当减少测点数。

制冷和空调设备在实际工程测试中,可对测点进行适当简化,一般按矩形六面体测量表面测点布置要求,选择1~4点的位置布点,当机组高度不超过1 m时,其测点高度为1 m;当机组高度大于1 m时,其测点高度为1.5 m。对于大型机组,可按规定增加附加测点,其测点高度为1.5 m。

测试时,测点附近的风速应小于6 m/s(相当于4级风)。当某测点处于机组的出风口或冷却风扇位置处,风速大于4级时,可在偏离风口45°处进行测量。

d.测试过程。

应在机组达到测试工况(制冷制热量工况),并稳定运行时,进行噪声测量的传声器应正对被测机组方向。当风速大于1 m/s时应使用风罩。

声级计应采用"慢"时间计权特性测量。当声级计指针摆动不大于±3 dB时,取观测时最大与最小声压级的平均值。A计权和中心频率大于160 Hz的倍频程,观测时间至少为10 s;中心频率小于160 Hz的倍频程,观测时间至少为30 s。

当声级计指针摆动大于±3 dB时,则：

Ⅰ.应当使用具有较长时间常数的模拟仪器或数字积分式声级计进行测量；

Ⅱ.对周期变化的非稳态噪声,用声级计的"慢"时间计权特性测量,将一个周期内声压级及持续时间记录下来,计算一个周期的能量平均值。

e. 测量表面平均声压级和声功率级的计算。

测量表面平均声压级按式(6.14)计算:

$$\overline{L_p} = 10\lg(1/N)\left(\sum_{i=1}^{N} 10^{0.1L_{pi}}\right) \tag{6.14}$$

式中　$\overline{L_p}$——测量表面平均 A 计权或倍频程声压级,dB(基准值为 20 μPa);

　　　N——测点总数;

　　　L_{pi}——背景噪声修正后的第 i 点 A 计权或倍频程声压级,dB(基准值为 20 μPa)。

冷水(热泵)机组噪声测试一般机组噪声声压级与背景噪声声压级之差应不小于 6 dB,下列情况之一,仅需在一个测点位置上测定背景噪声:

Ⅰ. 背景噪声声压级比机组噪声声压级低 10 dB 以上;

Ⅱ. 背景噪声源远离试验场地;

Ⅲ. 基准体最大尺寸小于 1 m。

否则,应在每一个测点位置上测量背景噪声。背景噪声按表 6.4 进行修正。

表 6.4　背景噪声修正表　　　　　　　　　　　　　　　　　单位:dB

测得的机组噪声声压级与背景噪声声压级的差	从测得的声压级中减去的修正量
6 ~ 8	1.0
9,10	0.5
>10	0

测量表面声功率级按式(6.15)计算:

$$L_w = (\overline{L_p} - K) + 10\lg(S/S_0) \tag{6.15}$$

式中　L_w——A 计权或倍频程声功率级,dB(基准值为 1 pW);

　　　$\overline{L_p}$——测量表面平均声压级,dB(基准值为 20 μPa);

　　　K——环境修正值,dB;

　　　S——测量表面面积,m²;

　　　S_0——基准面积为 1 m²。

机组应在一个反射平面上的半空间内进行噪声测试。噪声测试中,建筑物和一些较大的设备,对于靠近声源的障碍物的宽度(如桩、柱子的直径)大于它距声源距离的十分之一时,认为是声反射物。当在距测量表面任一测点位置 10 m 之内没有反射物的室外场地或测试场地为按有关标准鉴定合格的半消声室时,可不进行环境修正。否则需进行环境修正。

其他类型冷水(热泵)机组、溴化锂吸收式冷(温水)机组、锅炉机组、多联机机组等冷热源设备噪声测试均可参照以上方法进行测试。

(2)风冷式和蒸发冷却式机组

风冷式机组耗电设备有压缩机、油泵、风机;蒸发冷却式机组耗电设备有压缩机、油泵、风机及淋水装置水泵,其电动机输入功率、轴功率测试和计算方法可参考水冷式机组。

风冷式和蒸发冷却式机组制冷量测试可参照水冷式机组主要测试方法进行,制热量测试则由于机组制热过程中存在除霜环节,需经历预处理阶段、平衡阶段、数据采集阶段,并结合制热侧进出水温差变化情况分为稳定工况测试和非稳定工况测试。

①制热量测试:

a.风冷式和蒸发冷却式机组制热量测试应按以下要求经历预处理阶段、平衡阶段、数据采集阶段。

Ⅰ.预处理阶段。

机组设计温度/流量条件见表6.5。当试验满足表6.5规定的试验工况参数的读数允差时,试验进入预处理阶段并持续运行至少10 min。如果在预处理阶段结束前进行了一个除霜循环,则试验需要在除霜结束后,应在满足表6.5规定的试验工况参数的读数允差的条件下再持续制热运行超过10 min。

表6.5 机组设计温度/流量条件

项目		使用侧		热源侧(或放热侧)					
		冷、热水		水冷式		风冷式		蒸发冷却式	
		水流量	出口水温	进口水温	水流量	干球温度	湿球温度	干球温度	湿球温度
制冷	名义工况	0.172	7	30	0.215	35			24
	最大负荷工况		15	33		43			27ᵃ
	低温工况		5	19		21			15.5ᵇ
热泵制热	名义工况	0.172	45	15	0.134	7	6		
	最大负荷工况		50	21		21	15.5		
	融霜工况		45	—	—	2	1		

注:a—补充水温度为32 ℃;b—补充水温度为15 ℃。

　　　表中温度单位为℃,流量单位为$m^3/(h \cdot kW)$。

Ⅱ.平衡阶段。

预处理阶段结束后为平衡阶段。平衡阶段持续时间应不少于1 h。非稳态试验工况参数的读数允差见表6.6。在平衡阶段,试验应满足表6.6规定的试验工况参数的读数允差。

表6.6 非稳态试验工况参数的读数允差

读数		与测试工况的平均变动幅度		与测试工况的最大变动幅度	
		间隔 H^a	间隔 D^b	间隔 H^a	间隔 D^b
出水温度/℃		±0.5	—	±0.5 ℃	—
水流量/$m^3 \cdot (h \cdot kW)^{-1}$			±5%		
室外进风温度/℃	干球	±1.0	±1.5	±1.0	±5.0
	湿球	±0.6	±1.0	±0.6	—

续表

读数	与测试工况的平均变动幅度		与测试工况的最大变动幅度	
	间隔 H^a	间隔 D^b	间隔 H^a	间隔 D^b
电压/V	—	—	±2%	±2%
静压/Pa			±5	—

注:a—适用于热泵的制热模式,除了除霜过程和除霜结束之后的前 10 min;

　　b—适用于热泵除霜过程和除霜结束之后的前 10 min。

Ⅲ.数据采集阶段。

平衡阶段结束后立即进入数据采集阶段。每 5 min 取一组数据,每一个数据点的采集周期不应超过 10 s,至少采集 7 组数据作为测试报告的原始记录并计算热泵机组制热量。应采用一个积分式的电功率计或试验系统测量热泵机组的耗电量。

应在数据采集阶段的前 35 min 内计算机组使用侧进、出水的平均温差变化率 $\Delta T_i(\tau)$。数据采集期间每 5 min 取值一次,其中第一个 5 min 的进、出水温度偏差 $\Delta T_i(\tau=0)$ 应记录保存以计算温差变化率。温差变化率按式(6.16)计算:

$$\%\Delta T = \frac{\Delta T_i(\tau=0) - \Delta T_i(\tau)}{\Delta T_i(\tau=0)} \times 100 \tag{6.16}$$

式中　$\%\Delta T$——机组使用侧进、出水温度变化百分率;

　　　$\Delta T_i(\tau=0)$——第 1 个 5 min 时间段的进、出水温度偏差,℃;

　　　$\Delta T_i(\tau)$——第 $(r+1)$ 个 5 min 时间段的进、出水的温度偏差,℃。

b.稳态和非稳态试验的判定。

Ⅰ.以一个除霜循环结束预处理阶段的试验情形。

若在平衡阶段中,机组进行了除霜,则此次制热量试验应确认为一个非稳态试验。

若机组在平衡阶段没有除霜,则在数据采集阶段前 35 min 内对 $\%\Delta T$ 值或机组是否除霜进行判断,若在此期间 $\%\Delta T$ 超过了 2.5% 或机组进入除霜循环,则此次制热量试验应确认为一个非稳态试验。

若机组在平衡阶段没有除霜,且数据采集阶段前 35 min 内对 $\%\Delta T$ 值或机组是否除霜进行判断,若在此期间 $\%\Delta T$ 未超过了 2.5% 或机组未进入除霜循环,则此次制热量试验应确认为一个稳态试验。

Ⅱ.未能以一个除霜循环结束预处理阶段的试验情形。

在平衡阶段或在数据采集阶段的前 35 min,如果机组开始除霜,机组制热量试验应该重新进行;在数据采集阶段的前 35 min 内,如果 $\%\Delta T$ 超过 2.5%,机组制热量试验也应重新开始。机组应在除霜结束后运行 10 min,之后重新开始一个持续 1 h 的平衡阶段,再按以一个除霜循环结束预处理阶段的试验情形进行判断。该除霜过程可以手动触发,也可以等至热泵机组自动触发。

在试验平衡阶段和数据采集的前 35 min,没有出现机组开始除霜或 $\%\Delta T$ 超过 2.5% 的情形,同时试验满足 GB/T 18430.1 或 GB/T 18430.2 规定的试验工况参数的读数允差,则该次制热性能试验确认为一个稳态试验。

c.稳态试验。

稳态试验的数据采集周期为 35 min,用数据采集阶段 35 min 所记录使用侧进、出水温度、流量计算平均制热量。用数据采集阶段 35 min 所记录的输入功率的平均值或 35 min 所记录的积分的输入功率作为平均输入功率。图 6.8 所示为稳态制热性能试验。

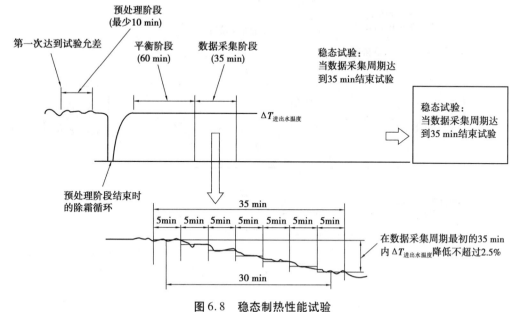

图 6.8　稳态制热性能试验

d.非稳态试验。

一个有效的机组非稳态过程制热量试验,在试验的平衡阶段和数据采集阶段,都应满足图 6.8 规定的试验工况参数的读数允差。

无除霜循环的非稳态制热性能测试如图 6.9 所示。

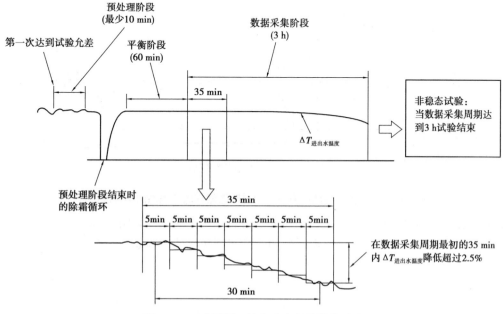

图 6.9　无除霜循环的非稳态制热性能测试

数据采集阶段应该延长至 3 h(或热泵机组完成 3 个除霜循环,取其短者)。如果在 3 h 内,机组进行了一个除霜循环,必须等循环完成后方可结束数据采集。一个完整的循环应该包括一个制热过程和一个除霜过程(从一个除霜结束到另一个除霜结束)。

在数据采集期间有一个除霜循环的非稳态制热性能试验如图 6.10 所示。

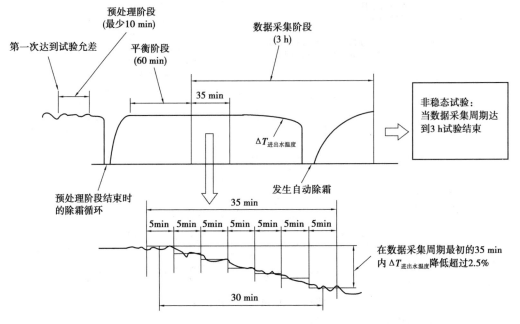

图 6.10　在数据采集期间有一个除霜循环的非稳态制热性能试验

在数据采集期间有一个完整除霜循环的非稳态制热性能试验如图 6.11 所示。

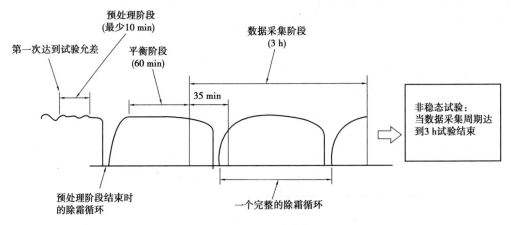

图 6.11　在数据采集期间有一个完整除霜循环的非稳态制热性能试验

在数据采集期间有两个完整除霜循环的非稳态制热性能试验如图 6.12 所示。

在数据采集期间有三个完整除霜循环的非稳态制热性能试验如图 6.13 所示。

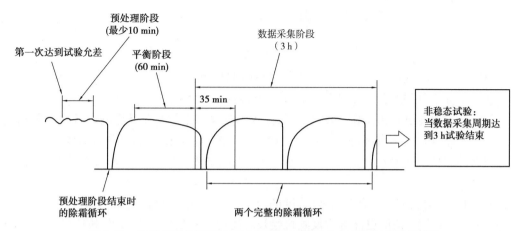

图 6.12　在数据采集期间有两个完整除霜循环的非稳态制热性能试验

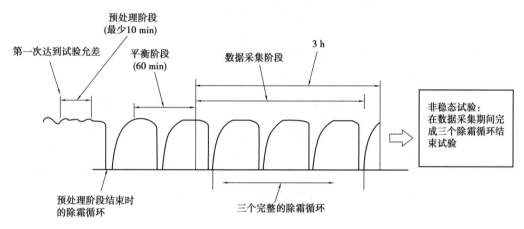

图 6.13　在数据采集期间有三个完整除霜循环的非稳态制热性能试验

对于在数据采集期间,如果包含一个或多个完整循环,机组平均制热量应由积分的制热量和数据采集期间所包含的所有时间来确定,平均输入电功率应由积分的输入功率和数据采集期间与测量制热量相同的时间来确定(一个完整的循环包含一个热泵制热过程和从除霜终止到下一次除霜终止的除霜过程)。

对于在数据采集期间,没有发生完整循环的,机组平均制热量应由积分的制热量和数据采集期间的发生时间来确定,平均输入电功率应由积分的输入功率和数据采集期间与测量制热量相同的时间来确定。

②机组性能系数:

电驱动压缩机的蒸汽压缩循环风冷式和蒸发冷却式机组的性能系数(COP)是评价机组运行能效的指标。能效分析可分为瞬时能效、某一段时间平均能效和年平均能效多个层面。

机组瞬时能效是某一时刻测试瞬时制冷(热)量除以该时刻对应的机组总输入功率。由于系统换热过程中各部分参数具有延滞性,以及测试仪器本身具有测试响应时间,故瞬时 COP 值对于评价系统性能的价值不大,工程中很少使用。

在工程实测中经常使用测试工况下系统稳定状态下数据采集段测试数据平均值进行计算,COP 值反映机组一段时间内平均能效,电驱动压缩机的蒸汽压缩循环风冷式和蒸发冷却

式机组的制冷(制热)性能系数一般选用该值,按式(6.17)计算:

$$COP = \frac{Q_0}{N_i} \tag{6.17}$$

式中　COP——风冷式和蒸发冷却式机组的制冷(制热)性能系数;

　　　Q_0——主要测试机组测定工况下的平均制冷(热)量,W;

　　　N_i——主要测试机组测定工况下的总输入的功率,风冷式机组耗电设备有压缩机、油泵、风机,蒸发冷却式机组耗电设备有压缩机、油泵、风机及淋水装置水泵,W。

空气源热泵机组冬季设计工况下,冷热风机组性能系数不应小于1.8,冷热水机组性能系数不应小于2.0。

此外,可通过对机组一个供冷(热)季度的总供冷(热)量和总耗电量的监测,分析机组年的制冷(热)平均能效,该值更能真实反映机组长时间运行的整体能效水平,按式(6.18)计算:

$$COP_j = \frac{\sum Q_0}{\sum N_i} \tag{6.18}$$

式中　COP_j——风冷式和蒸发冷却式机组的年制冷(制热)能效;

　　　$\sum Q_0$——机组供冷(热)季的总供冷(热)量,kW·h;

　　　$\sum N_i$——机组供冷(热)季的总累计输入功率,风冷式机组耗电设备有压缩机、油泵、风机,蒸发冷却式机组耗电设备有压缩机、油泵、风机及淋水装置水泵,kW·h。

③空气进口温度测试:

风冷式和蒸发冷却式冷水(热泵)机组的空气进口温度及分布对机组运行状态和性能,有较大影响,当机组出现运行能效较低或频繁故障停机等问题,机组空气进口温度是一个重要问题排查项。

风冷式和蒸发冷却式冷水(热泵)机组空气进口温度测试宜采用空气取样器配合温湿度测定盒进行测试。空气取样器是一种空气取样管组件,这种组件通过取样管提取空气,来提供进入风冷换热盘管的均匀空气样品。

典型空气取样器结构如图6.14所示。一般用不锈钢、塑料或其他合适的耐久材料制成,其支管应带有适当间隔的孔,其尺寸应在远离干管时通过增加孔尺寸来保证在所有孔中提供相同的气流,从而维持支管和干管中的静压恢复效应。通过取样器孔的平均最小速度应为0.75 m/s。该取样器组件应有一个管状接口,用于取样风管连接到取样器和温湿度测定盒上。

取样器还应配有一套热电偶组用于测量取样器上气流的平均温度。热电偶组在每个取样器上应至少有8个测点,这些测点均匀间隔分布在取样器上。较小的机组若只带有两个取样器,可以接受单独测量8个热电偶点,作为空间分层的确定依据。

温湿度测定盒是一种与空气取样器连接,用于安装测量空气温度和湿度的探头的设备(图6.15)。温湿度测定盒由一个过流段和抽吸空气通过该过流段的一台风机组成。过流段应配有两个干球温度探头接口,其中一个用于设备干球温度的测量,另一个通过使用附加的温度传感器探头对干球温度测量进行确认。过流段还应配有两个湿球温度探头接口,其中一个用于设备湿球温度的测量,另一个用来通过附加的湿球传感器探头对湿球温度测量进行确认。

温湿度测定盒应包括一台可手动或自动调节的风机以保持穿过传感器的空气平均速度。

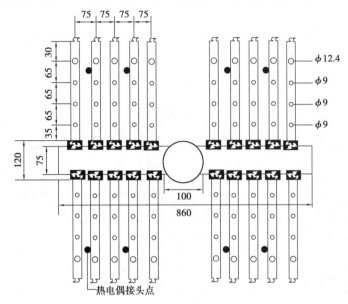

图 6.14 典型空气取样器(单位:mm)

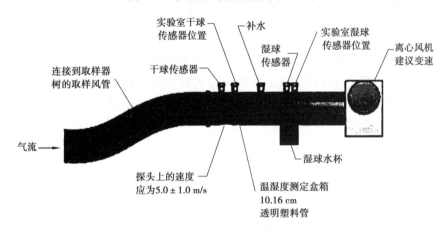

图 6.15 温湿度测试盒

测试过程中,空气取样器的位置设置应满足下列条件:

a. 机组进风口的上流;

b. 空气取样器取样管的孔应对着气流方向;

c. 空气取样器应设置在距机组 500 mm 处,且放置在进风面换热器中心高度;

d. 空气取样器的风管应不接触地坪,以免妨碍空气的流通;

e. 机组迎风面长度方向上每隔 1.5 m 对应中心位置处放置一个空气取样器。在任何情况下应使用至少两个空气取样器以便评估空气温度的均匀性。

冷水机组的每侧应使用至少一只温湿度测定盒(对于有三侧的机组,可使用两只取样器共用一个温湿度测定盒,但对第三侧将需要一个单独的温湿度测定盒)。对于空气进入机组的侧边和底部的机组,应使用附加的空气取样器,附加空气取样器的位置设置应满足上述要求。

一个温湿度测定盒最多连接 4 个空气取样器。应使用经过保温的取样风管将取样器连接到温湿度测定盒,以防止热量传给气流。

空气取样器和温湿度测定盒的典型配置如图 6.16 所示。

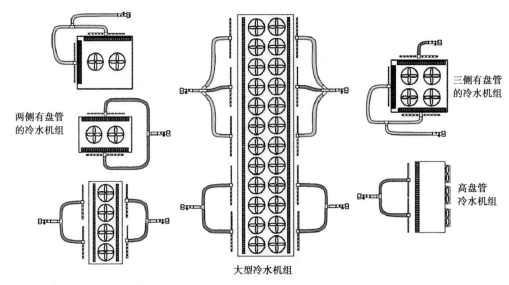

图 6.16 空气取样器和温湿度测定盒的典型配置

a. 机组风冷换热器盘管排风短路是影响风冷式和蒸发冷却式冷水(热泵)机组高效运行的常见问题,可使用如下方法检验换热器排风是否循环回换热器盘管:在机组排风口周围均匀安装多个单个读数热电偶(每个取样位置至少布置 1 个),所安装热电偶位于风冷换热盘管风机排气口平面的下方且刚好超过风冷换热器盘管的顶端。这些热电偶的温度与温湿度测定盒处测取的温度之差应不大于 2.8 ℃。

b. 在工程实测中,如条件限制没有空气取样器和温湿度测定盒,可使用温湿度测试仪器和风速测试仪器进行初步的测试。假定换热器进风面为风口,将进风面划分为少于 6 个面积相等的平面,对每个平面中心点进行空气温度、湿度和风速测定。具体测试方法可参照第 5 章风口空气温湿度和风速测试方法。

换热器进口温度按式(6.19)计算:

$$\bar{T} = \frac{\sum t_i \cdot v_i}{\sum v_i} \tag{6.19}$$

式中　$\bar{T}$——换热器进口温度,℃;

　　　t_i——1~6 个测点的空气温度,℃;

　　　v_i——1~6 个测点的空气速度,m/s。

2)溴化锂吸收式冷(温)水机组

本章节主要介绍溴化锂吸收式冷(温)水机组在采暖通风与空气调节工程试验、试运行及调试检测中运行性能参数的测试方法。溴化锂吸收式冷(温)水机组可分为直燃型溴化锂吸收式冷(温)水机组(简称直燃机)以及蒸汽和热水型溴化锂吸收式冷水机组两大类。

直燃型溴化锂吸收式冷(温)水机组是以燃油、燃气直接燃烧为热源,以水为制冷剂,溴化锂水溶液作吸收液,交替或者同时制取空气调节、工艺冷水、温水及生活热水的机组。

蒸汽和热水型溴化锂吸收式冷水机组是以蒸汽或热水为热源,以水为制冷剂,溴化锂水溶液作吸收液,制取空气调节、工艺冷水的机组。

(1)直燃型溴化锂吸收式冷(温)水机组

①制冷制热量测试:

直燃机制冷制热量测试应在系统达到并稳定在试验条件的状态后,进行测试。同次各数据测试同时进行,以减少试验条件波动的影响。每15 min 测试一次,取连续记录三次以上符合试验条件的数据的平均值为计算依据。

制冷工况制冷量需测试蒸发器冷水进口温度、出口温度,冷水流量,并按式(6.20)计算制冷量:

$$Q_0 = \frac{cV\rho(t_{c2} - t_{c1})}{3\,600} \tag{6.20}$$

式中　Q_0——机组制冷量,W;

　　　V——冷水平均流量,m³/h;

　　　t_{c1}——冷水进口温度,℃;

　　　t_{c2}——冷水出口温度,℃;

　　　ρ——水平均密度,kg/m³;

　　　c——平均温度下水的比热容,kJ/(kg·℃)。

供热工况制热量需测试蒸发器、吸收器、冷凝器、温水交换器的温水进口温度、出口温度,温水流量,按式(6.21)计算:

$$Q_0 = \frac{cV\rho(t_{h2} - t_{h1})}{3\,600} \tag{6.21}$$

式中　Q_0——机组制热量,kW;

　　　V——热水平均流量,m³/h;

　　　t_{h1}——热水进口温度,℃;

　　　t_{h2}——热水出口温度,℃;

　　　ρ——水平均密度,kg/m³;

　　　c——平均温度下水的比热容,kJ/(kg·℃)。

②制冷工况散热量测试:

制冷工况散热量需测试吸收器冷却水进口温度、冷凝器冷却水出口温度,冷却水流量,测试方法与制冷、制热量测试相同,散热量按式(6.22)计算:

$$Q_w = \frac{cV\rho(t_{w2} - t_{w1})}{3\,600} \tag{6.22}$$

式中　Q_w——机组散热量,kW;

　　　V——冷却水平均流量,m³/h;

　　　t_{w1}——冷却水进口温度,℃;

t_{w2}——冷却水出口温度,℃;

ρ——水平均密度,kg/m³;

c——平均温度下水的比热容,kJ/(kg·℃)。

③热源消耗量测试:

在进行制冷制热量测试的同时,通过热源供应系统的气表(或油表),记录燃气流量或燃油流量。

有绝热层情况下,燃气式机组热源消耗量按式(6.23)计算:

$$Q_i = \frac{W_g q_g}{3\ 600} \tag{6.23}$$

式中 Q_i——热消耗量,kW;

W_g——燃气流量,m³/h;

q_g——燃气热值,取低位发热值,kJ/m³。

燃油式机组热源消耗量按式(6.24)计算:

$$Q_i = \frac{W_o q_o}{3\ 600} \tag{6.24}$$

式中 Q_i——热消耗量,kW;

W_o——燃油流量,m³/h;

q_o——燃油热值,取低位发热值,kJ/m³。

无绝热层情况下,燃气式机组热源消耗量按式(6.25)计算:

$$Q_i = \frac{W_g q_g (1 - L)}{3\ 600} \tag{6.25}$$

式中 Q_i——热消耗量,kW;

W_g——燃气流量,m³/h;

q_g——燃气热值,取低位发热值,kJ/m³;

L——本体热损失率。

燃油式机组热源消耗量计算按式(6.26)计算:

$$Q_i = \frac{W_o q_o (1 - L)}{3\ 600} \tag{6.26}$$

式中 Q_i——热消耗量,kW;

W_o——燃油流量,m³/h;

q_o——燃油热值,取低位发热值,kJ/m³。

L——本体热损失率。

直燃机本体热损失率 L 与机组的结构、制冷(供热)量、隔热材料的厚度、导热系数有关。表6.7列出名义工况时本体热损失率的平均值,可作为参考。

表6.7 名义工况时本体热损失率平均值

制冷(供热)量/kW	350	1 050	1 750
本体热损失率/%	0.07	0.05	0.04

④热平衡校核：

制冷制热量测试时,每次测试的数据应用热平衡法校核。在《直燃型溴化锂吸收式冷(温)水机组》(GB/T 18362—2008)中,机组名义工况检测要求直燃型溴化锂吸收式冷(温)水机组热平衡偏差应在±5%以内。在实际工程检测中,可参照《采暖通风与空气调节工程检测技术规程》(JGJ/T 260—2011)中冷水机组的校核试验热平衡率偏差不得大于15%,作为测试准确性校核。

制冷时,热平衡率偏差按式(6.27)计算：

$$\Delta = \frac{\mid Q_w - Q_0 - (Q_i + A - Q_f) \mid}{Q_w} \times 100\% \tag{6.27}$$

式中　Δ——热平衡率偏差；

　　　Q_w——机组散热量,kW；

　　　Q_0——机组制冷量,kW；

　　　Q_i——热消耗量,kW；

　　　A——机组消耗电力,kW；

　　　Q_f——烟气损失,kW。

制热时,热平衡率偏差按式(6.28)计算：

$$\Delta = \frac{\mid Q_0 - (Q_i + A - Q_f) \mid}{Q_0} \times 100\% \tag{6.28}$$

式中　Δ——热平衡率偏差；

　　　Q_0——机组制热量,kW；

　　　Q_i——热消耗量,kW；

　　　A——机组消耗电力,kW；

　　　Q_f——烟气损失,kW。

直燃机消耗电力可在进行制冷制热量测试的同时,通过直燃机供电系统电功率表进行测试。

⑤机组性能系数：

直燃机的性能系数(COP)是评价机组运行能效的指标。能效分析可分为瞬时能效、某一段时间平均能效和年平均能效多个层面。

反映瞬时能效的COP值为某一时刻测试瞬时制冷(热)量除以该时刻对应的机组耗电量和耗热量之和。由于系统换热过程中各部分参数具有延滞性,以及测试仪器本身具有测试响应时间,故瞬时COP值对于评价系统性能的价值不大,工程中很少使用。

在工程实测中经常使用测试工况下系统稳定状态下连续运行45~60 min的测试数据进行计算,COP值反映机组一段时间内平均能效,直燃机的制冷(制热)性能系数一般选用该值,按式(6.29)计算：

$$COP = \frac{Q_0}{Q_i + A} \tag{6.29}$$

式中　Q_0——机组制冷(热)量,kW；

　　　Q_i——热消耗量,kW；

A——机组消耗电功率，kW。

此外，可通过对机组一个供冷（热）季度的总供冷（热）量、总耗热量和总耗电量的监测，分析机组的年制冷（热）平均能效，该值更能真实反映机组长时间运行的整体能效水平，按式（6.30）计算：

$$COP_j = \frac{\sum Q_0}{\sum Q_i + \sum A} \tag{6.30}$$

式中　COP_j——直燃机的年制冷（制热）能效；

$\sum Q_0$——机组供冷（热）季的总供冷（热）量，kW·h；

$\sum Q_i$——机组供冷（热）季累计热消耗量，kW·h；

$\sum A$——机组供冷（热）季累计消耗电力，kW·h。

（2）蒸汽和热水型溴化锂吸收式冷水机组

蒸汽和热水型溴化锂吸收式冷水机组制冷量测试、冷却水散热量测试和计算方法均可参照直燃式溴化锂吸收式冷水机组。此处不赘述。

①加热源输入热量测试：

蒸汽型机组在进行制冷制热量测试的同时，通过加热源系统的蒸汽流量、蒸汽焓值和凝结水焓值测试，计算加热源输入热量。热水型机组在进行制冷制热量测试的同时，通过加热源系统的热水流量、热水进出口温度测试，计算加热源输入热量。

机组已进行绝热施工时，蒸汽型机组加热源输入热量按式（6.31）计算：

$$Q_i = \frac{q_{ms}(h_{m1} - h_{m2})}{3\ 600} \tag{6.31}$$

热水型机组加热源输入热量按式（6.32）计算：

$$Q_i = \frac{q_{vk}c_k\rho_k(t_{k1} - t_{k2})}{3\ 600} \tag{6.32}$$

机组未进行绝热施工时，蒸汽型机组加热源输入热量按式（6.33）计算：

$$Q_i = \frac{q_{ms}(h_{m1} - h_{m2})(1 - L)}{3\ 600} \tag{6.33}$$

热水型机组加热源输入热量按式（6.34）计算：

$$Q_i = \frac{q_{vk}c_k\rho_k(t_{k1} - t_{k2})(1 - L)}{3\ 600} \tag{6.34}$$

式中　Q_i——加热源输入热量，kW；

q_{ms}——蒸汽消耗量，kg/h；

h_{m1}——蒸汽比焓，kJ/kg；

h_{k2}——凝结水比焓，kJ/kg；

q_{vk}——热水体积流量，m^3/h；

c_k——平均温度下热水的比热容，kJ/（kg·℃）；

ρ_k——热水密度，kg/m^3；

t_{k1}——热水进口温度，℃；

t_{k2}——热水出口温度,℃;

L——机组热损失率。

热损失率因机组型式、结构、制冷量、绝热方式不同而异。名义工况时的热损失率的平均值见表6.8,可作参考。

表6.8 热损失率

制冷量/kW	175	350	1 050	1 750
单效型	0.03	0.02	0.02	0.01
双效型	0.08	0.07	0.05	0.04

②热平衡校核:

制冷制热量测试时,每次测试的数据应用热平衡法校核,热平衡率偏差不得大于15%。

热平衡率偏差按式(6.35)计算:

$$\Delta = \frac{|Q_w - Q_0 - Q_i - P|}{Q_w} \times 100\% \tag{6.35}$$

式中 Δ——热平衡率偏差;

Q_w——冷却水排放热量,kW;

Q_0——机组制冷量,kW;

Q_i——加热源输入热量,kW;

P——机组消耗电功率,kW。

③机组性能系数:

蒸汽和热水型溴化锂吸收式冷水机组的性能系数计算方法与直燃型溴化锂吸收式冷(热)水机组制冷工况相同,在此不赘述。

机组消耗电力可在进行制冷制热量测试的同时,通过溴化锂吸收式冷(温)水机组的供电系统电功率表进行测试。

3)多联式空调(热泵)机组

多联机空调(热泵)机组是一台或数台室外机可连接数台不同或相同形式、容量的直接蒸发式室内机构成的单一制冷循环系统,它可以向一个或数个区域直接提供处理后的空气。按功能分为:单冷型、热泵型、热回收型。按冷凝器的冷却方式分为:水冷式、风冷式;其中,水冷式机组按热源方式分为:水环式、地下水式、地表水式和地埋管式。

多联机空调系统的工程调试、检验一般通过以下几方面检验系统的安装及运行效果:

a.送、回风空气温度、湿度和风量;

b.多联机空调(热泵)机组吸、排气的压力和温度,电动机的电流、电压和温升;

c.室内空气温、湿度;

d.室内噪声的测定;

e.室外空气温、湿度;

f.新风系统新、排风量;

g. 各设备耗电功率。

本章节主要对多联机的室外机供冷(热)量及风冷式多联机空调(热泵)机组室外机进、出风温湿度和风量,水冷式多联机空调(热泵)机组冷却水温度、流量,室内外机运行噪声参数测试进行介绍,室内空气温湿度、室内噪声、室外空气温湿度测试详见第4章,新风系统新、排风量详见第5章。

(1)室内机供冷(热)量测试

多联机室内机供冷(热)量测试一般采用室内侧空气焓差法进行测试。

测量风管内的温度、相对湿度(或湿气温度)应在横截面的各相等分格的中心处进行,所取位置不少于3处或使用合适的混合器或取样器进行测试。风管内典型的混合器和取样器如图6.17所示。测量处的空调机之间的连接管应隔热,通过连接管的漏热量应不超过被测量制冷量的1.0%。

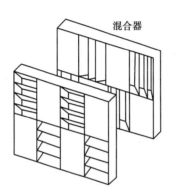
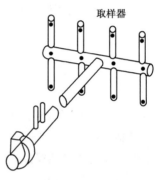

混合器　　取样器

图6.17　风管内典型的混合器和取样器

室内侧空气入口处的温度、相对湿度(或湿球温度)应在空调机空气入口处至少取3个等距离的位置或采用同等效果的取样方法进行测量。温度测量仪表或取样器的位置应离空调机的空气入口150 mm。

室内侧送风量测试方法详见第5章风系统管网测试。

水冷式多联机应在机组达到稳定的测试工况下进行测试,每个10 min记录一次数据,连续测试时间不少于1 h,采用测试期间测试数据平均值进行制冷(热)量测试。

风冷式机组冬季制热过程中存在除霜环节,需经历预处理阶段、平衡阶段、数据采集阶段,并结合制热侧进出水温差变化情况分为稳定工况测试和非稳定工况测试。

通过所测得的空气温度和相对湿度(或湿球温度),即可在焓-湿图中由定干球温度线和定相对湿度线(定湿球温度线)的交点确定湿空气的状态,得到含湿量(d)、焓值(i)等参数。

空气各参数间相互计算公式如下。

①空气焓值(i)可按式(6.36)计算:

$$i = 1.01T + 0.001d(2\ 501 + 1.85T) \tag{6.36}$$

式中　i——空气焓值,kJ/kg(a);

　　　T——空气干球温度,℃;

　　　d——空气含湿量,g/kg(a)。

②空气含湿量(d)可按式(6.37)计算:

$$d = 622 \frac{\varphi P_T}{B - \varphi P_T} \tag{6.37}$$

式中　d——空气含湿量,g/kg(a);

　　　φ——空气相对湿度,%;

　　　P_T——空气温度等于 T ℃时饱和水蒸汽分压力,kPa;

　　　T——空气干球温度,℃;

　　　B——大气压力,kPa。

③空气相对湿度可按式(6.38)计算:

$$\varphi = \frac{P_{T_w} - 0.000\,662\,B(T - T_w)}{P_T} \times 100\% \tag{6.38}$$

式中　φ——空气相对湿度,%;

　　　P_{T_w}——空气温度等于 T_w ℃时饱和水蒸汽分压力,kPa;

　　　T_w——空气湿球温度,℃;

　　　P_T——空气温度等于 T ℃时饱和水蒸汽分压力,kPa;

　　　T——空气干球温度,℃;

　　　B——大气压力,kPa。

④饱和水蒸汽压力(kPa) 可按式(6.39)计算:

$$\lg P_T = 2.005\,717\,3 - 3.142\,305\left(\frac{10^3}{\Theta} - \frac{10^3}{373.16}\right) + 8.2\lg\frac{373.16}{\Theta} - 0.002\,480\,4(373.16 - \Theta) \tag{6.39}$$

式中　P_T——空气温度等于 T ℃时饱和水蒸汽分压力,kPa;

　　　Θ——空气开尔文温度,K,Θ＝273.15+T。

室内机供冷(热)量按式(6.40)计算:

$$Q_0 = \frac{V\rho|h_2 - h_1|}{3\,600} \tag{6.40}$$

式中　Q_0——室内机制冷(热)量,kW;

　　　V——风管平均风量,m³/h;

　　　h_2——室内机送风管空气平均焓值,可通过测试温度、相对湿度获得,kJ/kg;

　　　h_1——室内机入口空气平均焓值,可通过测试温度、相对湿度获得,kJ/kg;

　　　ρ——空气平均密度,kg/m³。

(2)室外机换热量测试

风冷式多联机室外机换热量一般采用室外侧空气焓差法进行测试。

室外侧空气入口处的温度、相对湿度测量应满足下列条件:

a.室外侧空气入口处的温度测量应在室外侧换热器周围至少取 3 点,测量点的空气温度不应受室外部分排出空气的影响。

b.温度测量仪表或取样器的位置应离室外侧换热器的表面 600 mm。

c.测出的温度应是室外部分周围温度的代表值。

如室外机外接排风管,可对排风管内空气温度、相对湿度及风管排风量进行测试;如室外机无外接风管,可采用辅助风管法或风口测速法进行风量测试,详见第 5 章风系统管网测试。

空气焓差法用于室外侧试验时,应确认附装的空气流量测量装置不会改变被试空调机的性能,否则应进行修正。

如直接采用湿球温度测量仪表进行湿球温度测试,空气流速应为 5 m/s 左右。在空气进口和出口处的温度测量用同样的流速,空气流速高于或低于 5 m/s 的湿球温度测量应进行修正。

室外机换热量测试应与室内机制冷(热)量测试同时进行,每个 10 min 记录一次数据,连续测试时间不少于 1 h,采用测试期间测试数据平均值进行换热量测试,按式(6.41)计算:

$$Q_w = \frac{V\rho |h_{w2} - h_{w1}|}{3\ 600} \tag{6.41}$$

式中 Q_w——室外机侧换热量,kW;

   V——室外机换热气通风量,m^3/h;

   h_{w1}——室外机换热器排风空气平均焓值,可通过测试温度、相对湿度获得,kJ/kg;

   h_{w2}——室外机入口空气平均焓值,可通过测试温度、相对湿度获得,kJ/kg;

   ρ——空气平均密度,kg/m^3。

水冷式多联机室外机换热量一般采用室外水侧热量计法进行测试。

应在机组达到稳定的测试工况下,与室内机制冷量测试同时进行,对冷却水进口温度、冷凝器冷却水出口温度,冷却水流量进行测试,每个 10 min 记录一次数据,连续测试时间不少于 1 h,采用测试期间测试数据平均值进行换热量测试。

散热量按式(6.42)计算:

$$Q_w = \frac{cV\rho(t_{w2} - t_{w1})}{3\ 600} \tag{6.42}$$

式中 Q_w——机组散热量,kW;

   V——冷却水平均流量,m^3/h;

   t_{w1}——冷却水进口温度,℃;

   t_{w2}——冷却水出口温度,℃;

   ρ——水平均密度,kg/m^3;

   c——平均温度下水的比热容,kJ/(kg·℃)。

(3)制冷剂换热量测试

当多联机系统一台室外机同时接数台室内机时,可通过测试冷媒干管制冷剂总换热量的方式获得系统的总供冷(热)量。制冷剂总换热量可通过制冷剂流量计法进行测试,即根据制冷剂焓值的变化和流量确定换热量。焓值的变化由室外机冷媒干管进口和出口的制冷剂压力和温度确定,流量由液体管路中的流量计测定,多联机测试原理如图 6.18 所示。

本方法适用于现场制冷剂管道上预留有相关测试仪表或允许进行测试管路连接的工程,且机组对制冷剂充注量不敏感,流量计出口的制冷剂液体过冷度小于 2.0 ℃,室内侧换热器出口的蒸汽过热度小于 6.0 ℃。

制冷剂流量用积算式流量计测量,流量计接在液体管路中,并在制冷剂控制元件的上流侧。该流量计大小的选择,应按其压力降不超过产生 2.0 ℃温度变化的相应蒸汽压力变化值。

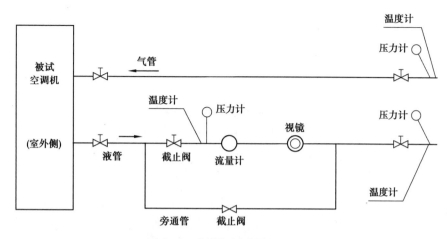

图 6.18 多联机测试原理图

测量温度和压力仪表和视镜应紧连在流量计的下流侧,以确定制冷剂液体的过冷程度;若过冷度为 2.0 ℃并在离开流量计的液体中无任何蒸汽气泡,则认为过冷已足够。流量计装在液体管路中垂直的向下环管的底部,以利用液体产生的静压。

在试验结束时,从空调机中将循环的制冷剂和油的混合液取出样品,并按 GB/T 5773 测量混合液的含油百分比,测出的总流量根据油的循环量进行修正。

制冷工况制冷剂换热量按式(6.43)计算:

$$Q_r = XV_r(h_{r2} - h_{r1}) \tag{6.43}$$

式中　Q_r——制冷剂换热量,kW;

　　　X——制冷剂与制冷剂-油混合物的质量比;

　　　V_r——制冷剂-油混合物的流量,kg/s;

　　　h_{r2}——气管制冷剂焓值,kJ/kg;

　　　h_{r1}——液管制冷剂焓值,kJ/kg。

多联机系统总室内制冷量按式(6.44)计算:

$$Q_{rc} = Q_r - E_i \tag{6.44}$$

多联机系统总的室内制热量按式(6.45)计算:

$$Q_{rh} = Q_r + E_i \tag{6.45}$$

式中　Q_{rc}——系统制冷量,kW;

　　　Q_{rh}——系统制热量,kW;

　　　E_i——室内机电机的输入功率,kW。

(4)噪声测试

①室内机噪声测试:

室内机应在调至最大噪声点的工况下进行声压级测量。

a. 立柜式室内机(制冷量小于或等于 28 000 W)噪声测试如图 6.19 所示。

制冷量大于 28 000 W 的立柜式室内机,噪声测试取正面和两侧面三个测点,距离为 1 m,高度为 1 m,三点读数按式 6.45 进行平均,三测点测试如图 6.20 所示。

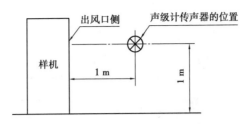

图 6.19　立柜式室内机噪声测试

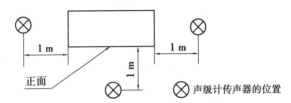

图 6.20　三测点测试示意图

如立柜式室内机后期实际使用中将带有风管,则应在排风侧连接带 2 m 长阻尼器的风道,加额定的机外静压进行测定。

b.吊顶式室内机噪声测试如图 6.21 所示。

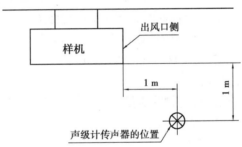

图 6.21　吊顶式室内机噪声测试

c.挂壁式室内机噪声测试如图 6.22 所示。

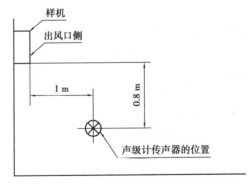

图 6.22　挂壁式室内机噪声测试

d. 天花板埋入式(暗装)室内机噪声测试如图 6.23 所示。

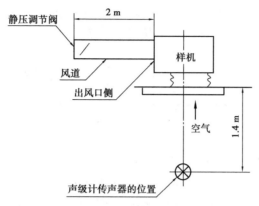

图 6.23 天花板埋入式(暗装)室内机噪声测试

在安装了吸入面板、吸气风道的状态下,为避免排风的影响,应接入一个 2 m 长的阻尼风道,给排风道加一个额定的机外静压。

e. 天花板埋入式(明装)室内机噪声测试如图 6.24 所示。

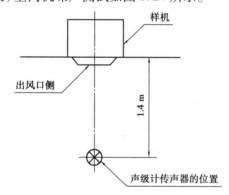

图 6.24 天花板埋入式(明装)室内机噪声测试

天花板埋入式(辅助风道)室内机噪声测试如图 6.25 所示。测定位置在垂直机体下方的中央。

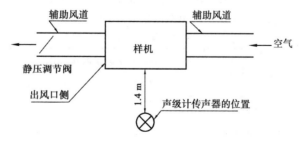

图 6.25 天花板埋入式(辅助风道)室内机噪声测试

如测试现场多联机尚未连接风管,应分别在排风口加 2 m、进气口加 1 m 辅助阻尼风道,排风口加额定的机外静压,调节静压使测定在不受影响的状态下进行。

②室外机噪声测试：

a. 侧面出风式多联机室外机在机组正面和两侧面,距机组1 m(图6.26),其测点高度为机组高度加1 m的总高的1/2处三个测点,并按式(6.45)计算平均值。

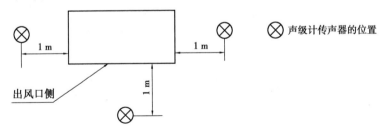

图6.26 测试示意图1

b. 顶出风式多联机室外机在机组四面、距机组1 m处(图6.27),其测点高度为机组高度加1 m的总高度的1/2处四个测点。

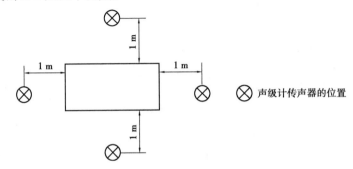

图6.27 测试示意图2

多个测点的声压级测试按式(6.46)计算平均值。

$$\overline{L_p} = 10\lg\frac{1}{N}\left(\sum_{i=1}^{N} 10^{0.1L_{pi}}\right) \tag{6.46}$$

式中 $\overline{L_p}$——测量表面平均A计权或倍频程声压级,dB(基准值为20 μPa);

N——测点总数;

L_{pi}——背景噪声修正后的第i点A计权或倍频程声压级,dB(基准值为20 μPa)。

机组噪声实测值不应大于明示值+3 dB(A),且不应超过表6.9、表6.10的规定。

表6.9 室内机噪声限值(声压级)

名义制冷量/W	室内机噪声/dB(A)	
	不接风管	接风管
≤2 500	40	42
>2 500 ~ 4 500	43	45
>4 500 ~ 7 000	50	52
>7 000 ~ 14 000	57	59
>14 000	60	62

表 6.10 室外机噪声限值(声压级)

名义制冷量/W	室外机噪声/dB(A)
≤7 000	60
>7 000~14 000	62
>14 000~28 000	65
>28 000~56 000	67
>56 000~84 000	69
>84 000	72

4)锅炉

锅炉是利用燃料燃烧等能量转换获取热能,生产规定参数(如温度、压力)和品质的蒸汽、热水或其他工质的设备,在采暖空调系统中常见的热源设备。根据产出工质不同,可分为热水锅炉、蒸汽锅炉;根据炉体内压力不同,可分为承压锅炉、常压锅炉、真空锅炉、负压锅炉等;根据能源种类可分为电锅炉、燃气锅炉、燃油锅炉。在环保与双碳背景下,燃煤锅炉应用会越来越少,因此本书不考虑燃煤锅炉的性能测试。

为保障锅炉系统安全、稳定、经济运行,需对锅炉炉筒、燃烧器、水系统、蒸汽系统、排烟系统等各部位进行温度、流量、压力等多种参数的监测。

(1)测试仪表设置

锅炉系统应装设有测试仪表,用于锅炉系统运行参数监测、检测。

①蒸汽锅炉。

蒸汽锅炉应装设指示仪表监测并记录下列安全运行参数:

a.锅筒蒸汽压力;

b.锅筒水位;

c.锅筒进口给水压力;

d.过热器出口蒸汽压力和温度;

e.省煤器(节能装置)进出口水温和水压。

锅筒至少要装设 2 个彼此独立的直读式水位计;采用的水位计中,要有双色水位计或电接点水位计中的 1 种。控制非沸腾式省煤器(节能装置)出口水温可防止汽化,确保省煤器(节能装置)安全运行;此外,通过对省煤器(节能装置)进、出口水压的监测,可以及时发现省煤器的堵塞,及时清理,以利于省煤器的安全运行。

每台蒸汽锅炉应按表 6.11 的规定装设监测经济运行参数的仪表。

表 6.11 蒸汽锅炉装设监测经济运行参数的仪表

监测项目	单台锅炉额定蒸发量/(t·h⁻¹)								
	≤4			>4~<20			≥20		
	指示	积算	记录	指示	积算	记录	指示	积算	记录
燃料量(油、燃气)	√	√	√	√	√	√	√	√	√

续表

监测项目	单台锅炉额定蒸发量/(t·h⁻¹)								
	≤4			>4～<20			≥20		
	指示	积算	记录	指示	积算	记录	指示	积算	记录
蒸汽流量	√	√	√	√	√	√	√	√	√
给水流量	√	√	√	√	√	√	√	√	√
排烟温度	√	—	√	√	—	√	√	—	√
排烟含 O₂ 量或含 CO₂ 量	—	—	—	√	—	√	√	—	√
排烟烟气流速	—	—	—	—	—	—	√	—	√
排烟颗粒物浓度	—	—	—	—	—	—	√	—	√
排烟 SO₂ 浓度	—	—	—	—	—	—	√	—	√
排烟 NOx 浓度	—	—	—	—	—	—	√	—	√
炉膛出口烟气温度	—	—	—	√	—	√	√	—	√
对流受热面进、出口烟气温度	—	—	—	√	—	√	√	—	√
省煤器(节能装置)出口烟气温度	—	—	—	√	—	√	√	—	√
湿式除尘器出口烟气温度	—	—	—	√	—	√	√	—	√
湿式脱硫装置出口烟气温度	—	—	—	√	—	√	√	—	√
空气预热器出口热风温度	—	—	—	√	—	√	√	—	√
炉膛烟气压力	—	—	—	√	—	√	√	—	√
省煤器(节能装置)出口烟气压力	√	—	—	√	—	—	√	—	√
空气预热器出口烟气压力	√	—	—	√	—	—	√	—	√
SCR 反应器出口烟气压力	—	—	—	√	—	—	√	—	√
除尘器出口烟气压力	√	—	—	√	—	—	√	—	√
一次风压及风室风压	—	—	—	√	—	—	√	—	√
二次风压	—	—	—	√	—	—	√	—	√
给水调节阀前压力	—	—	—	√	—	—	√	—	√
给水调节阀开度	—	—	—	√	—	—	√	—	√
鼓、引风机进口挡板开度或调速风机转速	—	—	—	√	—	—	√	—	√
鼓、引风机负荷电流、频率	—	—	—	√	—	√	√	—	√
锅炉给水泵负荷电流、频率	—	—	—	√	—	√	√	—	√
除尘器出口颗粒物浓度	—	—	—	—	—	—	√	—	√
脱硫装置出口 SO₂ 浓度	—	—	—	—	—	—	√	—	√

注:表中符号:"√"为需装设,"—"为可不装设。

②热水锅炉：

热水锅炉应装设指示仪表监测并记录下列安全运行参数：

a. 锅炉进出口水温和水压；

b. 锅筒(锅壳)压力,出水集箱压力；

c. 锅炉循环水泵运行和故障。

每台热水锅炉应按表6.12的规定装设监测经济运行参数的仪表。

表6.12　热水锅炉装设监测经济运行参数的仪表

监测项目	单台锅炉额定热功率/MW								
	≤2.8			>2.8～<14			≥14		
	指示	积算	记录	指示	积算	记录	指示	积算	记录
燃料量(油、燃气)	√	√	√	√	√	√	√	√	√
锅炉循环水流量	√	√	√	√	√	√	√	√	√
排烟温度	√	—	√	√	—	√	√	—	√
排烟含 O_2 量或含 CO_2 量	—	—	—	√	—	√	√	—	√
排烟烟气流速	—	—	—	—	—	—	√	—	√
排烟颗粒物浓度	—	—	—	—	—	—	√	—	√
排烟 SO_2 浓度	—	—	—	—	—	—	√	—	√
排烟 NO_x 浓度	—	—	—	—	—	—	√	—	√
炉膛出口烟气温度	—	—	—	√	—	—	√	—	√
对流受热面进、出口烟气温度	—	—	—	√	—	—	√	—	√
省煤器(节能装置)出口烟气温度	—	—	—	√	—	—	√	—	√
湿式除尘器出口烟气温度	—	—	—	√	—	—	√	—	√
湿式脱硫装置出口烟气温度	—	—	—	√	—	—	√	—	√
空气预热器出口热风温度	—	—	—	√	—	—	√	—	√
炉膛烟气压力	—	—	—	√	—	—	√	—	√
省煤器(节能装置)出口烟气压力	√	—	—	√	—	—	√	—	√
空气预热器出口烟气压力	√	—	—	√	—	—	√	—	√
SCR 反应器出口烟气压力	—	—	—	—	—	—	√	—	√
除尘器出口烟气压力	√	—	—	√	—	—	√	—	√
一次风压及风室风压	—	—	—	√	—	—	√	—	√
二次风压	—	—	—	√	—	—	√	—	√
鼓、引风机进口挡板开度或调速风机转速	—	—	—	√	—	—	√	—	√

续表

监测项目	单台锅炉额定热功率/MW								
	≤2.8			>2.8 ~ <14			≥14		
	指示	积算	记录	指示	积算	记录	指示	积算	记录
鼓、引风机负荷电流、频率	—	—	—	√	—	√	√	—	√
锅炉循环泵负荷电流、频率	—	—	—	√	—	√	√	—	√
除尘器出口颗粒物浓度	—	—	—	—	—	√	√	—	√
脱硫装置出口 SO_2 浓度	—	—	—	—	—	√	√	—	√

注:表中符号:"√"为需装设,"—"为可不装设。

③其他监测仪表装设:

燃油锅炉除应(1)、(2)要求监测安全、经济运行参数外,尚应装设监测:

a. 燃烧器前的油温和油压;

b. 带中间回油燃烧器的回油油压;

c. 蒸汽雾化燃烧器前的蒸汽压力或空气雾化的燃烧器前的空气压力;

d. 锅炉后或锅炉尾部受热面后的烟气温度。

燃气锅炉除应(1)、(2)要求监测安全、经济运行参数外,尚应装设监测:

a. 燃烧器前的燃气压力;

b. 锅炉后或锅炉尾部受热面后的烟气温度;

c. 燃烧器前空气压力。

(2)工程测试

在采暖通风与空气调节工程中锅炉系统运行性能检测中,锅炉的输入热量、供热量、运行效率是重要的分析指标,本章节主要对以上三方面测试进行介绍。

①锅炉供热量测试:

采暖锅炉供热量测试应在采暖系统正常运行 120 h 后进行,检测持续时间不应少于 24 h。采暖锅炉的输出热量可通过热计量装置连续累计计量,热计量装置中供回水温度传感器应靠近锅炉本体安装。当无热计量装置时,热水锅炉可通过测试热水供回水温度、流量计算日累计供热量;蒸汽锅炉可通过测试蒸汽量、蒸汽焓值、凝结水比焓计算日累计供热量。

热水锅炉日累计供热量按式(6.47)计算:

$$Q_r = c \int_0^t \rho V \Delta t_r \mathrm{d}t \tag{6.47}$$

蒸汽锅炉日累计供热量按式(6.48)计算:

$$Q_r = \int_0^t q_{ms} (h_1 - h_2) \mathrm{d}t \tag{6.48}$$

式中　　Q_r——锅炉日累计供热量,kJ;

　　　　V——热水小时流量,m^3/s;

　　　　Δt_r——热水供、回水温差,℃;

　　　　ρ——水平均密度,kg/m^3;

c——平均温度下水的比热容，kJ/（kg·℃）；

q_{ms}——蒸汽消耗量，kg/h；

h_1——蒸汽比焓，kJ/kg；

h_2——凝结水比焓，kJ/kg。

②锅炉的输入热量：

采暖锅炉的输入测量反映锅炉系统的能耗。在进行锅炉供热量测试的同时，进行锅炉能耗测试。燃煤采暖锅炉的耗煤量应按批计量。燃油和燃气采暖锅炉的耗油量和耗气量应连续累计计量。在检测持续时间内，煤样应用基低位发热值的化验批数应与采暖锅炉房进煤批次一致，且煤样的制备方法应符合现行国家标准《工业锅炉热工性能试验规程》（GB/T 10180—2017）的有关规定。燃油和燃气的低位发热值应根据油品种类和气源变化进行化验。

③暖锅炉日平均运行效率：

采暖锅炉日平均运行效率的检测应在采暖系统正常运行120 h后进行，检测持续时间不应少于24 h。检测期间，采暖系统应处于正常运行工况，燃煤锅炉的日平均运行负荷率应不小于60%，燃油和燃气锅炉瞬时运行负荷率不应小于30%，锅炉日累计运行时数不应少于10 h。通过测试获得采暖锅炉供热量和输入热量，可按以下公式计算锅炉日平均运行效率。

$$\eta = \frac{Q_r}{Q_i} \times 100\% \tag{6.49}$$

$$Q_i = G \cdot Q_c^y \tag{6.50}$$

式中　η——检测持续时间内采暖锅炉日平均运行效率；

Q_r——检测持续时间内采暖锅炉的供热量，kJ；

Q_i——检测持续时间内采暖锅炉的输入热量，kJ；

G——检测持续时间内采暖锅炉的燃煤量，kg或燃油量，kg或燃气量，Nm³；

Q_c^y——检测持续时间内燃用煤的平均应用基低位发热值，kJ/kg；或燃用油的平均低位发热值，kJ/kg；或燃用气的平均低位发热值，kJ/Nm³。

居住建筑采暖锅炉日平均运行效率不应小于表6.13的规定。

表6.13　采暖锅炉最低日平均运行效率%

锅炉类型、燃料种类			锅炉额定容量/MW						
			0.7	1.4	2.8	4.2	7.0	14.0	≥28.0
燃煤	烟煤	Ⅱ	—	—	65	66	70	70	71
		Ⅲ	—	—	66	68	70	71	73
燃油、燃气			77	78	78	79	80	81	81

5）冷却塔

当制冷设备冷凝器和压缩机的冷却采用水冷方式时，需要设置冷却水系统。冷却塔是冷却水系统中重要的换热设备。冷却塔的性能也会直接影响整个空调系统的运行效果。冷却塔按冷却水是否与空气直接接触，可分为开式冷却塔和闭式冷却塔。机械通风开式冷却塔采用风机强制通风且冷却水与空气直接接触换热，将冷却水热量传给大气。闭式冷却塔循环冷却水不与空气直接接触,通过间壁式换热器将热量传给喷淋水,由喷淋水的蒸发和空气的显热传递,降低循环冷却水温度。按水、空气在填料中的相对流向分为逆流式冷却塔如图 6.28 所示,横流式冷却塔如图 6.29 所示。

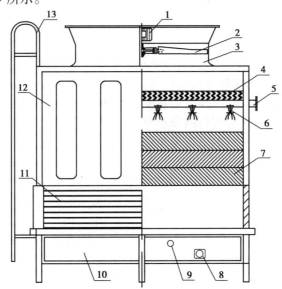

说明:
1—电机和减速器;   5—进水管接口;   8—出水管接口;   11—进风窗;
2—风机;   6—喷淋装置;   9—补水管接口;   12—侧板;
3—风筒;   7—填料;   10—积水盘;   13—爬梯。
4—收水器;

图 6.28　逆流式冷却塔示意图

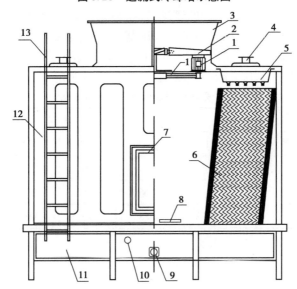

说明:
1—电机和减速器;   5—喷淋装置;   8—检修走道;   11—积水盘;
2—风机;   6—填料;   9—出水管接口;   12—侧板;
3—风筒;   7—检修门;   10—补给水管接口;   13—爬梯。
4—进水口接口;

图 6.29　横流式冷却塔示意图

单塔冷却水量小于 1 000 m³/h,装有淋水填料的逆流、横流机械通风开式冷却塔,称为中小型开式冷却塔,是暖通空调领域最为常见的冷却塔类型,本章节主要介绍中小型开式冷却塔测试内容。大型开式冷却塔和闭式冷却塔的相关测试方法,可自行扫码查阅《机械通风冷却塔 第 2 部分:大型开式冷却塔》(GB/T 7190.2—2018)和《机械通风冷却塔 第 3 部分:闭式冷却塔》(GB/T 7190.3—2019)。可通过扫二维码进行学习。

机械通风冷却塔
第 2 部分:大型
开式冷却塔

冷却塔的性能测试包括冷却能力、噪声、能效、漂水率等指标,在采暖通风与空气调节工程试验、试运行及调试检测中,需对冷却塔效率进行检测。

机械通风冷却塔
第 3 部分:闭式
冷却塔

(1)冷却塔冷却能力测试

①测试条件:

冷却塔冷却能力的测试,对冷却塔室外环境参数、冷却塔运行参数范围等条件有一定要求,宜在以下条件下进行测试,提高测试准确性:

a. 冷却塔宜为新塔或运行一年以内。

b. 空气湿球温度应在 10 ~ 31 ℃,最好在夏季测试应在环境风速小于 4 m/s、阵风小于 7 m/s、无雨的条件下测试。

c. 进塔水流量应为设计水流量 90% ~ 110%。进塔水温应为设计水温的 ±2 ℃。

②测点布置及测试要求:

a. 干湿球温度测点应设置在距进风口外 2 ~ 5 m,距地面 1.5 m 处。温度计应避开阳光直射,所在空间通风良好。

b. 大气压力计的测点布置同干湿球温度测点,也可选用附近气象站的相应参数。

c. 水流量的测点布置在进塔水管上,应设置在水流稳定的平直段上。

d. 进水温度的测点应靠近冷却塔的压力管内,在管道上应事先焊上装温度计的铜管,并内装少许导热油,使传热均匀,横流塔也可布置在配水槽内。

e. 出水温度的测点布置在出水管或回水沟内。

f. 进塔空气流量应在塔的出风口用毕托管和压差计测出压差再计算出风量;当无条件在风筒喉部测量时,也可在冷却塔进风口采用风速仪进行测量,宜将进风断面分为若干等面积的方格,在每个方格中心测量风速,方格尺寸宜不大于(1.0×1.0) m²。

g. 应在系统稳定运行时进行测试,当每组测试数据间的允差范围满足以下要求时,可判断为系统稳定运行:进塔空气湿球温度:±1.0 ℃;进塔水温:±1.0 ℃;进塔水流量:±5%;水温降:±5%;大气压:±8 kPa。

h. 测试数据采集时长不小于 30 min,记录的有效测试数据不少于 5 组,出塔水温应比进塔水温滞后 2 ~ 5 min 采集。主要试验参数及相应读数频率不低于表 6.14 的要求。

表 6.14　主要试验参数及相应读数频率

序号	参数	读数频率/(次·h⁻¹)	每次间隔/min
1	进塔空气干湿球温度及大气压	6	10
2	进塔空气流量	2	30
3	进塔、出塔水温	6	10

续表

序号	参数	读数频率/(次·h⁻¹)	每次间隔/min
4	冷却水流量	6	10
5	风机配用电动机的输入功率	2	30

③冷却能力计算:

冷却塔的实测冷却能力计算需将测试工况下的实测冷却水温差换算为标准工况条件下的冷却水温差。即用实测修正到标准工况的进出塔水温差与标准工况的进出塔水温差之比进行冷却能力的评价。

冷却塔的标准工况按使用条件分为标准工况Ⅰ和标准工况Ⅱ两类,见表6.15。按其他工况进行设计时,需换算到标准工况。

表 6.15　标准工况

标准设计	标准工况 Ⅰ	标准工况 Ⅱ
进水温度/℃	37.0	43.0
出水温度/℃	32.0	33.0
设计温差/℃	5.0	10.0
湿球温度/℃	28.0	28.0
干球温度/℃	31.5	31.5
大气压力/kPa	99.4	

取每组工况各参数有效测试数据的算术平均值作为该组工况的有效数据。

冷却能力按式(6.51)计算:

$$\eta = \frac{\Delta t_t}{\Delta t_c} \times 100\% = \frac{t_{1d} - t_{2c}}{t_{1d} - t_{2d}} \times 100\% \tag{6.51}$$

式中　η——冷却能力;

Δt_t——实测修正到标准工况的进出塔水温差,℃;

Δt_c——标准工况的进出塔水温差,℃;

t_{1d}——标准工况的进水温度,℃;

t_{2d}——标准工况的出水温度,℃;

t_{2c}——实测修正到标准工况的出水温度,℃。

冷却塔冷却能力标准计算方法较为复杂,本章节选用其标准工况Ⅰ冷却塔实测冷却能力简便计算方法进行介绍。先将实测进水温度下的水温降换算成标准工况的进水温度(即37 ℃)的水温降,按式(6.52)计算:

$$\Delta t_B = \Delta t \left[1 + \frac{t_1 - \tau + 45 - \Delta t}{45(t_1 - \tau) - \frac{\Delta t^2}{3}}(t_B - t_1) \right] \tag{6.52}$$

式中 Δt_B——标准工况进水温度(37 ℃)的水温降,℃;

Δt——测定的水温降,为实测的进、出水温度之差,℃;

t_1——测定的进水温度,℃;

τ——屋式湿度计测定的湿球温度,℃;

t_B——设计的进水温度,37 ℃。

需注意设计湿球温度 τ 为应用气象站使用的屋式湿度计所得数据的统计值。因此,如用通风式(阿斯曼)湿度计测试,所测得的湿球温度需通过湿球温度修正曲线图 6.30 加上修正值 $\Delta\tau$ 转化为屋式湿度计测得的湿球温度。

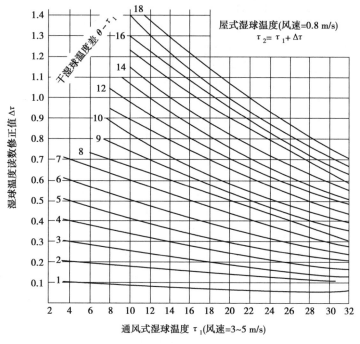

图 6.30 湿球温度修正曲线图

由水温降 Δt_B 和湿球温度 τ 利用图 6.31 换算成标准型工况(即 τ 为 28 ℃)的水温降 Δt_A。具体方法如图 6.32 所示:在横坐标上取测得的湿球温度值与纵坐标上的水温降 Δt_B 相交于 B 点,作曲线群的平行线与横坐标上的设计湿球温度 28 ℃相交于 C 点,从 C 点作平行线至纵轴,即可求出该测试塔在标准工况的水温降(Δt_A)。

冷却塔的冷却能力按式(6.53)计算:

$$\eta = \frac{\Delta t_A}{\Delta t_c} \times 100\% \tag{6.53}$$

式中 Δt_A——被测冷却塔在标准工况的水温降,℃;

Δt_c——标准工况的进出塔水温差,取 5 ℃。

冷却塔的冷却能力 $\eta \geqslant 95\%$ 为合格。

(2)冷却塔噪声测试

①测试条件:

冷却塔噪声测试对测试时段和环境噪声有一定的要求,宜在以下条件下进行测试,提高测试准确性。

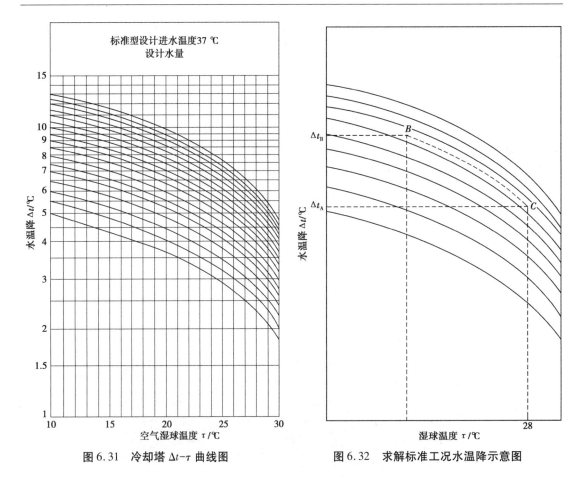

图 6.31　冷却塔 Δt-τ 曲线图　　　　图 6.32　求解标准工况水温降示意图

a. 噪声测定应与热力性能和风机驱动电动机输入有功功率测试同步进行。

b. 噪声测定时周围环境必须安静,冷却塔不运转时冷却塔的本底噪声应比运转时的 A 声级至少低 10 dB(A)。当不满足该要求时,应对噪声测量值进行修正,扣除背景噪声影响。噪声测量值与背景噪声的差值修约到个位数后,其值大于或等于 3 dB(A)小于 10 dB(A)时,按表 6.16 噪声修正值进行修正;其值小于 3 dB(A)时,应采取措施降低背景噪声,噪声测量值与背景噪声的差值修约到个位数后大于 3 dB(A),再按表 6.16 进行修正。按表 6.16 进行修正后得到的噪声值应修约至个位数。

c. 冷却系统有多台冷却塔时,应逐台冷却塔单独运行,进行噪声测试。

表 6.16　噪声修正值　　　　　　　　　　单位:dB(A)

噪声差值	3	4~5	6~9	≥10
修正值	-3	-2	-1	0

②测点布置及测试要求:

冷却塔噪声测点布置如图 6.33、图 6.34 所示。风机噪声测点①在出风口 45°方向,$L1$ 为 1 倍出风口直径,当出风口直径大于 5 m 时,$L1$ 取 5 m。噪声标准测点②在塔进风口方向,距塔体底部基础面高 1.5 m。圆形塔 $L2$ 为塔体直径,边长为 a、b 的矩形塔 $L2 = 1.13\sqrt{ab}$。当 $L2$ 小于 1.5 m 时,取 1.5 m。参考测点③在塔进风口方向距塔体底部基础面高 1.5 m,$L3$ 为 16 m。

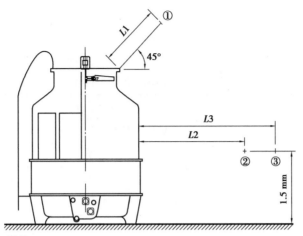

说明：
①—风机噪声测点；　　　　　　　L1—风机噪声测点距离；
②—噪声标准测点；　　　　　　　L2—噪声标准测点距离；
③—参考位置测点；　　　　　　　L3—参考位置测点距离。

图6.33　逆流式冷却塔噪声测点布置图

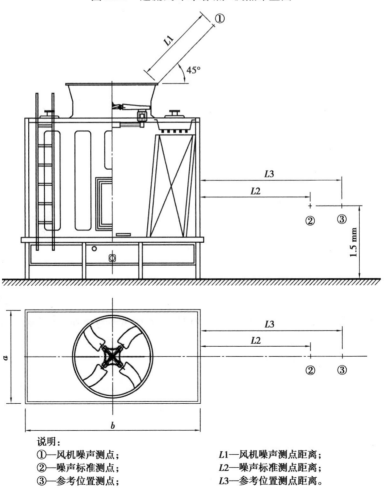

说明：
①—风机噪声测点；　　　　　　　L1—风机噪声测点距离；
②—噪声标准测点；　　　　　　　L2—噪声标准测点距离；
③—参考位置测点；　　　　　　　L3—参考位置测点距离。

图6.34　横流式冷却塔噪声测点布置图

③冷却塔噪声计算：

噪声测试至少测 2 个方向的噪声值,取其算术平均值为冷却塔噪声。

以噪声标准测点②的 A 声级为准,通过表 6.17 进行判断,确定冷却塔的声级标准。①、③两点作为对比用。

表 6.17　标准测点的噪声指标

名义冷却水流量 /(m³·h⁻¹)	噪声指标/dB(A)				
	标准工况 I				标准工况 II
	I 级	II 级	III 级	IV 级	V 级
8	50.0	53.0	58.0	63.0	70.0
15	51.0	54.0	59.0	64.0	700
30	52.0	55.0	60.0	65.0	70.0
50	53.0	56.0	61.0	66.0	70.0
75	54.0	57.0	62.0	67.0	70.0
100	55.0	58.0	63.0	68.0	75.0
150	56.0	59.0	64.0	69.0	75.0
200	57.0	60.0	65.0	70.0	75.0
300	58.0	61.0	66.0	71.0	75.0
400	59.0	62.0	67.0	72.0	750
500	60.0	63.0	68.0	73.0	78.0
600	61.0	64.0	69.0	73.5	78.0
700	62.0	65.0	69.5	74.0	78.0
800	63.0	66.0	70.0	74.5	78.0
900	64.0	67.0	70.5	75.0	78.0
1 000	65.0	68.0	71.0	75.5	78.0

注:介于两流量间时,噪声指标按线性插值法确定。

(3)冷却塔耗电比测试

耗电比是冷却塔风机驱动电动机的输入有功功率(kW)与标准冷却水流量(m³/h)的比值,是评价冷却塔能效等级的指标。

耗电比测试需测量电动机工作电流及输入有功功率及冷却水流量。电动机工作电流和输入有效功率可通过三相功率表、安倍表、钳形功率表等仪器测试。冷却水流量测试参照冷却能力测试中冷却水流量测试。耗电比测试应与冷却能力测试同步进行。电动机工作电流不应大于其额定电流。

耗电比的计算方法按式(6.54)计算:

$$\alpha = \frac{P}{\eta Q} \tag{6.54}$$

式中 α——耗电比,kW·h/m³;

    P——电动机输入有功功率,kW;

    η——冷却能力,%;

    Q——实测冷却水流量,m³/h。

冷却塔能效按耗电比分为1级、2级、3级、4级、5级,各级的限值见表6.18。

表6.18 能效等级表

能效等级	能效				
	1级	2级	3级	4级	5级
标准工况Ⅰ	≤0.028	≤0.030	≤0.032	0.034	≤0.035
标准工况Ⅱ	0.030	≤0.035	≤0.010	≤0,045	≤0.050

(4)冷却塔效率

冷却塔效率反映冷却塔实际冷却能力与理想冷却效果之间的差距,是评价冷却塔实际运行冷却性能重要指标。冷却塔效率越高,实际运行冷却性能越好。

①检测方法:

a.应在被测冷却塔测试状态稳定后开始测量,冷却水量不得低于额定水量的80%;

b.应测量冷却塔进出口水温,并测试冷却塔周围环境空气湿球温度。水温和空气湿球温度测试方法可参照冷却塔冷却能力相关测试方法。

②冷却塔效率按式(6.55)计算:

$$\eta_{ic} = \frac{T_{ic,in} - T_{ic,out}}{T_{ic,in} - T_{iw}} \times 100\% \tag{6.55}$$

式中 η_{ic}——冷却塔效率,%;

    $T_{ic,in}$——冷却塔进水温度,℃;

    $T_{ic,out}$——冷却塔出水温度,℃;

    T_{iw}——环境空气湿球温度,℃。

6.2 空调及供暖末端设备性能测试

末端设备是由管网连接冷热源设备并通过对流换热、辐射换热等形式将冷、热量传递给功能房间的设备。末端设备是影响供暖、空调系统运行效果及能耗的重要设备,对室内人员热感受、身心舒适性影响往往比冷热源设备更为直接。末端设备可分为空调设备和供暖设备。组合式空调机组、风机盘管、辐射供冷供暖一体化末端属于空调设备,可对房间夏季供冷,冬季供暖;散热器、暖风机、盘管式地板辐射供暖系统属于供暖设备,一般仅能对房间进行冬季供暖。

本章节对上述代表性末端设备在工程施工质量验收、运行调试、节能检测等工程、研究场景中的测试方法进行介绍。其他末端设备运行性能检测可参照本章节内容。

6.2.1 主要测试参数及仪器

本章节末端设备性能的主要测试参数及仪器要求见表6.19。

表 6.19 主要测试参数及仪器要求

参数	测试仪器	仪器要求
水、空气温度	玻璃水银温度计、电阻温度计等各类温度计（仪）	准确度：±0.1 ℃
	热电偶温度计	准确度：±0.5 ℃
表面温度	接触式温度计	准确度：±0.5 ℃
	红外辐射计	准确度：±1.0 ℃
空气相对湿度	干湿球温度计、露点式湿度计等	精度不低于±5%
风速（风量）	风速仪、风量罩等	风速仪精度不低于±(0.05±5%)m/s；风量罩精度不低于3%±10 m³/h
空气动压、静压	毕托管和微压计	精度不低于±1.0 Pa
流量	压差式、电磁式、容量式、超声波流量计	准确度±1.0%
热流	热流计和热流传感器	准确度优于示值的3%；分辨率1.2
噪声	积分平均声级计或环境噪声自动监测仪器	精度为2型及2型以上
电量	功率表（指示式、积算式）、数字功率计、电流表、电压表、功率因素表、频率表、互感器	功率表：指示式不低于0.5级精度，积算式不低于1级精度；数字功率计：±0.2%量程；电流表、电压表、功率因素表、频率表：不低于0.5级精度；互感器：不低于0.2级精度
功率	转矩转速仪、天平式测功计、标准电动机和其他测功仪表	准确度±1.5%

6.2.2 测试方法

1）组合式空调机组

组合式空调机是以功能段为组合单元，能够完成空气输送、混合、加热、冷却、去湿、加湿、过滤、消声、热回收等一种或几种处理功能的机组，是空调系统中常见的末端设备，常作为全空气系统、新风系统的空气处理设备。

本小节主要对空调工程中组合式空调机组风侧供冷供热量、水侧换热量及机组静压、噪声等运行参数测试进行介绍。

（1）风侧供冷量和供热量检测

①测试要求：

组合式空调机组实际运行工况可能与名义工况不同。实际运行供冷量和供热量检测时，环境及介质参数不宜过于偏离正常范围，否则测试不具有意义。

a. 空气进口参数应在以下范围：

Ⅰ. 冷却性能试验：干球温度 23～35 ℃；湿球温度 13～28 ℃。

Ⅱ. 加热性能试验：干球温度-10～15 ℃。

Ⅲ. 参数波动范围如下：干球温度波动±1 ℃；湿球温度波动±0.5 ℃；风量在额定工况下波动±10%。

Ⅳ. 电压波动±10%。

b. 机组进水温度应在以下范围：

Ⅰ. 冷却盘管或喷水段 4～12 ℃。

Ⅱ. 水加热器 45～90 ℃。

Ⅲ. 冷却时温度波动不超过±0.2 ℃，加热时温度波动不超过±0.7 ℃。

Ⅳ. 试验机组进水量波动不超过±2%。冷水温升不得小于2.5 ℃。蒸汽供汽压力为14～700 kPa 的任一状态，波动不超过 3 kPa。喷水段喷水压力波动不超过 5 kPa。

工程现场组合式空调机组风侧供冷（热）量测试时机组空气进、出口至测量截面之间不应漏热、漏气。进口空气状态参数测量截面应尽量选择在盘管或喷水段的靠近截面上。

在试验机组的进风参数和介质参数达到试验工况要求的稳定状态 15 min 后，测量风侧进、出风温度、相对湿度及风量，计算换热量。每 10 min 读一次数，连续测量 30 min，取读数的平均值作为测量值。

②风量测试：

现场风量测试应满足以下要求：

a. 由测试机组至流量和压力测量截面之间不应漏气。

b. 机组应在额定风量下测量，其波动应在额定风量±10% 之内。

c. 机组的测试工况点，可通过系统风阀调节，但不得干扰测量段的气流流动。

矩形截面的测点数见表6.20，具体规定如下：

a. 当矩形截面长短之比小于1.5 时，在截面上至少应布置25 个点，见表6.20 和图6.35。对于长边大于 2 m 的截面，至少应布置30 个点（6 条纵线，每个纵线上 5 个点）。

b. 矩形截面长短之比大于等于1.5 时，在截面上至少应布置30 个点（6 条纵线，每个纵线上 5 个点）。

c. 对于长边小于 1.2 m 的截面，可按等面积划分成若干个小截面，每个小截面的边长200～250 mm。

表 6.20　矩形截面测点位置

纵线数	每条线上的点数	x_i/L 或 y_i/L
5	1	0.074
	2	0.288
	3	0.500
	4	0.712
	5	0.926
6	1	0.061
	2	0.235
	3	0.437
	4	0.563
	5	0.765
	6	0.939
7	1	0.053
	2	0.203
	3	0.366
	4	0.500
	5	0.634
	6	0.797
	7	0.947

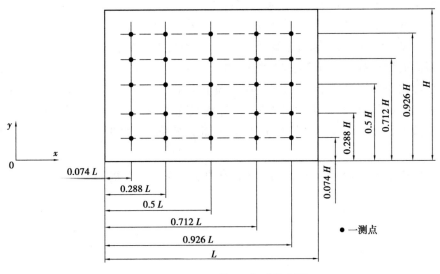

图 6.35　矩形风管 25 点时的布置

圆形截面测点可按图 6.36 和表 6.21 布置。

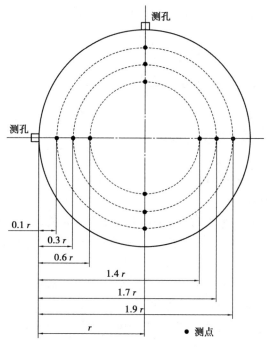

图 6.36　圆形风管三个圆环时的测点布置

表 6.21　圆形截面测点布置

测点编号	风管直径圆环个数			
	≤200	200~400	400~700	≥700
	3	4	5	5~6
	测点到管壁的距离(r 的倍数)			
1	0.1	0.1	0.05	0.05
2	0.3	0.2	0.20	0.15
3	0.6	0.4	0.30	0.25
4	1.4	35	0.50	0.35
5	1.7	0.65	0.70	0.50
6	1.9	0.80	1.30	0.70
7		0.90	1.50	1.30
8		0.95	1.70	1.50
9			1.80	1.65
10			1.90	1.75
11				1.85
12				1.95

测量所选截面上各点的速度。速度的测量一般可采用毕托管和微压计,但当动压值小于 10 Pa 时,推荐采用其他仪表如热电风速仪等。可隔 10 min 读一次数,至少应重复进行三次测量,取其平均值。

断面上的平均速度按式(6.56)计算:

$$V = \frac{V_1 + V_2 + \cdots + V_n}{n} \tag{6.56}$$

式中　V——平均速度,m/s;

　　　$V_1, V_2, \cdots, V_n$——各测点的速度,m/s;

　　　n——测点数。

由断面风速和面积得出的风量。

③空气温湿度检测时:

a.当测量截面是盘管或喷水段时,应在其上游 200 mm 的截面上布点。可将该截面平均划分为 6~9 个等面积的小矩形,在各小矩形中心测量空气干球温度和湿球温度,取其平均值作为空气进口状态值。

b.当测量截面是在机组进风管上时,可采用空气取样或截面上平均布点的方式测量空气干球温度和湿球温度。截面平均布点的方法同上,空气取样法多用于机组精确性能试验。

c.当试验采用室外空气进风时,可以只在进风口附近单点测量室外空气干球温度和湿球温度。

出口空气温湿度检测方法与进风温湿度测试相似,一般在送风干管靠近机组且气流均衡段进行测试。

④供冷供热量计算:

通过所测得的空气温度和湿球温度(或相对湿度),即通过焓-湿图或计算公式空气含湿量(d)、焓值(i)等参数。机组供冷量和供热量按式(6.57)和式(6.58)计算:

供冷量:

$$Q_c = \frac{G_c \rho_c}{3\,600}(i_{1c} - i_{2c}) \tag{6.57}$$

式中　Q_c——机组供冷量,kW;

　　　G_c——实测风量,m³/h;

　　　ρ_c——制冷工况下检测环境中湿空气密度,kg/m³;

　　　i_{1c}——机组制冷工况下进口湿空气的焓值,kJ/kg(a);

　　　i_{2c}——机组制冷工况下出口湿空气的焓值,kJ/kg(a)。

供热量:

$$Q_h = \frac{G_h \rho_h}{3\,600}(i_{2h} - i_{1h}) \tag{6.58}$$

式中　Q_h——机组供热量,kW;

　　　G_h——实测风量,m³/h;

　　　ρ_h——制热工况下检测环境中湿空气密度,kg/m³;

　　　i_{1h}——机组制热工况下进口湿空气的焓值,kJ/kg(a);

i_{2h}——机组制热工况下出口湿空气的焓值,kJ/kg(a)。

(2)水侧换热量检测

①测试内容:

组合式空调机组水侧供冷(热)量测试,应进行以下参数测试:

a.冷、热水盘管应测量进、出水温和水量。

b.喷水段应测量喷嘴前进口水压、回水量、冷冻水供水温度、回水温度。

c.蒸汽加热器应测量进口蒸汽压力、温度、凝结水量和凝结水温。

②测试要求:

组合式空调机组实际运行工况可能与名义工况不同。实际运行供冷量和供热量检测时,环境及介质参数不宜过于偏离正常范围,否则测试不具有意义。环境及介质参数要求与风侧供冷供热量要求相同。

在试验机组的进风参数和介质参数达到试验工况要求的稳定状态 15 min 后开始进行测量,连续测量 30 min,每隔 10 min 记录各参数,取每次读数的平均值作为计算参数。

③换热量计算:

冷却盘管水侧换热量按式(6.59)计算:

$$Q_w = WC_{pw}(t_{w2} - t_{w1}) \qquad (6.59)$$

加热盘管水侧换热量按式(6.60)计算:

$$Q_w = WC_{pw}(t_{w1} - t_{w2}) \qquad (6.60)$$

蒸汽加热时换热量按式(6.61)计算:

$$Q_w = W(I_{V1} - I_{V2}) \qquad (6.61)$$

喷水段冷却性能按式(6.62)计算:

$$Q_w = WC_{pw}(t_{w2} - t_1) \qquad (6.62)$$

式中 W——通过机组水的质量流量,kg/s;

C_{pw}——水的定压比热,kJ/(kg·K);

t_{w1},t_{w2}——进口、出口水温,℃;

I_{V1},I_{V2}——蒸汽进、出口焓值,kJ/kg;

t_1——喷水段冷冻水供水温度,℃。

(3)其他性能测试

①风压测试:

机组风压测试包括机组进出口全压、静压测试,可通过风压测试计算机组出口动压、风速和机组机外静压。机组风压应选择靠近机组接管处压力测孔进行测量,测孔应相互垂直,内表面必须光滑。如果是矩形截面,测孔应在侧壁的中心。用毕托管和压力计测量截面上的静压,可隔 10 min 读一次数,至少应重复进行三次测量,取其平均值。详细测试方法详见第 5 章风系统压力测试。

机外静压按式(6.63)计算:

$$P_s = P_{s2} - P_{s1} \qquad (6.63)$$

式中 P_{s2},P_{s1}——机组出口、进口静压,Pa。

②电功率测试:

组合式空调机组、风机盘管、新风机等末端设备的电功率测试宜用功率计或电流电压表直接测量机组的输入功率或电流、电压。

③噪声测试:

组合式空调机组一般为落地式安装,且设置在空调机房内,其噪声测试可参照5.1章节热泵机组噪声测试方法,按矩形六面体测量方法,当机组高度不超过 1 m 时,其测点高度为 1 m;当机组高度大于 1 m 时,其测点高度为 1.5 m。

2)风机盘管

风机盘管是通过外供冷水、热水对房间进行供冷、供暖或分别供冷和供暖的末端设备,一般风机盘管送风量不大于 3 400 m³/h,出口静压不大于 120 Pa,根据风机盘管制冷过程是否承担潜热,可分为湿式风机盘管和干式风机盘管,根据结构形式可分为立式、卧式、卡式、吊式,其中卧式风机盘管最为常见。本小节主要对风机盘管运行过程中供冷供热量测试进行介绍。

(1)风侧供冷供热量测试

①测试要求:

风机盘管实际运行工况可能与名义工况不同。实际运行供冷量和供热量检测时,环境及介质参数不宜过于偏离正常范围,否则测试不具有意义。

a.空气进口参数应在以下范围:

Ⅰ.冷却性能试验:干球温度23~35 ℃;湿球温度13~28 ℃。

Ⅱ.加热性能试验:干球温度-10~15 ℃。

Ⅲ.参数波动范围如下:干球温度波动±1 ℃;湿球温度波动±0.5 ℃;风量在额定工况下波动±10%。

Ⅳ.电压波动±10%。

b.机组进水温度应在以下范围:

Ⅰ.湿式风机盘管冷却性能试验:4~12 ℃。

Ⅱ.干式风机盘管冷却性能试验:14~18 ℃。

Ⅲ.水加热器45~90 ℃。

Ⅳ.冷却时温度波动不超过±0.2 ℃,加热时温度波动不超过±0.7 ℃。

风侧换热量需要机组达到试验工况要求的稳定状态 15 min 后,测量机组进风口空气温度、相对湿度,机组出风空气温度、相对湿度及送风量。风机盘管供热过程和干式风机盘供冷过程仅承担显热负荷,可不进行相对湿度的测试。每10 min 读一次数,连续测量 30 min,取读数的平均值作为测量值。

②风量测试:

风机盘管应对不同挡位的送风量进行测试,宜以送风侧风量为机组运行风量。

工程中风机盘管实际运行风量测试,需结合风机盘管安装形式展开:

a.风机盘管送风侧如接送风管采用上送风形式,可通过测试送风干管风量或测试风管上所有风口风量的形式测试风机盘管实际送风量,风管和风口测试方法详见4.1章节。

b.卡式风机盘管宜采用风量罩进行送风量测试。

c.风机盘管采用吊装侧送风形式,可直接通过对送风口风量测试获得风机盘管实际送风量,风管和风口测试方法详见第4章。

③供冷供热量计算:

通过所测得的空气温度和湿球温度(或相对湿度),即通过焓-湿图或计算公式空气含湿量(d)、焓值(i)等参数。机组供冷量和供热量计算如下:

a.湿式风机盘管供冷量按式(6.64)计算:

$$Q_c = \frac{G_c \rho_c}{3\ 600}(i_{1c} - i_{2c}) \tag{6.64}$$

式中　Q_c——机组供冷量,kW;

　　　G_c——实测风量,m³/h;

　　　ρ_c——制冷工况下检测环境中湿空气密度,kg/m³;

　　　i_{1c}——机组制冷工况下进口湿空气的焓值,kJ/kg(a);

　　　i_{2c}——机组制冷工况下出口湿空气的焓值,kJ/kg(a)。

b.干式风机盘管供冷量按式(6.65)计算:

$$Q_c = \frac{cG_c \rho_c}{3\ 600}(t_{1c} - t_{2c}) \tag{6.65}$$

式中　Q_c——机组供冷量,kW;

　　　G_c——实测风量,m³/h;

　　　ρ_c——制冷工况下检测环境中湿空气密度,kg/m³;

　　　i_{1c}——机组制冷工况下进口湿空气的焓值,kJ/kg(a);

　　　i_{2c}——机组制冷工况下出口湿空气的焓值,kJ/kg(a);

　　　t_{1c}——机组制冷工况下进口湿空气的温度,℃;

　　　t_{2c}——机组制冷工况下出口湿空气的温度,℃;

　　　c——空气比热容,kJ/(kg·℃)。

c.风机盘管供热量按式(6.66)计算:

$$Q_c = \frac{cG_h \rho_h}{3\ 600}(t_{1h} - t_{2h}) \tag{6.66}$$

式中　Q_c——机组供热量,kW;

　　　G_h——实测风量,m³/h;

　　　ρ_h——制热工况下检测环境中湿空气密度,kg/m³;

　　　t_{1h}——机组制冷工况下进口湿空气的温度,℃;

　　　t_{2h}——机组制冷工况下出口湿空气的温度,℃。

　　　c——空气比热容,kJ/(kg·℃)。

(2)水侧供冷(热)量测试

水侧供冷(热)量测试环境及介质参数范围要求同风侧换热量测试。

在进行风侧供冷(热)量测试的同时,对风机盘管进、出水温和水量进行测试,连续测量30 min,每隔10 min记录各参数,取每次读数的平均值作为计算参数。

水侧供冷(热)量按式(6.67)计算:

$$Q_w = \frac{cG_w\rho_w}{3.6}|t_{1w} - t_{2w}| \tag{6.67}$$

式中 Q_w——机组供(冷)热量,kW;

G_w——实测水流量,m^3/h;

ρ_w——水密度,kg/m^3;

t_{1w}——风机盘管进水温度,℃;

t_{2w}——风机盘管出水温度,℃;

c——平均温度下水的比热容,$kJ/(kg \cdot ℃)$。

3)散热器

散热器属于表面式换热设备,可对室内的循环空气进行加热,是常见的供暖末端设备。按传热方式分,当传热以对流方式为主时(占总传热量的60%以上),为对流型散热器,如管形、柱形、翼形等;以辐射方式为主(占总传热量60%),为辐射型散热器,如辐射板,红外辐射器等。按散热器内部采用热媒不同分为热水散热器和蒸汽散热器。

在供暖工程检测中,散热器散热量是重要的检测指标,本小节主要热水散热器运行性能测试进行介绍。

(1)实际散热量测试

散热器的散热量可通过测量流经散热器的热媒质量流量和散热器进出口热媒的焓差来确定。

①测试方法:

应在被测散热器与水系统的连接点处测量水温。如不能在该处测量水温时,可在距散热器进(出)口不大于0.3 m的管道处测量。应对这段管道采取保温措施,宜采用橡塑保温材料,且保温材料厚度不应小于50mm。保温层应延伸到测温点外0.3 m以上。水流量测试方法详见第5章。

应在系统稳态条件下进行测试,依据《供暖散热器散热量测定方法》(GB/T 13754—2017),当在至少60 min内得到的所有读数(至少12组)与平均值的最大偏差小于下列范围:流量±1%、温度±0.1 ℃时,可以认为热媒循环系统达到稳态条件。在实际工程测试中,温度波动可按不超过±0.7 ℃确定。

②散热量计算:

散热器散热量可按式(6.68)计算:

$$Q_h = G_m(h_1 - h_2) \tag{6.68}$$

式中 Q_h——散热器系统供热量,W;

G_m——通过散热器系统的质量流量,kg/s;

h_1, h_2——散热器系统进出口比焓,J/kg;根据测量到的测试样品进出口温度 t_1 和 t_2,通过查100 kPa压力下的水的物性参数表得到该比焓。

(2)标准散热量转换

散热器的标准散热量是指由标准实验台提供的当散热器在标准工况(供水温度95 ℃、回水温度70 ℃、室温18 ℃)下的散热量,是散热器的热工性能指标,用以评价、对比散热器热工性能。

在规定条件下,测得散热器散热量后,整理为标准特征式(6.69)、式(6.70)

$$Q = K_M \cdot \Delta T^n \tag{6.69}$$

$$\Delta T = \frac{t_g + t_h}{2} - t_n \tag{6.70}$$

式中　Q——标准大气压力下的散热器散热量,W;

　　　ΔT——过余温度,℃;

　　　t_g——散热器的供水温度,℃;

　　　t_h——散热器的回水温度,℃;

　　　t_n——测试室基准空气温度,小室中心轴线上,距地 0.75 m 的空气温度,℃;

　　　K_M——针对该组散热器型号,测试所得标准特征的常数;

　　　n——针对该组散热器型号,测试所得标准特征公式的指数。

4)暖风机

暖风机是热风供暖系统的换热和送风设备,由通风机、电动机及空气加热器组合而成的联合机组。在风机的作用下,空气由吸风口进入机组,经空气加热器加热后,从送风口送至室内。暖风机分为轴流式和离心式两种。根据换热介质又可分为蒸汽暖风机、热水暖风机、蒸汽-热水两用暖风机及冷、热水两用冷暖风机等。

(1)风路系统测试

①测试前准备:

被测暖风机安装完毕后应进行试运转,供热系统及风路系统应无泄漏。蒸汽系统中的气水分离器在试验期间应随时排除冷凝水。将暖风机导流器调节至最大开度,启动暖风机使通风机在额定转速下运转,当达到稳定状态后即开始测量。热水系统中的空气应排净。

②出风口风速、空气温度测试:

在暖风机出风口装设一段与暖风机出口截面尺寸相同、长度为一倍当量直径的短管,用以测量暖风机出口截面的平均风速和出口温度,短管外部应保温。

将热电偶温度计放置在距离暖风机出口 2/3 当量直径处测量,温度检测应均布整个出口,测点应在 9 个以上,并取算术平均值。

在暖风机短管出口截面上划分几个大小相等的面积(暖风机出口为圆形时,采用等圆环面积),在每个小面积中心测量风速,其测点应在 9 个以上,以确定出风口截面速度场并计算整个截面平均风速。

出风口风速应在热源停止供热、通风机为额定转速运转的条件下测量。

③进风口空气温度测试:

温度计放置在暖风机进风口前测量进口空气温度,测点不少于 3 个,取算术平均值。

④空气得热量计算:

空气得热量按式(6.71)、式(6.72)计算:

$$Q_a = c_{pa} m_a (t_{ao} - t_{ai}) \tag{6.71}$$

$$m_a = vA\rho \tag{6.72}$$

式中 Q_a——空气得热量,kW;

$\quad\quad m_a$——出口截面空气的质量流量,kg/s;

$\quad\quad v$——短管横截面平均风速,m/s;

$\quad\quad A$——短管横截面积,m^2;

$\quad\quad \rho$——相应于出口空气平均温度的空气密度,kg/m^3;

$\quad\quad c_{pa}$——空气比定压热容,[kJ/(kg·℃)];

$\quad\quad t_{ao}$——空气出口温度,℃;

$\quad\quad t_{ai}$——空气进口温度,℃。

（2）水路系统测试

①热水暖风机:

流量测量段管路应是热水流动变化最小的直管段,管径应与接管直径相同,其前后长度符合有关流量计的安装要求。热水进、出口温度的测量位置与暖风机热水进、出口接管口的距离小于或等于300 mm,温度计感热元件应通过管道轴线。

暖风机的热水量可采用超声波流量计、涡旋流量计等仪器进行水流量测试,则详细方法参照第5章。

②蒸汽暖风机:

测量暖风机进口蒸汽状态的压力计和温度计应安装在节流阀后,其测量位置与暖风机进口间的距离应不大于300 mm,温度计感热部分应触及蒸汽主气流。暖风机冷凝水采用重量法或容积法测量。

③放热量计算:

热水暖风机放热量按式(6.73)计算:

$$Q_w = c_{pw} m_w (t_{wi} - t_{wo}) \tag{6.73}$$

式中 Q_w——热水放热量,kW;

$\quad\quad c_{pw}$——热水比定压热容,[k/(kg·℃)];

$\quad\quad m_w$——热水质量流量,kg/s;

$\quad\quad t_{wi}$——热水进口温度,℃;

$\quad\quad t_{wo}$——热水出口温度,℃。

蒸汽风机放热量按式(6.74)计算:

$$Q_v = m_c (h - c_{pw} t_c) \tag{6.74}$$

式中 Q_v——蒸汽放热量,kW;

$\quad\quad m_c$——冷凝水质量流量,kg/s;

$\quad\quad h$——试验压力下的饱和蒸汽比焓,kJ/kg;

$\quad\quad c_{pw} t_c$——冷凝水温度,℃。

（3）热平衡分析

暖风机风侧得热量与水侧放热量测试应同时进行,两者应进行热平衡分析。暖风机空气得热和热媒放热的平衡允差应不超出±8%,当超过限值,应排除实验测试偏差原因,并重新进行测试。

空气得热和热媒放热的平衡计算如下:

热水时,按式(6.75)计算:

$$\Delta = \frac{Q_w - Q_a}{Q_w} \times 100\% \tag{6.75}$$

蒸汽时,按式(6.76)计算:

$$\Delta = \frac{Q_v - Q_a}{Q_v} \times 100\% \tag{6.76}$$

式中参数意义同前。

(4)额定工况得热量转换

暖风机产品供热量是按照机组在额定工况下试验所得,但实际使用工况往往与额定工况不同,故测得暖风机的实际空气得热量后,应转换为额定工况下的得热量,以此评价暖风机的实际供暖能力。

热水暖风机产品性能试验额定工况:空气进口温度为15 ℃,热水进口温度为90 ℃、110 ℃、130 ℃,出口温度为70 ℃;蒸汽暖风机产品性能试验额定工况:空气进口温度为15 ℃,干饱和蒸汽表压力分别为0.1 MPa、0.2 MPa、0.3 MPa、0.4 MPa。

当热媒为热水时按式(6.77)计算:

$$Q'_a = Q_a \frac{t'_{wm} - 15}{t_{wm} - t_{ai}} \tag{6.77}$$

式中　Q'_a——额定工况下的空气得热量,kW;

　　　Q_a——空气得热量,kW;

　　　t'_{wm}——额定工况下的热水进、出口平均温度,$t'_{wm} = \frac{t'_{wi} + t'_{wo}}{2}$,℃;

　　　t_{wm}——热水进、出口平均温度,$t_{wm} = \frac{t_{wi} + t_{wo}}{2}$,℃;

　　　t_{ai}——空气进口温度,℃。

当热媒为蒸汽时,按式(6.78)计算:

$$Q'_a = Q_a \frac{t'_v - 15}{t_v - t_{ai}} \tag{6.78}$$

式中　Q'_a——额定工况下的空气得热量,kW;

　　　Q_a——空气得热量,kW;

　　　t'_v——额定工况下的饱和蒸汽温度,℃;

　　　t_v——饱和蒸汽温度,℃;

　　　t_{ai}——空气进口温度,℃。

将暖风机实测出风温度转换为额定工况下出风温度,转换公式如式(6.79)所示。

$$t'_{ao} = t'_{ai} + \frac{Q'_a}{Q_a}(t_{ao} - t_{ai}) \tag{6.79}$$

式中　t'_{ao}——额定工况下的空气出口温度,℃:

　　　t'_{ai}——额定工况下的空气进口温度,℃。

5)辐射供暖(供冷)系统

辐射传热比例占总传热量50%以上的供暖(空调)末端称为辐射供暖(供冷)系统。辐射末端系统利用建筑物内部顶面、墙面、地面或其他表面进行供暖(供冷)的系统。辐射供暖系统是一种替代散热器的更为节能和舒适的供暖系统末端,在北方新建建筑中已被广泛使用。近年来随着南方供暖需求的增长,辐射供冷供暖一体化末端成为研究热点,并在一些建筑场所中逐渐被使用。辐射系统相对于对流换热系统,冬季供暖热媒温度、室内设计温度更低,夏季供冷冷媒温度、室内设计温度更高,具有优越的节能潜力,并且一般室内温度分布更均衡,舒适性更理想。由于辐射供冷末端不承担室内湿负荷,为避免辐射冷表面结露,辐射供冷末端一般需要与除湿新风机系统联合使用。

辐射供暖(冷)系统的主要性能指标为供热(冷)量,包括总换热量和有效换热量。此外辐射供冷末端结露风险性也是评价末端设计和使用合理性的重要项目。本小节主要针对供暖、空调工程中辐射供暖(冷)末端换热量结露风险评估相关测试内容和方法进行介绍。

(1)辐射供暖(冷)末端总换热量测试

以水为热(冷)媒的辐射供暖末端的总供热(冷)量可通过测量流过辐射末端的热(冷)媒质量流量和进出口的焓差来确定;发热电缆、电热膜辐射装置的供热量采用电功率计测量。

①以水为热(冷)媒的辐射供暖(冷)末端测试:

进口和出口水温应在辐射供暖(冷)末端与水系统的连接点处测量,如不能在连接点处测量,则测温点与辐射供暖(冷)末端和水系统的连接点之间的距离不应大于0.3 m,并应对该管段严格保温,保温层应延伸到测温点之外0.3 m以上。水流量测试方法详见第5章。

应在系统稳态条件下进行测试,依据《辐射供冷及供暖装置热性能测试方法》(JGT 403—2013),当在至少60 min内得到的所有读数(至少12组)与平均值的最大偏差小于下列范围:流量±1%、温度±0.1 ℃时,可以认为热媒循环系统达到稳态条件。在实际工程测试中,温度波动可按不超过±0.7 ℃确定。

在稳态条件下,等时间间隔上连续进行至少12次测试,测试总时间不应小于1 h。

总供热量可按式(6.80)计算:

$$Q = G_{\mathrm{m}} |h_1 - h_2| \tag{6.80}$$

式中　Q——辐射供暖系统供热(冷)量,W;

　　　G_{m}——通过辐射供暖系统的质量流量,kg/s;

　　　h_1,h_2——辐射供暖系统进出口比焓,J/kg;根据测量到的测试样品进出口温度 t_1 和 t_2,
　　　　　　通过查100 kPa压力下的水的物性参数表得到该比焓。

②发热电缆、电热膜辐射装置测试:

发热电缆或电热膜供暖装置的供热量由标准电压下的电功率决定。应在发热电缆、电热膜辐射装置运行稳定1 h后,开始测量在220 V电压下满负荷工作时电压和输入功率,测试供热量为电功率表测量值。

依据《辐射供冷及供暖装置热性能测试方法》当在至少60 min内得到的所有读数(至少12组)与平均值的最大偏差小于下列范围:电压±2%时,可以认为发热电缆、电热膜供电系统达到稳态条件。

在稳态条件下,等时间间隔上连续进行至少12次测试,测试总时间不应小于1 h。

(2)辐射供暖(冷)末端有效换热量测试

辐射供暖(冷)末端的总换热量分有效换热量和损耗散热量两个部分,如图6.37所示。以辐射供暖末端为例,辐射供暖末端与敷设结构(如吊顶、墙壁等)间存在导热,敷设结构面温度上升,与供暖房间以外区域(如上层房间、相邻房间、室外等)存在一定的换热量,属于损耗散热量。辐射供暖末端通过辐射和对流换热形式传递给供暖房间室内空气及围护结构、家具等物件,真正对房间起供暖作用的换热量则属于有效散热量。

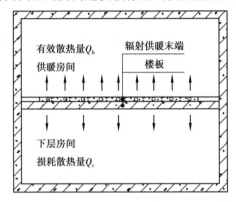 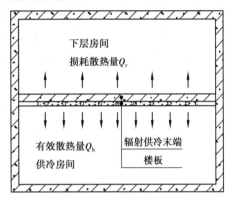

图6.37 辐射供暖(冷)换热量组成示意图

关于辐射供暖(冷)末端测试,除总换热量测试外,还需对有效换热量进行测试。有效换热量可采用以下两种方式进行测试:

第一种:有效换热量等于辐射系统对室内空间对流换热量加上对室内以围护结构为主的辐射换热量,即室内辐射面传热量。该方法需要测试并计算对流换热量及辐射换热量。

第二种:有效换热量等于总换热量扣除损耗散热量。该方法需要测试并计算辐射供暖(冷)末端总换热量及损耗散热量。如前文所述,总供热量可通过测量流过辐射末端的热媒质量流量和进出口的焓差来确定。损耗散热量则需通过辐射末端敷设结构板上下表面温度、结构板热阻、辐射末端敷设面积确定。

①第一种方式:

a. 房间空气温度测试。

辐射供暖末端敷设在地面时,房间温度测试点在辐射面垂直中心线上,测试高度为距地面0.75 m处;辐射供暖末端敷设在吊顶时,房间温度测试点在辐射面垂直中心线上,测试高度为距地面0.75 m处;辐射供暖末端敷设在墙时,房间温度测试点在房间中心轴线上,测试高度为距地面0.75 m处。

辐射供冷末端敷设在地面时,房间温度测试点在辐射面垂直中心线上,测试高度为距地面1.1 m处;辐射供冷末端敷设在吊顶时,房间温度测试点在辐射面垂直中心线上,测试高度为距地面1.1 m处;辐射供冷末端敷设在墙面时,房间温度测试点在房间中心轴线上,测试高度为距地面1.1 m处。

空气温度测点应做防热辐射屏蔽。

测试应在室内环境稳定时进行,依据《辐射供冷及供暖装置热性能测试方法》,当在至少60 min内得到的所有读数(至少12组)与平均值的最大偏差小于下列范围:各壁面中心温度

±0.5%,基准点空气温度±0.1 ℃,房间空气的相对湿度±5%时,可以认为室内环境达到稳定条件。在实际工程测试中,各壁面中心温度±1 ℃,基准点空气温度±1 ℃,房间空气的相对湿度±10%时,可认为室内环境达到稳定条件。

在稳态条件下,等时间间隔上连续进行至少12次测试,测试总时间不应小于1 h。

b. 房间表面温度测试。

房间6个内表面的中心点应布置温度测点,温度测点应与表面紧密接触。

以水为(冷)热媒或以发热电缆为加热元件的辐射供暖表面,温度测点数量不应少于5对,其中一半测点应沿(冷)热媒流程均匀设置在加热(制冷)管或加热(制冷)元件上,另一半测点应沿(冷)热媒流程均匀布置在加热(制冷)管或加热(制冷)元件中间。以电热膜为加热元件的辐射供暖表面,温度测点数量不应少于5个,并应按图6.38所示布置。

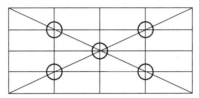

图6.38　以电热膜为加热元件的测试样品辐射表面温度测点布置示意图

应在辐射表面稳定时进行测试,依据《辐射供冷及供暖装置热性能测试方法》(JGT 403),当至少60 min内得到的所有读数(至少12组)辐射表面各温度测点与该温度测点平均值的最大偏差为±0.2 ℃,认为辐射表面达到稳定状态。在稳态条件下,等时间间隔上连续进行至少12次测试,测试总时间不应小于1 h。

c. 有效换热量计算方法。

辐射表面平均温度应取各测点温度的算术平均值,按式(6.81)计算:

$$t_{pj} = \frac{\sum\limits_{i=1}^{n} t_i}{n} \tag{6.81}$$

式中　t_{pj}——辐射表面平均温度,℃;

　　　t_i——辐射表面第 i 个测点温度,℃;

　　　n——辐射表面测点总数量。

室内非加热表面的面积加权平均温度,按式(6.82)计算:

$$t_{fj} = \frac{\sum\limits_{i=1}^{n} A_i \times t_i}{\sum\limits_{i=1}^{n} A_i} \tag{6.82}$$

式中　t_{fj}——非加热表面平均温度,℃;

　　　t_i——第 i 个非加热表面温度,℃;

　　　A_i——第 i 个非加热表面面积,m²;

　　　n——非加热表面总数量。

辐射面对室内的传热量由对流换热和辐射换热两个部分组成,应按下列公式计算。

对流换热量按式(6.83)计算:

$$Q_h = S \times (q_f + q_d) \tag{6.83}$$

辐射换热量按式(6.84)计算:

$$q_f = 5 \times 10^{-8} [(t_{pj} + 273)^4 - (t_{fj} + 273)^4] \tag{6.84}$$

对流换热量与辐射供暖(冷)末端敷设方式有关。

Ⅰ. 敷设在吊顶时:

供暖末端单位面积辐射换热量按式(6.85)计算:

$$q_d = 0.134(t_{pj} - t_n)^{1.25} \tag{6.85}$$

供冷末端单位面积辐射换热量按式(6.86)计算:

$$q_d = 2.13 |t_{pj} - t_n|^{0.31} (t_{pj} - t_n) \tag{6.86}$$

Ⅱ. 敷设在地面时:

供暖末端单位面积辐射换热量按式(6.87)计算:

$$q_d = 2.13 |t_{pj} - t_n|^{0.31} (t_{pj} - t_n) \tag{6.87}$$

供冷末端单位面积辐射换热量按式(6.88)计算:

$$q_d = 0.87(t_{pj} - t_n)^{1.25} \tag{6.88}$$

Ⅲ. 敷设在墙壁时,供暖和供冷末端单位面积辐射换热量均按式(6.89)计算:

$$q_d = 1.78 |t_{pj} - t_n|^{0.32} (t_{pj} - t_n) \tag{6.89}$$

式中　Q_h——有效散热量 W;

$\quad\quad q$——辐射面单位面积传热量,W/m^2;

$\quad\quad q_f$——辐射面单位面积辐射传热量,W/m^2;

$\quad\quad q_d$——辐射面单位面积对流传热量,W/m^2;

$\quad\quad t_{pj}$——辐射面表面平均温度,℃;

$\quad\quad t_{fj}$——室内非加热(供冷)表面的面积加权平均温度,℃;

$\quad\quad t_n$——室内空气温度,℃;

$\quad\quad S$——辐射面面积,m^2。

d. 采用热流计直接测试辐射面对室内传热量。

除通过上述方式测试辐射末端表面温度、非辐射面加权平均温度、室内空气温度的方式分别计算辐射换热量和对流换热量,获取辐射表面对室内的传热量(有效换热量)外,还可直接通过热流计结合热流传感器进行直接测试。

选用全热流密度,接触测量型热流传感器进行换热量测试,测试方法如下:

检查传感器的热流感知面和表面是否干净,是否有划损,若热流感知面和表面是脏的,测试前需要使用乙醇棉清洁干净,待表面干燥后,再进行测试。

取一片导热双面硅胶片,撕去一面的保护纸并将其粘贴于传感器的热流感知面,然后压紧;撕去导热双面硅胶片另一面的保护纸,将传感器粘贴于待测热源表面。如果热源的温度过高,使用适当的绝热工具粘贴和压紧,如图6.39所示。

连接传感器的导线到记录设备(如热流计),打开记录设备,即可记录测试数据。

热流传感器的测点数量不应少于5对,应均匀布置在辐射末端表面上。应在辐射表面稳定时进行测试,在稳态条件下,等时间间隔上连续进行至少12次测试,测试总时间不应小于1 h。

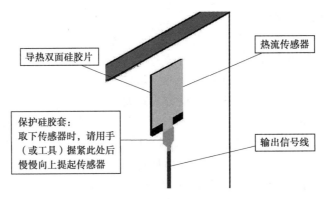

图6.39　热流传感器贴附示意图

取下传感器时,用手(或工具)握紧导线与传感器连接处的保护硅胶套的靠近传感器侧,慢慢向上提起传感器,避免损坏传感器。

传感器的输出电压与热流密度具有比例关系,因此只要测量得到传感器的输出电压就可计算得到热流密度。依据传感器的输出电压计算热流密度的方法如下:

被测热流密度(w/m^2)＝传感器的输出电压(μV)÷KS(传感器的灵敏度)

或:

被测热流密度(w/m^2)＝传感器的输出电压(μV)×KR(传感器的分辨率)

其中:KS 是传感器灵敏度,单位 $\mu V/(w/m^2)$;KR 是传感器分辨率,单位 $w/m^2 \cdot \mu V$,KR＝1÷KS。

传感器的分辨率 KR 或灵敏度 KS 一般标注在传感器输出电缆上的黄色套管上。

传感器与热流计连接后,通过热流计设定传感器分辨率 KR 或灵敏度 KS 即可自动转换为热流量。

②第二种方式:

a. 总供(冷)热量可通过测量流过辐射末端的(冷)热媒质量流量和进出口的焓差来确定。

b. 损耗散热量则需通过辐射末端敷设结构板上下表面温度、结构板热阻、辐射末端敷设面积来确定。图6.40为结构板上下表面温度测试示意图

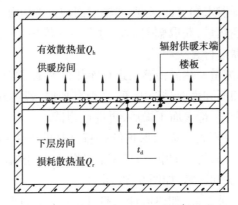

图6.40　结构板上下表面温度测试示意图

辐射末端敷设结构板上下表面温度测试方法可参照辐射供暖(冷)表面温度测试,如图6.40所示。结构板热阻可通过查阅结构板产品热工性能参数获得。

损耗散热量按式(6.90)计算:

$$Q_r = \frac{|t_u - t_d|}{R} \cdot S \tag{6.90}$$

式中 Q_r——反向传热量,W;

t_u——结构板上表面平均温度,℃;

t_d——结构板下表面平均温度,℃;

R——结构板热阻,$[(m^2 \cdot K)/W]$;

S——辐射表面的面积,m^2。

(3)结露风险性测试

辐射供冷系统一般仅承担室内显热负荷,无法承担室内湿负荷,若室内含湿量较大,室内露点温度高于辐射面板温度时,辐射面板将会出现结露现象,所以辐射供冷系统一般需结合除湿系统运行,如辐射供冷+新风除湿系统、辐射对流复合式系统等。

辐射供冷系统应对其结露风险性进行测试评估。

①辐射供冷表面温度测试:

辐射供冷表面温度测点数量不应少于5个,温度测点应与表面紧密接触。应注意辐射供冷表面温度分布往往不均衡,温度测点应合理,避免遗漏对辐射表面最低温度点的温度测试。如毛细管网辐射供冷席面常见有S型、U型、G型三种结构形式(图6.41),S型辐射供冷表面温度分布较为均衡,但U型、G型辐射供冷表面存在较为明显的冷热分区。

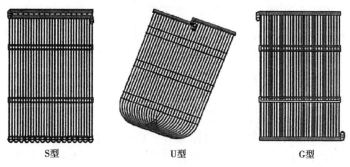

S型　　　　　　　　U型　　　　　　　　G型

图6.41　毛细管网辐射席面结构

此外,可采用热成像仪进行表面温度测试或测试辅助。如热成像仪测试精度满足实验要求,则可通过热成像仪进行表面温度测试,可直观获得整个表面的温度分布,并准确获得表面最低温度点温度。如热成像仪测试精度不能满足实验要求,则可通过热成像仪初步测试,判断辐射表面温度分布情况,以便指导温度测点的合理布置。

②室内露点温度测试:

结露风险性测试时,室内露点温度测点应选择可代表辐射供冷表面处空气的位置进行测试,空气露点温度测点应做防热辐射屏蔽。当辐射供冷表面附近局部区域存在散湿源时,应对该处露点温度进行测试。空气露点可通过同时测试空气温度、相对湿度(或湿球温度),查焓湿图获得露点温度。

③测试工况：

由于室内热湿环境、空调系统运行状态均为动态，进行结露风险性测试时，应对最不利时刻进行测试，例如，空调系统刚启用时，室内热湿负荷较大，可能是最容易发生负荷供冷表面结露的时刻；会议室等短时间内出现大量人员的场所，在出现大量人员时，室内湿负荷迅速增加，可能是最容易发生负荷供冷表面结露的时刻。可通过较长时间（如办公建筑整个工作使用时段）的测试，分析各时刻室内露点温度及辐射表面温度最低点的温度的差值，确定最不利时刻。

④结露风险评估：

结露风险评估以最不利时刻辐射供冷表面最低温度 t_b 与表面附近空气露点温度 t_d 进行对比。当 $t_b-t_d \geq 2$ ℃时，可判断辐射供冷表面无结露风险；当 $0 < t_b-t_d < 2$ ℃时，虽辐射供冷表面虽无明显结露，但长期使用，辐射供冷表面有发霉风险；当 $t_b-t_d \leq 0$ ℃时，辐射供冷表面将出现明显的结露现象。

6.3 除尘与过滤设备性能测试

通风、空调系统中往往需要对送入房间的空气进行除尘、过滤处理，提高室内空气质量，避免室内空气污染或传染病交叉感染。

除尘是指控制含尘气体，经过适当处理使其净化的过程。除尘器就是将粉尘从含尘气流中分离出来的净化设备，是控制和治理粉尘的主要设备。除尘器的选择要在调查研究的基础上，根据处理粉尘的不同，主要从除尘效率、处理能力、动力消耗与经济性等几个方面综合考虑。除尘器的种类很多，一般根据主要除尘机理的不同可分为重力、惯性、离心（机械力）、过滤、洗涤和静电等六大类；根据气体净化程度的不同则可分为粗净化、中净化、细净化与超净化等四类；而根据除尘器的除尘效率和阻力又可分为高效、中效、初效和高阻、中阻、低阻等几类。

空气过滤器主要用于进气净化，用以清除空气中含有的固体或液体微粒。一般用于洁净车间、洁净厂房、实验室及洁净室，或者用于电子机械、通信设备等的防尘进气净化处理。使用的滤料主要有布袋、泡沫塑料、无纺布和纤维素等。根据净化效率的不同，可分为粗效过滤器、中效过滤器、高效过滤器及亚高效等型号，各种型号有不同的标准和使用效能。粗效过滤器主要用以阻挡空气所携带的 10 μm 以上的微粒和各种异物；中效过滤器主要用以阻挡 1~10 μm 的悬浮性微粒；高效或亚高效过滤器主要用以阻挡送风中含量最多、用粗效和中效过滤器很难过滤掉的 1 μm 以下的亚微米级微粒。

本章节主要介绍通风、空调系统中常用的除尘、过滤设备的工程检测内容和方法。

6.3.1 主要测试参数及仪器

本章节主要测试参数及仪器要求见表6.22。

表 6.22 主要测试参数及仪器要求

参数	测试仪器	仪器要求
风速(风量)	风速仪、风量罩等	风速仪精度不低于±(0.05+0.05va)m/s。 风量罩精度不低于3% ±10 m³/h
空气动压、静压	毕托管和微压计	精度不低于±1.0 Pa
计数浓度	粒子计数器	粒子浓度示值误差不超过±30%
PMx 质量浓度	粉尘仪	示值误差不超过±20%;示值重复性不应大于±10%
转速	转速表、光学或磁性计数器、或频闪观测仪	准确度±1.0%
时间	秒表	准确度±0.2%
质量	电子天平	分度值:0.1 g

6.3.2 测试方法

1)旋风除尘器

旋风除尘器是利用气流旋转过程中作用在尘粒上的离心力,使粉尘从含尘气流中分离出来的设备。旋风除尘器工作原理如图 6.42 所示,含尘气体从入口导入除尘器的外壳和排气管之间,形成旋转向下的外涡旋。悬浮于外涡旋的粉尘在离心力的作用下移向器壁,并随外涡旋转到除尘器下部,由灰斗的排尘孔排出;净化后的气体形成上升的内涡旋并经过排气管排出。

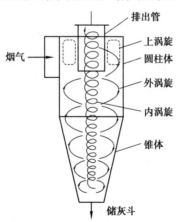

图 6.42 旋风除尘器工作原理示意图

旋风除尘器结构简单,体积小,维护方便,对于 10 ~ 20 μm 的粉尘,效率为 90% 左右。旋风除尘器在通风工程中得到了广泛的应用,它主要用于 10 μm 以上的粉尘,可以用作多级除尘中的第一级除尘器,也是中小燃煤锅炉烟气净化的主要除尘设备。

气体流速、压力损失、除尘效率是旋风除尘器重要检测参数,本小节主要对其工程检测方法进行介绍。

旋风尘器的测试系统如图 6.43 所示。应在系统运行稳定的状态下进行测试,测试仪器应满足表 6.22 相关要求并在测试前进行校准。

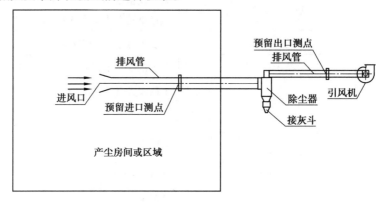

图 6.43 旋风除尘器测试系统

产尘房间散发粉尘,旋风除尘器设置在排风系统负压段,引风机入口前,含尘空气经过除尘器除尘之后,进入引风机被排出室内。除尘器入口和出口处预留测试点,以便进行风压、风速测试和粉尘取样,如图 6.43 所示。

(1)气体流量

除尘器流通气体流量可通过测试除尘器前后风管管段的风速或动压的方式进行测试。为保证除尘器前、后两测压断面取压的准确性,除尘器前、后测点与除尘器进、出口之间均分别有一定长度的直管段。前测点距除尘器的进口不少于管径的 6 倍,后测点距除尘器的出口不少于管径的 10 倍。风速、动压测试方法详见第 5 章。以除尘器进出口平均风量为除尘器气体流量。

(2)压力损失

除尘器的压力损失为除尘器进、出口处气流的全压绝对值之差,表示流体流经除尘器所耗的机械能。可采用比托管联合压力计进行除尘器进出口风管断面全压测试。当已知除尘器的局部阻力系数 ξ 值时,可通过测试除尘器流通气流动压,按式(6.91)计算除尘器压力损失。

$$\Delta p = \frac{\xi \rho_{g} V^{2}}{2} \tag{6.91}$$

式中　Δp——除尘器的压力损失,Pa;

　　　ρ_{g}——处理气体的密度,kg/m^3;

　　　V——除尘器入口处的气流速度,m/s。

(3)除尘效率

①除尘器总效率:

单位时间内除尘器除下的粉尘量与进入除尘器的粉尘量之百分比为除尘器的全效率如式(6.92)所示,旋风除尘器全效率的测定可采用质量法,即通过粉尘取样口测试一定时间段内,除尘器进口和出口处空气粉尘量。

$$\eta = \frac{G_{2}}{G_{1}} \times 100\% \tag{6.92}$$

式中　η——除尘器的全效率,%;

　　　　G_1——进入除尘器的粉尘量,g/s;

　　　　G_2——除尘器除下的粉尘量,g/s。

②分级效率:

分级效率为除尘器对某一代表粒径 d_c 或粒径在 $d_c \pm \Delta d_c/2$ 范围内粉尘的除尘效率,如式 (6.93)所示。

$$\eta_C = \frac{\Delta S_c}{\Delta S_j} \times 100\% \tag{6.93}$$

式中　ΔS_c——Δd_c 粒径范围内,除尘器捕集的粉尘量,g/s;

　　　　ΔS_j——Δd_c 粒径范围内,进入除尘器的粉尘量,g/s。

③除尘系统总效率:

a. 若在除尘系统由多个旋风除尘器或旋风除尘器与其他除尘器串联运行时,除尘系统的总效率用 η_r 有以下两种测试方法:

b. 可通过测试第 1 个除尘器入口气流空气粉尘量和从最后一个除尘器出口气流空气粉尘量,按式(6.94)进行计算:

$$\eta_r = \frac{G_n}{G_1} \times 100\% \tag{6.94}$$

式中　η_r——除尘系统总效率,%;

　　　　G_1——第一个除尘器入口气流的粉尘量,g/s;

　　　　G_n——最后一个除尘器出口气流空气粉尘量,g/s。

c. 按(1)方法对每个除尘器的全效率测试,按式(6.95)计算系统总效率:

$$\eta_T = 1 - (1 - \eta_1)(1 - \eta_2)\cdots\cdots(1 - \eta_i)\cdots\cdots(1 - \eta_n) \tag{6.95}$$

式中　η_T——除尘系统总效率;

　　　　η_i——各个除尘器的全效率。

2)袋式除尘器

袋式除尘器是利用纤维滤料制作的袋状过滤元件来捕集含尘气体中固体颗粒物的设备。其除尘效率可达99%以上,是目前应用最为广泛的高效除尘器之一,袋式除尘器结构如图 6.44 所示。

含尘气体通过洁净滤袋(新滤袋或清洗后的滤袋)时,由于洁净滤料本身的网孔较大(一般滤料为 20~50 μm,表面起绒的为 5~10 μm),气体和大部分微细粉尘都能从滤料网孔通过,而粗大的尘粒则被阻留下来,并在孔网之间产生"架桥"现象。随着含尘气体不断通过滤料纤维间隙,被阻留在纤维间隙的粉尘量也不断增加。经过一段时间后,滤料表面积聚一层粉尘,这层粉尘称为初尘层,如图 6.45 所示。在以后的过滤过程中,初尘层便成了滤袋的主要过滤层。由于初尘层的作用,过滤很细的粉尘也能获得较高的除尘效率。这时滤料主要起着支撑粉尘层的作用。随着粉尘在滤袋上的积聚,除尘效率不断增加,但同时阻力也增加。当阻力达到一定程度时,滤袋两侧的压力差很大,会把有些已附在滤料上的微细粉尘挤压过去,使除尘效率降低。另外,除尘器阻力过高,会使通风除尘系统的风量显著下降,影响排风罩的控尘效果。因此,当阻力达到一定数值后,要及时进行清灰,清灰时不能破坏初尘层,以免除尘效率产生波动。

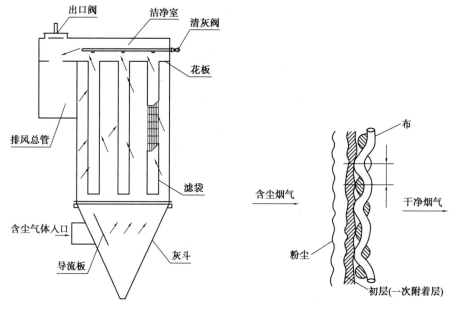

图6.44　袋式除尘器结构示意图　　　　图6.45　滤料上的初尘层

气体流速、压力损失、除尘效率是旋风除尘器重要检测参数,本小节主要对其工程检测方法进行介绍。

袋式除尘器的测试系统与旋风除尘器相同。应在系统运行稳定的状态下进行测试,测试仪器应满足表6.22相关要求并在测试前进行校准。

（1）处理气体流量及漏风率

要测定袋式除尘器处理气体流量,应同时测出除尘器进出口连接管道中的气体流量,取其平均值作为除尘器的处理气体量,风量测试方法详见第5章。

除尘器一般设置在正压段,含尘气体被压入除尘器内,由于袋式除尘器存在漏风,进出口风量往往不同,除尘器的漏风率应小于±5%。漏风率可按式（6.96）进行计算。

$$\delta = \frac{L_1 - L_2}{L_1} \times 100\% \tag{6.96}$$

式中　L_1——除尘器进口风量,m^3/h;

　　　L_2——除尘器出口风量,m^3/h。

（2）过滤速度

不同型号除尘器有适宜的过滤速度范围,过滤速度影响除尘器过滤效率、阻力、漏风率、使用寿命等多个性能。当测得除尘器过滤风量并已知袋式除尘器总过滤面积时,则其过滤速度V_F按式（6.97）计算。

$$V_F = \frac{60L_1}{F} \tag{6.97}$$

式中　V_F——除尘器过滤速度,m/s;

L_1——除尘器进口风量，m^3/h；

F——除尘器总过滤面积。

（3）压力损失

袋式除尘器压力损失（ΔP）为除尘器进出口管中气流的平均全压之差。当袋式除尘器进、出口管的断面面积相等时，也可采用其进、出口管中气体的平均静压之差计算，如式（6.98）所示。

$$\Delta P = P_{S1} - P_{S2} \tag{6.98}$$

式中　P_{S1}——袋式除尘器进口管道中气体的平均静压，Pa；

P_{S2}——袋式除尘器出口管道中气体的平均静压，Pa。

考虑袋式除尘器在运行过程中，其压力损失随运行时间产生一定变化，因此，在测定压力损失时，应每隔一定时间，连续测定（一般可考虑 5 次），并取其平均值作为除尘器的压力损失（ΔP）。

（4）除尘效率

袋式除尘效率采用质量浓度法和等速采样法进行测试，即同时测出除尘器进、出口管道中气流平均含尘浓度。由于袋式除尘器除尘效率高，除尘器进、出口气体含尘浓度相差较大，为保证测定精度，可在除尘器出口采样中，适当加大采样流量。除尘效率计算如式（6.99）所示。

$$\eta = \frac{L_1 y_1 - L_2 y_2}{L_1 y_1} \times 100\% \tag{6.99}$$

式中　L_1——除尘器入口风量，m^3/s；

y_1——除尘器入口浓度，g/m^3；

L_2——除尘器出口风量，m^3/s；

y_2——除尘器出口浓度，g/m^3。

（5）穿透率

穿透率 P 为单位时间内除尘器排放的粉尘量与进入除尘器的粉尘量之百分比，如式（6.100）式（6.101）所示。

$$P = 1 - \eta \tag{6.100}$$

或

$$P = \frac{L_2 y_2}{L_1 y_1} \times 100\% \tag{6.101}$$

式中　P——除尘器穿透率；

η——除尘器除尘效率；

L_1——除尘器入口风量，m^3/s；

y_1——除尘器入口浓度，g/m^3；

L_2——除尘器出口风量，m^3/s；

y_2——除尘器出口浓度，g/m^3。

3）电除尘器

静电除尘器是利用静电力将气体中粉尘分离的一种除尘设备，简称电除尘器。除尘器由本体及直流高压电源两部分构成。本体中排列有数量众多的、保持一定间距的金属集尘极（又称极板）与电晕极（又称极线），用以产生电晕、捕集粉尘。同时，设备配备清灰装置、气流均布装置及灰尘储存与输送装置，用于清除电极表面沉积的粉尘。图6.46是电除尘器的工作原理图，图6.47是板式静电除尘器结构示意图。

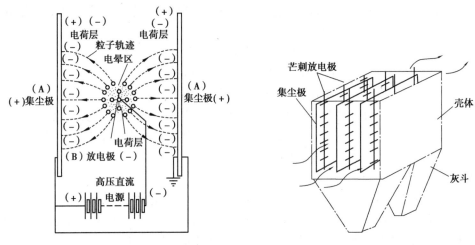

图6.46　电除尘器的工作原理　　　　图6.47　板式静电除尘器结构示意图

粉尘比电阻有一定要求，通常最适宜的范围是 $10^4 \sim 10^{11}$ Ω·cm。

电除尘器除尘效率的理论计算如式（6.102）、式（6.103）所示。

$$\eta_t = 1.0 - e^{-\frac{A}{L}w_e} \tag{6.102}$$

$$L = v \times F \tag{6.103}$$

式中　η_t——电除尘器的理论除尘效率；

A——集尘极板总面积，m^2；

L——除尘器处理风量，m^3/s；

F——电除尘器横断面积，m^2；

v——电场风速，m/s；

w_e——电除尘器有效驱进速度，m/s。

电场风速的大小对除尘效率有较大的影响，风速过大，容易产生二次扬尘，除尘效率下降。但是风速过低，电除尘器体积大，投资增加。根据经验，电场风速最高不宜超过 $1.5 \sim 2.0$ m/s，除尘效率要求高的除尘器不宜超过 $1.0 \sim 1.5$ m/s。

式（6.102）称为多依奇公式。多依奇公式概括了除尘效率与集尘极面积、处理风量和粉尘驱进速度之间的关系，指明了提高电除尘器捕集效率的途径，因而在电除尘器设计选型和性能分析方面有着非常广泛的应用。由于在电除尘器中影响粉尘荷电及运动的因素很多，理论计算值与实际相差较大，目前仍沿用经验性或半经验性的方法来确定有效驱进速度，表6.23是部分粉尘的有效驱进速度。

表 6.23　部分粉尘的有效驱进速度　　　　　　单位:m/s

粉尘名称	有效驱进速度	粉尘名称	有效驱进速度
电站锅炉飞灰	0.04~0.2	焦油	0.08~0.2
粉煤炉飞灰	0.1~0.14	硫酸雾	0.061~0.07
纸浆及造纸锅炉尘	0.065~0.1	石灰转窑尘	0.05~0.08
铁矿烧结粉尘	0.06~0.2	石灰石	0.03~0.055
碱性氧气顶吹转炉生	0.07~0.09	镁砂回转窑尘	0.045~0.06
焦炉尘	0.067~0.16	氧化铝	0.064
高炉尘	0.06~0.14	氧化锌	0.04
湿法水泥窑尘	0.08~0.115	氧化亚铁	0.07~0.22
干法水泥窑尘	0.04~0.0	有色金属转炉尘	0.073
煤磨尘	0.08~0.1	镁砂	0.047
石膏	0.16~0.2	城市垃圾焚烧炉尘	0.04~0.12

此外,电除尘器的长高比,即集尘极板的有效长度与高度之比,会直接影响振打清灰时二次扬尘的严重程度。与集尘极板的高度相比,如果集尘极板的长度不够长,部分下落粉尘在到达灰斗前可能会被气流带出除尘器,从而降低除尘效率。因此,当要求除尘效率大于99%时,除尘器的长高比应不小于1.0~1.5。

袋式除尘器除尘效率的实测方法与袋式尘器类似,应在系统运行稳定的状态下进行测试,测试仪器应满足表6.22相关要求并在测试前进行校准。袋式除尘器除尘效率按式(6.104)计算:

$$\eta_m = (L_1 y_1 - L_2 y_2)/L_1 y_1 \times 100\% \tag{6.104}$$

式中　η_m——除尘器实测除尘效率;

L_1——除尘器入口风量,m^3/s;

y_1——除尘器入口浓度,g/m^3;

L_2——除尘器出口风量,m^3/s;

y_2——除尘器出口浓度,g/m^3。

4)空气过滤器

空气过滤器的计数效率、阻力和容尘能力是评价其性能的重要指标。过滤器的测试系统与除尘器相同。应在系统运行稳定的状态下进行测试,测试仪器应满足表6.22相关要求并在测试前进行校准。

(1)大气尘分组计数效率的测定

在额定风量下,一般用2台粒子计数器同时测出受试过滤器上、下风侧空气中粒径≥0.5 μm、≥1.0 μm、≥2.0 μm和≥5.0 μm的粒子计数浓度;当受试过滤器对0.5 μm粒径挡的计数效率小于90%时,也可以用一台计数器进行测定,受试过滤器的大气尘计数效率为其上、下风侧计数浓度之差与上风侧浓度之比,以百分数表示。

(2)阻力的测定

在测定各挡计数效率的同时,用对过滤器前后管道上的全压进行测试,计算空气过滤器阻力。在变风量系统中,应对系统不同风量下过滤器阻力进行测试,以求得受试过滤器的风量与阻力关系曲线。一般情况下,当过滤器实测阻力达到产品初阻力2倍时,说明应更换过滤器。

(3)容尘量的测定

①容尘量是指在规定的风速及终阻力下单位面积滤材上所容纳的灰尘的质量(g/m)。

②进行过滤器容尘量测试,应对干净的未投入使用的过滤器进行称重(G_1)。

③把过滤器安装到风系统中,把风量调到规定的滤速,记录初阻力。

④运行系统,使用过滤器除尘,当过滤器阻力达到2倍初阻力时,停止使用,拆下过滤器称重(G_2)。

⑤容尘量以单位面积的容尘克数 g/m² 表示,按式(6.105)计算。

$$g = \frac{G_2 - G_1}{F} \tag{6.105}$$

6.4 燃气设备性能测试

常见的燃气设备有燃气灶、燃气热水器、燃气采暖热水炉、燃气锅炉等,以上设备均通过燃气燃烧提供生产、生活所需热量。因此,以上设备的性能是否合格,不仅影响人民生活、生产质量,更是关乎人民的生命财产安全,本节将对燃气灶、燃气热水器、燃气采暖热水炉的主要性能测试进行介绍,燃气锅炉详见6.1节。

6.4.1 主要测试参数及仪器

家用燃气灶主要测试参数及仪器仪表要求见表6.24:

表6.24 家用燃气灶主要测试参数及仪器仪表

用途 (试验项目)	仪器仪表名称	规格	
		范围	精度或最小刻度
室温及燃气温度测定	温度计	0 ~ 50 ℃	燃气温度0.5 ℃;室温1 ℃
湿度测定	湿度计	0% RH ~ 98% RH	±5% RH
大气压力测定	气压计	81 ~ 107 kPa	0.1 kPa
燃气压力测定	U型压力计或压力表	5 000 Pa 以上	10 Pa
时间测定	秒表	—	0.1 s
燃气流量测定	湿式气体流量计		0.1 L
燃气相对密度测定	燃气相对密度仪		±2%
气密性测定	气体检漏仪	—	—
噪声测定	声级计	40 ~ 120 dB	1 dB

用途 （试验项目）	仪器仪表名称	规格	
		范围	精度或最小刻度
燃气成分测定	色语仪或 吸收式气体分析仪	—	—
燃气热值测定	热量计	—	
一氧化碳含量测定	一氧化碳测试仪	0%～0.2%	0.001%
二氧化碱含量测定	二氧化碳测试仪	0%～15%	0.01%
氧气含量测定	氧气测试仪	0%～21%	0.01%
水温	温度计	0～100 ℃	0.2 ℃
表面温度测定	热电温度计、热电偶	0～300 ℃	2 ℃
电压测定	交流电压表	—	精度1.0级
接地电阻测定	接地电阻测试仪	—	
泄漏电流测定	电流计、电压计 泄漏电流测试仪	—	
功率消耗测定	功率表	—	—
线圈温升测定	直流低电阻测试仪		
质量测定	衡器	0～15 kg	10 g
试验环境风速测定	风速仪	—	分辨率0.01 m/s
锅底颜色测定	色彩测色计	—	0.01

家用燃气热水器主要测试参数及仪器仪表要求见表6.25。

表6.25　家用燃气热水器主要测试参数及仪器仪表要求

检测项目		仪器仪表名称	规格或范围	精度/最小刻度
温度	环境温度	温度计	0～50 ℃	0.1 ℃
	水温	低热惰性温度计， 如水银温度计 或热敏电阻温度计	0～50 ℃ 50～100 ℃ 100～150 ℃	0.1 ℃
	排烟温度	热电偶温度计	0～300 ℃	2 ℃
	表面温度	热电温度计或 热电偶温度计	0～300 ℃	2 ℃

续表

	检测项目	仪器仪表名称	规格或范围	精度/最小刻度
压力	大气压力	动槽式水银气压计 定槽式水银气压计 盒式气压计	81～107 kPa	0.1 kPa
	燃气压力	U 型压力计或压力表	0～6 000 Pa	10 Pa
	燃烧室, 给排气管压力	微压计	0～200 Pa	1 Pa
	水压力	压力计	0～0.6 MPa	0.4 级
			0～2.5 MPa	0.5 级
流量	燃气流量	湿式或 干式气体流量计	0～3.0 m³/h	0.1 L
			0～6.0 m³/h	0.2 L
			0～23 m³/h	1.0 级
	水流量	电子秤	0～50 kg	20 g
		数字式水流量计	0～1.5 m³/h	1 L/h
	空气流量	干式气体流量计	0～20 m³/h	1.0 级
气密性		气体检漏仪	皂膜流量计或气密检漏仪	—
烟气 分析	CO 含量	红外仪 或吸收式气体分析仪 或燃烧效率测定仪	0～0.2%	(1)≤±5% 的测量/(1×10⁻⁶) (2)测量值的最大波动值≤4 (3)反应时间≤10 s
	CO₂ 含量	CO₂ 分析仪	0～25%	±5% 的测量值
	O₂ 含量	执磁仪、红外仪	0～25%	±1%
空气中 CO₂		CO₂ 分析仪	0～25%	0.1%
燃气 分析	燃气成分	色谱仪或吸收式 气体分析仪	—	—
	燃气相对密度	燃气相对密度仪	—	—
	燃气热值	热量计或色谱仪	—	—
时间	1 h 以内	秒表	—	0.1 s
	超过 1 h	时钟	—	—
噪声		声级计	40～120 dB	1 dB
微压		微压计,动压管	0～200 Pa	1 Pa
气体流速		风速仪	0～15 m/s	0.1 m/s
质量		衡器	0～200 kg	20 g

检测项目	仪器仪表名称	规格或范围	精度/最小刻度
力矩	手动扭力扳手	0~1.5 N·m	0.02 N·m
力	推拉型指针试测力计	0~100 N	0.1 N
冷凝水 pH	酸度计	0~14	±0.05

燃气采暖热水炉主要测试参数及仪器仪表要求见表 6.26。

表 6.26　燃气采暖热水炉主要测试参数及仪器仪表要求

试验项目		仪器仪表示例	范围	最大允许误差/准确度等级/分度值
温度	环境温度	温度计	0~50 ℃	0.2 ℃
	水温	低热惰性温度计,如水银温度计或热敏电阻温度计	0~150 ℃	0.2 ℃
			0~100 ℃	0.1 ℃
	排烟温度	热电偶温度计	0~300 ℃	2 ℃
	燃气温度	水银温度计	0~50 ℃	0.2 ℃
	表面温度	热电温度计或热电偶温度计	0~300 ℃	2 ℃
相对湿度		湿度计	0%~100%	1%
压力	大气压力	定槽式水银气压计盒式气压计	81~107 kPa	0.1 kPa
	燃气压力	U型压力计或压力表	0~6 000 Pa	10 Pa
	燃烧室压力	微差压计	0~200 Pa	1 Pa
	水压力	精密压力表	0~0.6 MPa	0.4 级
	水路耐压	压力表	0~6 MPa	1.6 级
流量	燃气流量	流量计	0.01~3 m³/h	1.0 级
			0.01~6 m³/h	1.0 级
			0.15~23 m³/h	1.0 级
			0.30~45 m³/h	1.0 级
	水流量	电磁流量计	0~10 000 L/h	0.5 级
	空气流量	干式气体流量计	0~10 m³/h	1.0 级
燃气系统密封性		气体检漏仪	—	0.01 mL/min

续表

试验项目		仪器仪表示例	范围	最大允许误差/准确度等级/分度值
烟气分析	CO 含量	CO 分析仪	0% ~0.2%	±1%
	CO_2 含量	CO_2 分析仪	0% ~25%	0.1%
	O_2 含量	O_2 分析仪	0% ~25%	±1%
	NO_2 含量	NO_2 分析仪	0% ~0.1%	±1%
空气中 CO_2		CO_2 分析仪	0% ~25%	0.1%
燃气分析	燃气成分	色谱仪	—	灵敏度:≥800 mV·mL/mg 定量重复性:≤3%
	燃气相对密度	燃气相对密度仪	—	±2%
	燃气热值	热量计	—	±1%
时间	1 h 以内	秒表	—	0.1 s
	大于 1 h	时钟	—	—
噪声		声级计	15 ~140 dB	0.5 dB
气体流速		风速仪	0 ~30 m/s	0.1 m/s
质量		衡器	0 ~300 kg	20 g
功率		数字功率计	0 ~4 kW	0.1 W

6.4.2 测试方法

1)家用燃气灶

本节介绍使用城镇燃气的家用燃气灶具及使用城镇燃气和电能的家用气电两用灶具的主要性能指标的测试。

灶具包括以下类型：

a. 单个燃烧器额定热负荷≤5.23 kW 的燃气灶；

b. 额定热负荷≤5.82 kW 的燃气烤箱和燃气烘烤器；

c. 额定热负荷符合(a)、(b)规定的燃气烤箱灶和燃气烘烤灶；

d. 每次焖饭的最大稻米量≤4 L、额定热负荷≤4.19 kW 的燃气饭锅；

e. 额定热负荷符合(a)、(b)、(d)规定、电的总额定输入功率≤5.00 kW 的气电两用灶具；

f. 额定热负荷符合(a)、(e)规定的集成灶；

g. 使用充气量不大于 15 kg 的液化石油气储气罐供气,总热负荷不大于 35 kW 的家用户外燃气烤炉(以下简称燃气烤炉)。

家用燃气灶主要测试内容有热负荷、燃烧工况、热效率、燃气系统气密性等方面性能指标，以上测试对试验室条件、试验用燃气有一定的要求。

燃气灶试验室室温为(20±5)℃，在每次试验过程中室温波动应小于5 ℃。室温确定方法：在距灶具正前方、正左方及正右方各1 m处，将温度计感温部分固定在与灶具上端大致等高位置，测量上述三点的温度，取其平均值。

燃气灶试验室通风换气良好，室内空气中一氧化碳含量应小于0.002%，二氧化碳含量应小于0.2%，试验灶具周围1 m处空气水平流动速度≤0.1 m/s。

燃气灶试验室使用的交流电源，电压波动范围在±2%以内。

试验用燃气代号按GB/T 13611的规定，见表6.27。在试验过程中燃气的低热值华白数变化范围应在±2%以内。灶具停止运行时的静压力应小于或等于运行时燃气供气压力的1.25倍。

表6.27　试验用燃气

代号	试验气
0	基准气
1	黄焰和不完全燃烧界限气
2	回火界限气
3	脱火界限气

试验用燃气供气压力见表6.28：

表6.28　试验用燃气供气压力

代号	试验用燃气压力/Pa			
	液化石油气	天然气		人工煤气
1(最高试验压力)	3 300	3 000	1 500	1 500
2(额定燃气供气压力)	2 800	2 000	1 000	1 000
3(最低试验压力)	2 000	1 000	500	500

灶具应按规定的安装和使用状态试验，除各个单项性能试验中的具体规定外，还应符合以下基本要求：

a.有可调节风门的灶具，燃烧器燃烧所需的空气量，应使用0-2气调节到燃烧火焰最佳状态，然后将风门固定，各项性能试验时不得再调风门。

b.灶应按表6.29选定的试验用锅(下限锅)和加热水量，试验中水位低于二分之一水量时，应及时补水。

c.活动锅支架在试验中应调整到对试验最不利的状态。

d.对具有盛液盘的烘烤器，盛液盘中应加水，试验中水量过少时，应及时补水。

e.烤箱试验中，在烤箱中部应放一个烤盘。

f.饭锅试验中，水应按最大饭量注入，试验中水位低于二分之一水量时，应及时补水。

g. 灶与墙壁等遮挡物距离应大于 150 mm。

表 6.29　灶试验用锅和加热水量

| 实测热负荷/kW | 锅的尺寸/mm | | | | | 锅的其他参数 | | | 加热水量/kg | 锅表面处理要求 |
	锅内径 A	锅底厚度 C	锅壁厚度 D	锅深度 H	底角半径 RE	底面积/cm²	锅质量/g	锅盖质量/g		
1.72	200			130	2.5	314	540	125	3	试验用锅采用:无光黑色锅,色度值满足 $L^* \leqslant 50$; $-10 \leqslant a^* \leqslant +10$; $-10 \leqslant b^* \leqslant +10$。 测试条件:采用 SCI(包含镜面反射光)方式,标准观察角为 10°,使用 D65 标准光源
2.08	220	2	1.5	140	3	380	680	149	4	
2.48	240			150		452	800	177	5	
2.91	260			160		531	965	208	6	
3.36	280			170	3.5	615	1 130	290	8	
3.86	300	2.5	1.8	180		707	1 350	323	10	
4.40	320			190		804	1 520	360	12	
4.95 ~	340			200	4	907	1 800	402	14	
公差	±1%	±0.2	±0.2	±1%	0 ~ 0.5	±5%				

锅简图	锅盖简图　　　　　　　　　　单位为 mm
	说明: A——锅内径,其公差为 $A_{-2.5}^{-2}$。

注:大内径为上限锅,小内径为下限锅。

（1）热负荷试验

制造厂家标识的在额定燃气供气压力下,使用基准状态下基准气时灶具的热负荷的设计值,为燃气灶的额定热负荷（额定热流量）。试验状态下,试验气的低热值与实测燃气流量的乘积,为燃气灶实测热负荷（实测热流量）。设计燃气低热值与实测燃气流量折算到设计燃气基准状态流量的乘积,为燃气灶实测折算热负荷（实测折算热流量）。

①试验系统。

热负荷热效率试验如图 6.48 所示,连接压力计、流量计和灶具,在点燃灶具前应使灶具前面的燃气通路处于最大通气状态。

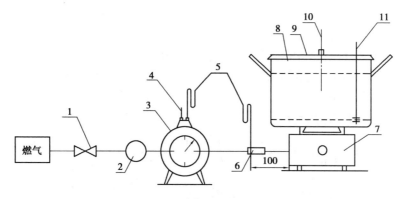

(a)试验装置连接图

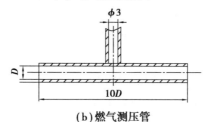

(b)燃气测压管

图6.48 热负荷热效率试验装置(单位:mm)

1—阀门;2—调压阀;3—湿式气体流量计;4—温度计;5—压力计;6—三通;
7—灶具;8—铝锅;9—铝锅盖;10—精密温度计;11—搅拌器

精密温度计应放置在水深二分之一处的中心位置。

搅拌器应放置在不接触温度计水银球的位置。

灶具前燃气压力测量点应为图示三通位置,距离进气口不大于100 mm。

注:D 为三通的内径,$D=(1 \sim 1.1)d$;d 为燃气管的内径。

②试验要求。

热负荷应使用0-2气。

使用交流电源的灶具,将电源电压设定在额定电压。

试验单个燃烧器热负荷时,只点燃单个燃烧器进行逐个检测,试验灶具总热负荷时,所有燃烧器应同时点燃检测,点燃燃烧器后燃气阀门调至最大。

所有燃烧器应同时点燃检测,点燃燃烧器后燃气阀门调至最大。

在单个燃烧器或全部燃烧器点燃后 15~20 min 时段内用气体流量计测定燃气流量,气体流量计指针走一周以上的整圈数,且测定时间应不少于 1 min,重复测定 2 次以上,读数误差小于 2%,取两次流量的平均值。

③热负荷计算。

用式(6.106)计算实测热负荷。

$$\Phi_{实} = \frac{1}{3.6} \times Q_{1实} \times v \times \frac{288}{273 + t_g} \times \frac{p_{amb} + p_m - S}{101.3} \qquad (6.106)$$

式中　$\Phi_{实}$——实测热负荷,kW;

　　$Q_{1实}$——15 ℃,101.3 kPa状态下实验燃气的低热值,MJ/m³;

　　v——实测燃气流量,m³/h;

t_g——燃气流量计内的燃气温度,℃;

p_{amb}——试验时的大气压力,kPa;

p_m——实测燃气流量计内的燃气相对静压力,kPa;

S——温度为 t_g 时的饱和水蒸气压力,kPa(当使用干式流量计测量时,S 值应乘以试验燃气的相对湿度进行修正)。

用式(6.107)计算实测热负荷。

$$\Phi = \frac{1}{3.6} \times Q_{1设} \times v \times \sqrt{\frac{d_a}{d_{mg}}} \times \frac{101.3 + p_s}{101.3} \times \frac{p_{amb} + p_m}{p_{amb} + p_g} \times$$

$$\sqrt{\frac{288}{273 + t_g} \times \frac{p_{amb} + p_m - (1 - 0.622/d_a) \times S}{101.3 + p_s}} \qquad (6.107)$$

式中　Φ——实测折算热负荷,kW;

　　　$Q_{1设}$——15 ℃,101.3 kPa 状态下设计燃气的低热值,MJ/m³;

　　　v——实测燃气流量,m³/h;

　　　d_a——基准状态下干试验燃气的相对密度;

　　　d_{mg}——基准状态下干设计燃气的相对密度;

　　　p_{amb}——试验时的大气压力,kPa;

　　　p_s——设计时使用的额定燃气的供气压力,kPa;

　　　p_m——实测燃气流量计内的燃气相对静压力,kPa;

　　　p_g——实测灶具前的燃气相对静压力,kPa;

　　　S——温度为 t_g 时的饱和水蒸气压力,kPa(当使用干式流量计测量时,S 值应乘以试验燃气的相对湿度进行修正);

　　　0.622——水蒸气理想气体的相对密度。

用式(6.108)计算额定热负荷精度。

$$额定热负荷精度 = \frac{实测折算热负荷 - 额定热负荷}{额定热负荷} \times 100\% \qquad (6.108)$$

用式(6.109)计算总实测折算热负荷与单个燃烧器实测折算热负荷总和之比。

$$b = \frac{总实测折算热负荷}{\sum \Phi_i} \times 100\% \qquad (6.109)$$

式中　b——总实测折算热负荷与单个燃烧器实测折算热负荷总和之比,%;

　　　Φ_i——单个燃烧器实测折算热负荷,kW。

④热负荷要求。

灶具的热负荷应满足:

A. 每个燃烧器的实测折算热负荷与额定热负荷的偏差应在±10%以内。

B. 总实测折算热负荷与单个燃烧器实测折算热负荷总和之比≥85%。

C. 两眼和两眼以上的燃气灶、气电两用灶和集成灶应有一个主火燃烧器,其实测折算热负荷:普通型灶≥3.5 kW;红外线灶≥3.0 kW。

（2）燃烧工况试验

①试验条件。

燃气灶燃烧工况试验应在表6.30条件下进行。

表6.30　燃烧工况试验条件

试验项目		燃气调节方式			试验电压/%	试验气	
		燃气量调节方式	燃气量切换方式	吸排油烟装置切换方式		型式检验	出厂检验（可选）
火焰传递		大	全	无、高	110	3-2	0-2
离焰		大	大	无、高	90及110	3-1	
熄火		大、小	全	无、高	90及110	3-3	0-1、0-3
回火		大、小	全	无、高	90及110	2-3	
燃烧噪声		大	大	—	100	2-1	0-1
熄火噪声		大	大	无	90及110	2-1	0-2
一氧化碳		大	大	无	100	0-2	
小火燃烧器燃烧稳定性	熄火	大	大	无、高	100	3-3	0-1、0-3
	回火	大	大	无、高	100	2-3	
使用超大型锅时燃烧稳定性		大	全		90及110	1-1	
烤箱门关闭时燃烧稳定性	主燃烧器	大、小	大	—	90及110	0-3	
	小火燃烧器	小	小		90及110	0-2	
烤箱温度控制器工作时燃烧稳定性及火焰传递	小火燃烧器	大、小	大	—	90及110	0-3	
	主燃烧器	大、小	大		90及110	0-3	
点火燃烧器	熄火	大	大	无、高	100	0-1、0-3	
	回火	大	大	无、高	100	2-3	

　　"大"指燃气量最大状态，"小"指燃气量最小状态。如不知最小状态，则指其最大燃气流量的三分之一为最小状态。

　　其中"大"指点燃全部燃烧器，"小"指点燃最少量燃烧器，"全"指逐挡点燃每个燃烧器状态。

　　集成灶试验时的切换要求："无"指吸排油烟装置风机关闭状态，"高"指吸排油烟装置风机最高转速运行状态。

　　使用交流电源的灶具，当电压变化对性能有影响时，按表中的电压条件进行试验。

②试验状态及方法。

a. 火焰传递。

试验状态:对有燃气量调节的灶具,仅在"最大"状态下进行(本试验状态适用于本表没有特别说明的所有实验项)。

试验方法:冷态点燃主燃烧器一处火孔后,记录火焰传遍所有火孔的时间和目测有无爆燃现象。

b. 离焰。

试验方法:冷态点燃主燃烧器,15 s 后目测有三分之一以上火孔离焰,则判定为离焰。

c. 熄火。

试验方法:试验方法;主燃烧器点燃 15 s 后,目测每个火孔是否都有火焰。

d. 回火。

试验方法:主燃烧器点燃 15 min,目测火焰是否回火。

e. 燃烧噪声。

试验方法:

点燃全部燃烧器,15 min 后,按图 6.49 所示与灶面板平齐的三点进行试验。

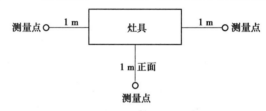

图 6.49　噪声测定示意图

使用声级计,按 A 计权,快速挡进行测定,环境本底噪声应小于 40 dB 或比灶具实测噪声低 10 dB 以上,否则按 GB/T 3768—2017 中附录 A 进行修正。

f. 熄火噪声。

试验方法:

灶具运行 15 min 后,迅速关闭燃气阀门,按图 6.49 所示与灶面板平齐的三点进行试验;使用声级计,按 A 计权,快速挡进行测定,环境本底噪声应小于 40 dB 或比灶具实测噪声低 10 dB 以上,否则按 GB/T 3768—2017 中附录 A 进行修正;测定的最大噪声值应加 5 dB 作为熄火噪声。

g. 干烟气中一氧化碳浓度(理论空气系数 a=1,体积分数)。

试验方法:

烟气取样器的形状见图 6.50(a)及图 6.50(c),安装位置见图 6.50(b)(不含燃气烤炉),在保证烟气取样均匀的前提下,当图 6.50(a)和图 6.50(c)烟气取样装置不能满足要求时,可根据具体情况采用其他形式烟气取样装置。

测定室内空气(干燥状态)中二氧化碳浓度;灶具坐上按表 6.29 选定的试验用锅(下限锅,无锅盖)和加热水量,试验中水位低于二分之一水量时,应及时补水;点燃 15 min 后,用烟气取样器取样,测量烟气中的一氧化碳含量和二氧化碳含量或氧含量。

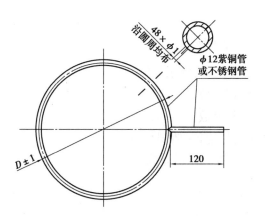

注1：烘烤器、烤箱与饭锅分别用适合其排气口形状的
　　取样器取样。
注2：D=A+6 mm。其中，D为取样器内径，A为锅内径。

（a）燃气灶烟气取样器形状及尺寸

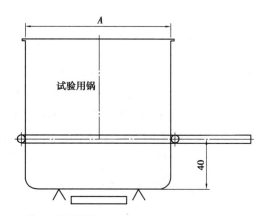

注1：A为锅内径。
注2：若氧含盘超过14%时，取样器的位置可在
　　20~40 mm范围内调整。

（b）燃气灶烟气取样位置

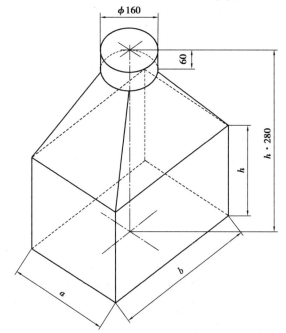

a	500	580	680	710	630	790
b	600	700	680	780	1 140	1 000
h	≥320					

（c）燃气烤炉主炉烟气取样装置

图6.50　烟气取样器及取样位置（单位：mm）

可按式(6.110)计算烟气一氧化碳浓度。

$$C_1 = C_{1n} \times \frac{C_{2max}}{C_{2n} - C_{2t}} \times 100\% \qquad (6.110)$$

式中　C_1——干烟气中的一氧化碳浓度,理论空气系数 $\alpha = 1$,体积分数;

　　　C_{1n}——干烟气样中的一氧化碳浓度测定值,体积分数;

　　　C_{2n}——干烟气样中的二氧化碳浓度测定值,体积分数;

　　　C_{2t}——干室内空气(干燥状态)的二氧化碳浓度测定值,体积分数;

　　　C_{2max}——理论干烟气样中的二氧化碳浓度(计算值),体积分数。

h. 小火燃烧器的燃烧稳定性。

试验方法:

具有小火燃烧器的灶具,点燃小火燃烧器 15 min 后,目测小火燃烧器有无熄火和回火现象;燃气阀开至最大,连续点燃主燃烧器,检查小火燃烧器在主燃烧器点燃和熄火时,小火燃烧器是否有熄火和回火现象。

i. 使用超大型锅时燃烧稳定性。

试验状态:使用比表 6.29 试验用锅(下限锅)直径大 4 cm 的锅。

试验方法:逐个点燃灶具的燃烧器,使燃气阀全开,灶具运行时间 15 min,目视检查是否有黑烟、燃烧是否稳定。

j. 烤箱门开闭时燃烧稳定性。

Ⅰ. 主燃烧器燃烧稳定性。

试验方法:点燃小火燃烧器(长明火)及烤箱主燃烧器,并调节燃气量使烤箱内中心部位的温度保持在(150±10)℃左右,用通常的操作速度开闭烤箱门 5 次,目视检查燃烧是否稳定。

Ⅱ. 小火燃烧器燃烧稳定性。

试验方法:只点燃小火燃烧器,待燃烧稳定后或 5 min 后,用通常的操作速度开闭烤箱门 5 次,目视检查燃烧是否稳定。

k. 烤箱温度控制器工作闭时燃烧稳定性及火焰传递。

Ⅰ. 温度控制器工作时不熄火的烤箱燃烧器燃烧稳定性。

试验方法:温度控制器设定在约 200 ℃的温度位置上,将点火燃烧器及烤箱燃烧器点燃后,目视检查温度控制器工作状态时,烤箱燃烧器有无熄火和回火现象。

Ⅱ. 温度控制器工作时熄火的烤箱燃烧器燃烧稳定性。

试验方法:温度控制器设定在约 200 ℃的温度位置上,将点火燃烧器及烤箱燃烧器点燃后,目视检查温度控制器工作状态时,火焰传递是否正常、有无爆燃现象。

③燃烧工况要求。

灶具燃烧工况应满足表 6.31 要求。

表 6.31　燃烧工况要求

序号	项目	要求
1	火焰传递	4 s 着火,无爆燃
2	离焰	无离焰

续表

序号	项目		要求
3	熄火		无熄火
4	回火		无回火
5	燃烧噪声		≤65 dB(A)
6	熄火噪声		≤85 dB(A)
7	干烟气中 CO 浓度 （$\alpha=1$,体积分数）	室内型	≤0.05%(0-2 气)
		室外型	≤0.08%(0-2 气)
8	小火燃烧器燃烧稳定性		无熄火、无回火
9	使用超大型锅时,燃烧稳定性		无熄火,无回火
10	烤箱门开闭时: ——主燃烧器燃烧稳定性 ——小火燃烧器燃烧稳定性		无熄火、无回火 无熄火、无回火
11	烤箱温度控制器工作时: ——燃烧稳定性 ——火焰传递		无熄火,无回火 易于点燃,无爆燃
12	点火燃烧器		无熄火、无回火

家用燃气灶具燃烧烟气中氮氧化物[NO,($\alpha=1$)]排放等级规定见表6.32。

表6.32　氮氧化物排放等级

NO,($\alpha=1$)排放等级	NO,($a=1$)极限浓度/%	
	天然气、人工煤气	液化石油气
1	0.015	0.018
2	0.012	0.015
3	0.009	0.011
4	0.006	0.007
5	0.004	0.005

（3）热效率

①测试方法。

热效率试验使用0-2气。

试验用灶按图6.48(a)所示的方法连接,测压管按图6.48(b)加工,搅拌器按图6.51加工,或其他可使水温搅拌均匀的装置。

用式(6.106)计算实测热负荷,试验用上限锅和下限锅及加热水量按表6.24选用。

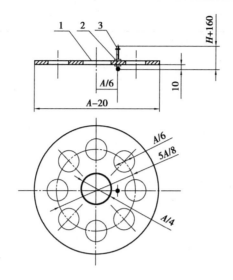

图 6.51 搅拌器(单位:mm)

1—搅拌片;2—螺母;3—拉手

注:A 为铝锅内径;H 为铝锅深度。

零件材料:搅拌盘用 1 mm 铝板制作,拉手用 φ4 不锈钢杆。

点燃燃烧器,燃气阀门调至最大,将燃气供气压力调整到额定值;集成灶开启吸排油烟装置,风机在最高转速下工作。

坐上下限锅,燃烧 15 min 后换上试验锅,水初温应取室温加 5 K,水终温应取水初温加 50 K。在水初温前 5 K 时,开始搅拌,到水初温时停止搅拌,开始计量燃气消耗。在水终温前 5 K 时又开始搅拌,到水终温时,记录所有参数。

同一条件下做两次以上试验,连续两次热效率的差在 1% 以下时,取平均值为实测热效率,否则应重新试验,直到合格为止。

②热效率计算。

按式(6.111)计算实测热效率。

$$\eta_{实} = \frac{m \times c \times (t_2 - t_1)}{V_{耗} \times Q_{1实}} \times \frac{273 + t_g}{288} \times \frac{101.3}{p_{amb} + p_m - S} \times 100\% \tag{6.111}$$

$$m = m_1 + 0.213 m_2 \tag{6.112}$$

式中　$\eta_{实}$——实测热效率,%;

m——实际加水量与铝锅换算为当量加水量之和,kg;

m_1——加入锅内的水质量,kg;

m_2——滤过的质量(含盖子和搅拌器),kg;

c——水的比热容,$c = 4.19 \times 10^{-3}$ MJ/(kg·℃);

t_1——水的初温,℃;

t_2——水的终温,℃;

$V_{耗}$——实测燃气消耗量,m³;

$Q_{1实}$——15 ℃,101.3 kPa 状态下实验燃气的低热值,MJ/m³;

p_{amb}——试验时的大气压力,kPa;

p_m——实测燃气流量计内的燃气相对静压力,kPa;

S——温度为 t_g 时的饱和水蒸气压力,kPa(当使用干湿流量计测量时,S 值应乘以试验燃气的相对湿度进行修正)。

上限锅和下限锅的实测热效率试验结束后,用式(6.113)计算试验灶头的热效率。

$$\eta = \eta_{实,下} + \frac{q_下 - 5.47}{q_下 - q_上} \times (\eta_{实,上} - \eta_{实,下}) \qquad (6.113)$$

式中　$\eta_{实,下}$——使用下限锅时的实测热效率,%;

　　　$\eta_{实,上}$——使用上限锅时的实测热效率,%;

　　　$q_下$——使用下限锅试验时的锅底热强度,W/cm^2;

　　　$q_上$——使用上限锅试验时的锅底热强度,W/cm^2。

注1:锅底热强度=实测热负荷(W)/试验用锅在正投影面的面积,cm^2。

注2:搅拌频率≥30次/min,保证搅拌均匀。

测量完毕后,集成灶冷却至室温,关闭吸排油烟装置,重复上面的试验。

③热效率要求。

燃气灶就这灶具的燃气灶眼的热效率应满足:

a. 嵌入式燃气灶热效率≥55%;

b. 台式灶热效率≥58%;

c. 集成灶未启动吸排烟装置热效率≥55%,开启吸排烟装置≥53%。

(4)燃气气密性

①气密性测试方法。

a. 从燃气入口到燃气阀门。

使被测燃气阀门为关闭状态,其余阀门打开,逐道检测(并联的阀门作为同一道阀门检测),在燃气入口连接检漏仪,通入 4.2 kPa 空气,检查其泄漏量。

b. 自动控制阀。

关闭自动控制阀门,其余阀门打开;在燃气入口连接检漏仪;通入 4.2 kPa 空气,检查其泄漏量。

c. 从燃气入口到燃气火孔。

使用 0-1 气。试验状态:点燃全部燃烧器。用皂液、检漏液或试验火燃烧器检查燃气入口至燃烧器火孔前各部位是否有漏气现象。

②气密性要求。

灶具的气密性应满足:

a. 从燃气入口到燃气阀门在 4.2 kPa 压力下,漏气量≤0.07 L/h;

b. 自动控制阀门在 4.2 kPa 压力下,漏气量≤0.55 L/h;

c. 从燃气入口到燃烧器火孔用0-1气点燃,不向外泄漏。

2)家用燃气快速热水器

本节主要对以下类型的热水器的性能测试进行介绍:

①额定热负荷不大于 70 kW 的家用供热水燃气快速热水器(以下简称供热水热水器)。

②额定热负荷不大于 70 kW,最大供暖工作水压不大于 0.3 MPa,供暖水温不大于 95 ℃ 的室内型强制给排气式、室外型家用供暖燃气快速热水器(以下简称供暖热水器)。

③额定热负荷不大于 70 kW,最大供暖工作水压不大于 0.3 MPa,供暖水温不大于 95 ℃ 的家用两用型燃气快速热水器(以下简称两用热水器),包括冷凝式的供热水热水器、供暖热水器和两用热水器。

家用燃气快速热水器主要测试内容有热负荷、燃烧工况、热效率、燃气系统气密性等方面性能指标,以上测试对试验室条件、试验用燃气有一定的要求:

a.室温为(20±5)℃;进水温度(20±2)℃、进水压力(0.1±0.04)MPa;大气压力 86~ 106 kPa;

b.室温的确定:在距热水器 1 m 处将温度计固定在与热水器上端大致等高位置,测量前、左、右三个点,三点平均温度即为室温,测温点不应受到来自热水器的烟气、辐射热等直接影响;

c.通风换气良好,室内空气中 CO 含量应小于 0.002% ,CO_2 含量应小于 0.2% ,且不应有影响燃烧的气流(空气流速小于 0.5 m/s);

d.实验室使用的交流电源电压波动范围应在±2%之内;

e.试验用燃气种类按 GB/T 13611 所规定的燃气要求,在试验过程中燃气的华白数变化应不大于 2% ,热水器停止运行时的供气压力应不大于运行时压力的 1.25 倍;试验用燃气种类见表 6.33,试验用燃气和燃气供气压力见表 6.34。

表 6.33　试验用燃气种类

代号	试验用燃气
0	基准气
1	黄焰界限气
2	回火界限气
3	离焰界限气

表 6.34　试验用燃气压力

代号	试验用燃气压力/Pa		
	液化石油气	天然气	人工煤气
1(最高压力)	3 300	3 000　　1 500	1 500
2(额定压力)	2 800	2 000　　1 000	1 000
3(最低压力)	2 000	1 000　　500	500

注:与额定燃气供气压力相对应(见表6.35)。

f.燃气基准状态;温度 15 ℃、101.3 kPa 条件下的干燥燃气状态,燃气压力波动不超过 ±2% ,燃气流量变化不超过±1% ;

g.按照安装说明书涉及的所有配件,包括排烟管、给排气管标准配置等安装,安装在垂直的木质试验板上、落地式安装在水平的木质试验板上。

(1)热负荷试验

①试验系统。

②试验要求。

a.燃气条件:0-2,供水压力为 0.1 MPa;

b.设置状态:按说明书要求,管路连接如图 6.52 所示;

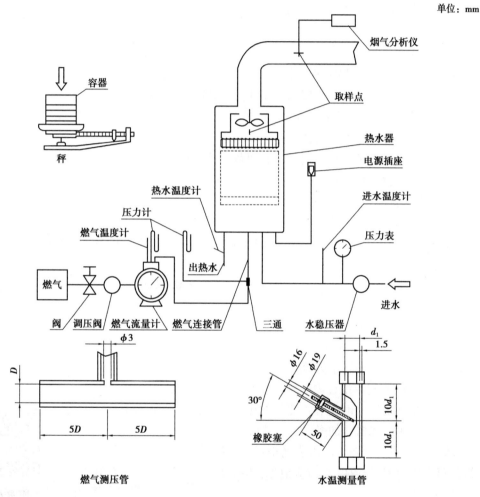

图 6.52　试验系统示意图

说明:

$D=(1\sim1.1)d$

其中,D 为三通的内径;d 为燃气管的内径;d_1 为出水管内径。

热水器安装为使用状态。

燃气连接管的长度和水温测量管与出热水口连接距离应小于 100 mm,不得有弯折及影响流通面积的变形。

试验过程中燃气测压管的压力变化小于±20 Pa。

c.电源:使用交流电源的,将电源电压设定在额定工作电压;

d.水温调节:燃气阀开至最大位置,调节出水温度比进水温度高(40 ± 1)℃,当不能调节至此温度时,在热水温度可调范围内,调至最接近的温度;具有自动恒温功能的应将温100 ℃设定在最高状态,或采用增加进水压力方式使热水器在最大热负荷状态下工作。

e.热水器点燃15 min后用气体流量计测定燃气流量。气体流量计指针走动一周以上的整圈数,且测定时间应不少于1 min。

③热负荷计算。

实测折算热负荷按式(6.114)计算

$$\Phi = \frac{1}{3.6} \times Q_1 \times V \times \frac{P_a + P_m}{P_a + P_g} \times \sqrt{\frac{101.3 + P_g}{101.3} \times \frac{P_a + P_g}{101.3} \times \frac{288}{273 + t_g} \times \frac{d}{d_t}} \quad (6.114)$$

式中　Φ——15 ℃,101.3 kPa 燃气干燥状态下实测折算热负荷,kW;

　　　Q_1——15 ℃,101.3 kPa 状态下基准燃气的低热值,MJ/m³;

　　　V——实测燃气流量计流量,m³/h;

　　　P_a——试验时的大气压力,kPa;

　　　P_m——实测燃气流量计内的燃气相对静压力,kPa;

　　　t_g——测定时燃气流量计内通过的燃气温度,℃;

　　　d——干试验燃气的相对密度;

　　　d_t——基准状态下燃气的相对密度。

使用湿式流量计时,用湿试验气体的相对面密度 d_h 代替式(6.114)中的 d,d_h 按式(6.115)计算

$$d_h = \frac{d(P_a + P_m - P_g) + 0.622P_s}{P_a + P_g} \quad (6.115)$$

式中　d_h——湿试验气体的相对密度;

　　　d——干试验气体的相对密度;

　　　P_a——试验时的大气压力,kPa;

　　　P_m——实测燃气流量计内的燃气相对静压力,kPa;

　　　P_s——在温度为 t_g 时饱和水蒸气的压力,kPa;

　　　P_g——实测热水器前的燃气压力,kPa;

　　　0.622——理想状态下的水蒸气相对密度值。

饱和蒸汽压力 P_s 与温度 t_g 对应值见 GB/T 12206—2006 中的表 B.1。可扫描【二维码】查看。

附录 B.1

热负荷准确度按式(6.116)计算。

$$\Phi_r = \frac{\Phi - \Phi'}{\Phi'} \times 100\% \quad (6.116)$$

式中　Φ_r——热负荷准确度;

　　　Φ——实测热负荷折算值,kW;

　　　Φ'——额定热负荷,kW。

④热负荷要求。

热负荷准确度:实测折算热负荷与额定热负荷偏差应不大于10%;

热负荷限制:实测折算热负荷不大于16 kW。

(2)燃烧工况

①试验条件。

热水器燃烧工况试验,供水压力0.1 MPa,并应满足表6.35所示条件。

表6.35　燃烧工况实验条件

序号	项目		热水器状态				试验条件	
			强制排气式排烟管长度	强制给排气式给排气管长度	燃气调节方式		电压条件/%	试验气条件
					燃气量调节方式	燃气量切换方式		
1	火焰传递		短	短	大、小	全	110	3-2
2	熄火		短	短	大、小	全	90及110	3-3
3	离焰		短	短	大	大	90及110	3-1
4	火焰状态		短	短	大、小	全	100	0-2
5	回火		短	短	大、小	全	90及110	2-3
6	燃烧噪声		短	短	大	大	100	2-1
7	熄火噪声		短	短	大	大	90及110	2-1
8	CO含量		长、短	长、短	大	大	100	0-2
9	黄焰和接触黄焰		长	长	大	大	90	1-1
10	积碳		长	长	大	大	90	1-1
11	小火燃烧器 主火燃烧器	熄火	长	短	大	大	100	3-3
		回火	长	短	大	大	100	2-3
12	烟气从排烟口以外逸出		长	长	大、小	大、小	100	1-1

自然排气式热水器排烟管示意图如图6.53所示,高度0.5 m,排烟管排气口敞开;自然给排气式、强制给排气式热水器有风状态试验装置如图6.54所示,墙体厚度小于1 m的长度安装;室外型热水器有风状态试验装置如图6.55所示。

注1:"燃气量调节方式"指在调节燃气流量时,可调节的燃气量,"大"指燃气量最大状态,"小"指燃气量最小状态。

注2:"燃气量切换方式"指调节燃烧器工作的方式,其中"大"指点燃全部燃烧器,"小"指点燃最少量燃烧器,"全"指逐挡点燃每个燃烧器的状态。

注 3:"长"和"短"指在安装或使用说明书规定的排烟管或给排气管的最长长度和最短长度的安装状态。

注 4:"电压条件"是以热水器的额定工作电压为基准值。

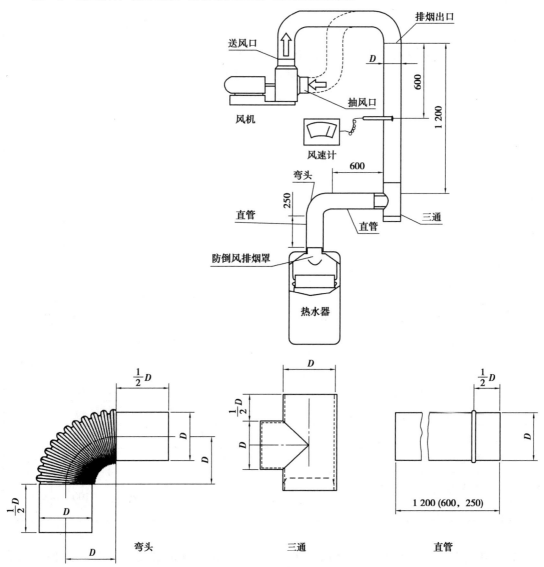

图 6.53 自然排气式热水器实验装置示意图

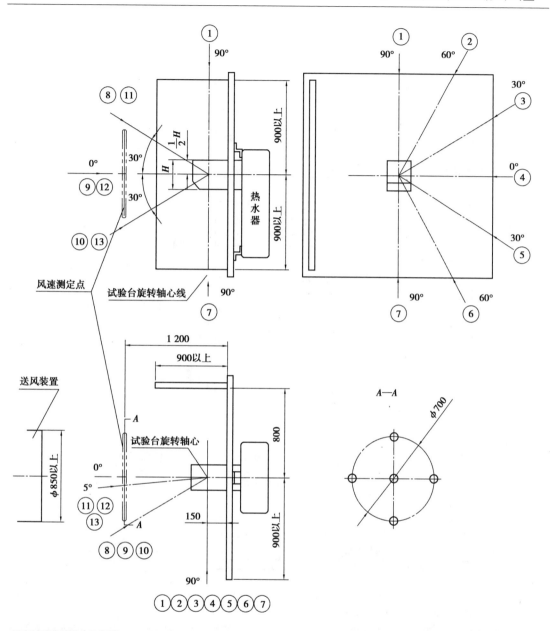

风向试验台旋转中心输送。

风速测定是在距离地面1 200 mm处，测定环设在送风装置中心，测定中心及上下左右5个点。

试验风速以5个点为平均速度，各测定点风速以试验风的±10%为标准。

图6.54　自然给排气式、强制给排气式热水器有风状态试验装置示意图

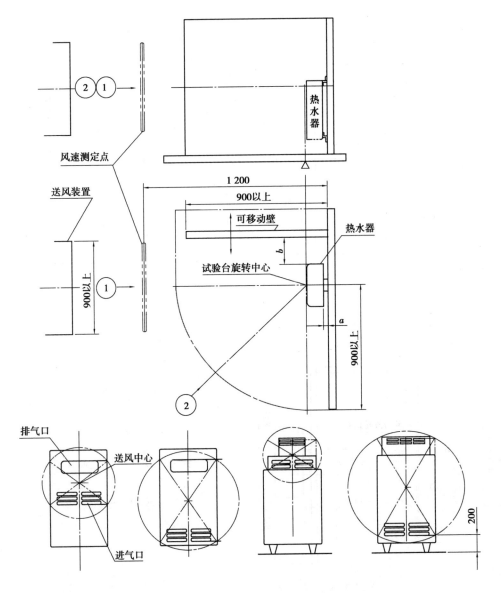

进气与排气部位承受的风力应一致。

风速的测定设为无热水器和妨碍物的状态下设定风速,选其位置距壁面 1 200 mm 的正前面,从送风机位置观看,给气部位与排气部位边界线交接长方形的中心点为中心风速,测定长方形各顶点在内的 5 个点。但开口部位下端距地面不足 200 mm 时,则由地面 200 mm 处测定。

试验风速设为 5 点的平均风速,各测定点的风速按试验风速的误差±10% 设定。

图 6.55 室外型热水器有风状态试验装置示意图(单位:mm)

②试验状态及方法。

无风状态试验方法如下:

a. 火焰传递:冷态下,点燃主火燃烧器一端(火焰口)着火后,记录传遍所有火孔的时间和目测有无爆燃现象。

b. 火焰状态:主火燃烧器点燃燃烧稳定后,目测火焰是否清晰、稳定。

c. 积碳:运行后,目测检查电极、热交换器部分是否有积碳。

d. 离焰:冷态下点燃主火燃烧器后,目测是否有妨碍使用的离焰现象。

e. 熄火:主火燃烧器点燃 15 s 后,目测是否有熄火现象。

f. 回火:主火燃烧器点燃 20 min 后,目测火焰是否回火。

g. 燃烧噪声:

Ⅰ. 点燃全部燃烧器,图 6.56 所示为噪声测定示意图。

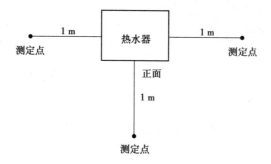

图 6.56　噪声测定示意图

Ⅱ. 使用声级计,按 A 计权、快速挡进行测定,环境本底噪声应小于 40 dB 或比实测热水器噪声低 10 dB 以上,否则按表 6.36 噪声修正值修正。

表 6.36　噪声修正　　　　　　　　　　单位:mm

实测噪声与环境噪声之差/dB	修正值/dB
<6	测量无效
6	-1.0
7	-1.0
8	-1.0
9	-0.5
10	-0.5
>10	0

h. 熄火噪声:

Ⅰ. 运行 15 min 后,迅速关闭燃气阀门,按图 6.56 进行试验;

Ⅱ. 使用声级计,按 A 计权、快速挡进行测定,环境本底噪声应小于 40 dB 或比实测热水器噪声低 10 dB 以上,否则按表 15 噪声修正值修正;测定的最大噪声值应加 5 dB 作为熄火噪声。

i.接触黄焰:运行稳定后,目测有无黄焰。在任意1 min内,电极或换热器连续接触黄焰在30 s以上时,视为电极或换热器接触黄焰。

j.烟气中CO含量$\varphi(CO_{a=1})$:

Ⅰ.运行15 min后,用取样器取样。抽取的烟气样中(氧含量应不超过14%),测量烟气中的CO含量。

Ⅱ.烟气取样器如图6.57所示。

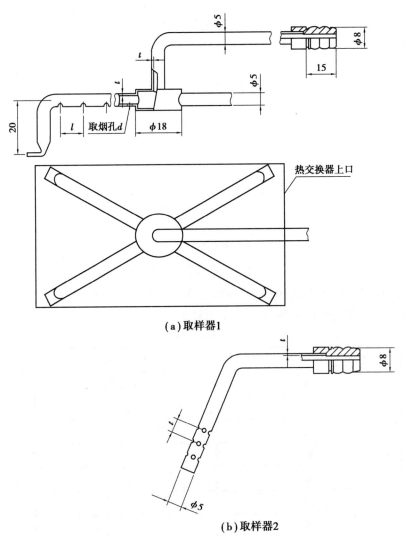

(a)取样器1

(b)取样器2

材料为铜或不锈钢。
$t=0.5\sim0.8$,$d=$直径(0.5~1.0),$l=5\sim10$。

图6.57 烟气取样器(单位:mm)

Ⅲ. 烟气取样器的位置如图6.58所示。

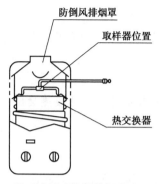

（a）室内型自然排气式

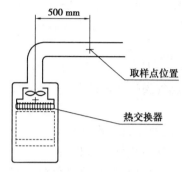

（b）室内型强制排气式

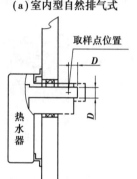

（c）室内型自然给排气式

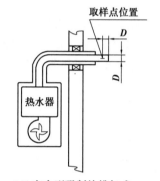

（d）室内型强制给排气式

（e）室外型

空外型热水器取样器位置在紧靠排烟口处。

D为排烟管内径尺寸。

图6.58 烟气取样器位置示意图（单位:mm）

k. 烟气中CO含量计算：

测定烟气中的CO含量和O_2的含量,按式(6.117)计算

$$\varphi(CO_{\alpha-1}) = \varphi(CO_\alpha) \frac{\varphi(O_{2t})}{\varphi(O_{2T}) - \varphi(O_{2\alpha})} \qquad (6.117)$$

对于测试中能确定气体组分时,测定烟气中的CO和CO_2含量,按式(6.118)计算：

$$\varphi(CO_{\alpha-1}) = \varphi(CO_\alpha) \frac{\varphi(CO_{2b})}{\varphi(CO_{2\alpha})} \qquad (6.118)$$

式中　$\varphi(CO_{\alpha-1})$——过剩空气系数等于1时,干燥烟气样中CO含量数值,%；

　　$\varphi(O_{2t})$——供气口周围干空气中O_2含量数值,室内空气CO_2含量小于2%时$\varphi(O_{2t})$= 20.9%）；

　　$\varphi(O_{2\alpha})$——干烟气中O_2含量数值(测定值),%；

　　$\varphi(CO_{2b})$——过剩空气系数等于1时,干燥烟气样中CO_2含量计算数值,%；

　　$\varphi(CO_{2\alpha})$——干烟气样中CO_2含量测定的数值(测定值),%。

式(6.117)中的使用条件为烟气中O_2的含量小于14%；

$\varphi(CO_{2b})$的数值按实际燃气的理论烟气量计算或参照 GB/T 13611。

l. 点火燃烧器稳定性：

Ⅰ. 具有点火燃烧器的，点燃点火燃烧器 15 min 后，目测单独燃烧的火焰稳定性。

Ⅱ. 将燃气阀开至最大，使热水器连续启动 10 次，检查主火燃烧器在点燃和熄灭时点火燃烧器是否有熄灭现象。

m. 排烟温度。

燃气条件：0-2 将燃气阀门开至最大，连续运行 15 min 后，在热水器排烟口处或热交换器上方测定。

n. 具有燃气/空气比例控制装置热水器。

Ⅰ. 供水压力：0.1 MPa；燃气条件 0-2；

Ⅱ. 分别在热水器最大和最小两种热负荷状态下（在最大和最小状况燃烧运行稳定情况下），测量烟气中的 CO 含量。

自然排气式热水器、强制排气式热水器、自然给排气式热水器和强制给排气热水器的燃烧工况除按以上燃烧工况测试方法外，另外热水器特有的燃烧工况指标及测试方法，可详见《家用燃气快速热水器》（GB 6932—2015）。扫【二维码】可查看。

家用燃气快速
热水器

③燃烧工况性能要求。

燃烧工况性能要求见表 6.37。

表 6.37　燃烧工况性能要求

项目			性能要求
燃烧工况	无风状态	火焰传递	点燃一处火孔后，火焰应在 2 s 内传遍所有火孔，且无爆燃现象
		火焰状态	火焰应清晰、均匀
		积碳	不产生积碳现象
		火焰稳定性	不发生回火、熄火及妨碍使用的离焰现象
		燃烧噪声	≤65 dB
		熄火噪声	≤85 dB
		接触黄焰	正常使用时电极与换热器部位不应有接触黄焰
		烟气中 CO 含量 $\varphi(CO_{\alpha-1})$	≤0.06%　　≤0.10%
		点火燃烧器稳定性	不发生回火或熄火、爆燃现象
		排烟温度（不适合冷凝式的特殊要求）	排烟温度≥110 ℃
		具有燃气/空气比例控制装置热水器	在最大和最小热负荷状态下（具有自动恒温功能），烟气中 CO 含量 $\varphi(CO_{\alpha=1})$≤0.10%
		排烟系统	除排烟口以外不得排出烟气

项目			性能要求
燃烧工况	有风状态	主火燃烧器	无熄火、回火及影响使用的火焰溢出现象
			带有烟道堵塞安全装置时保护装置应在 1 min 内动作关阀,动作前无熄火、回火及影响使用的火焰溢出现象
		点火燃烧器	点火燃烧器无熄火、回火和爆燃现象
		排烟系统	除排烟管末端排烟口以外,不得排出烟气
		火焰传递	火焰传递可靠,无爆燃现象
		烟气中 CO 含量 $\varphi(CO_{\alpha=1})$	≤0.14%

④热效率。

a.试验条件及热水器状态应满足以下要求:

Ⅰ.燃气条件:0-2,供水压力为 0.1 MPa;

Ⅱ.设置状态:按说明书要求进行管路连接;

Ⅲ.电源:使用交流电源的,将电源电压设定在额定工作电压;

Ⅳ.水温调节:燃气阀开至最大位置,调节出水温度比进水温度高(40±1)℃,当不能调节至此温度时,在热水温度可调范围内,调至最接近的温度;具有自动恒温功能的应将温 100 ℃设定在最高状态,或采用增加进水压力方式使热水器在最大热负荷状态下工作。

b.额定热负荷热效率测试:热水器运行 15 min;当出热水温度稳定后,测定在燃气流量计上的指针转动一周以上的整数时出热水量。

c.≤50% 额定热负荷热效率(有需要时进行):在低于 50% 额定热负荷条件下测定效率。

同一条件下做两次以上检测,连续两次热效率的差值在平均值 5% 以内时,取平均值为实测热效率;否则应重新测试,直到满足差值在平均值 5% 以内时为止。

⑤热效率计算。

按式(6.119)进行热效率计算

$$\eta_t = \frac{MC(t_{w2} - t_{w1})}{VQ_1} \times \frac{(273 + t_g)}{288} \times \frac{101.3}{(P_a + P_g - S)} \times 100\% \quad (6.119)$$

式中　η_t——产热水温度 $t = (t_{w2} - t_{w1})$ K 时的热效率;

　　C——水的比热,4.19×10^{-3} MJ/(kg·K);

　　M——出热水量,kg/min;

　　t_{w2}——出热水温度,℃;

　　t_{w1}——进水温度,℃;

　　Q_1——实测燃气低热值,MJ/m³;

　　V——实测燃气流量,m³/min;

　　t_g——试验时燃气流量计内的燃气温度,℃;

P_a——试验时的大气压力,kPa;

P_g——试验时的燃气流量计内的燃气压力,kPa;

S——温度为t_g时的饱和水蒸气压力,kPa(当使用干湿流量计测量时,S值应乘以试验燃气的相对湿度进行修正)。

⑥热效率要求。

额定热负荷时,热效率(按低热值)不应小于84%。

(3)气密性试验

①气密性测试方法。

a.燃气阀门:使被测燃气阀门为关闭状态,其余阀门打开,逐道检测(并联的阀门作为同一道阀门检测)。在燃气入口连接测漏仪,通入4.2 kPa空气,其泄漏量应符合:通过燃气主通路的第一道阀门漏气量应小于0.07 L/h;通过其他阀门漏气量应小于0.55 L/h;燃气进气口至燃烧器火孔应无漏气现象。允许采用人为方式关闭或打开阀门检测。

b.燃气进气口至燃烧器火孔:燃气条件为0-1点燃全部燃烧器,用检查火或检漏液检查从燃气进气口至燃烧器火孔前各连接部位是否有漏气现象。

②气密性要求。

热水器气密性应满足:

通过燃气主通路的第一道阀门漏气量应小于0.07 L/h;通过其他阀门漏气量应小于0.55 L/h;燃气进气口至燃烧器火孔应无漏气现象。

3)燃气采暖热水炉

本章节主要对额定热负荷小于100 kW,最大采暖工作水压不大于0.6 MPa,工作时水温不高于95 ℃,采用大气式或全预混式燃烧的采暖炉测试方法进行介绍,包括:

a.1 P和1 G型强制给排气式采暖炉;

b.9 P和9 G型且热负荷大于70 kW的强制排气式全预混冷凝炉;

c.10 Z、10 P和10 G型室外型采暖炉;

d.使用燃气是GB/T 13611规定的人工煤气、天然气和液化石油气。

燃气采暖热水炉主要测试内容有热负荷、燃烧试验、热效率、燃气系统气密性、生活热水性能等方面性能指标,以上测试对实验室条件、实验用燃气有一定的要求。

①实验场所环境条件应符合下列规定。

a.实验室温度:(20±5)℃;

b.进水温度:(20±2)℃;

c.实验室温度与进水温度之差不应大于5 K;

d.其他条件应符合GB/T 16411的规定。

②采暖炉试验系统如图6.59、图6.60所示,也可选用制造商提供的其他可获得相同结果的试验台上;除非另有说明,测试时安装制造商声称的最短烟道;测试时,测试系统中的控制阀,使供/回水温度差为(20±1)K。

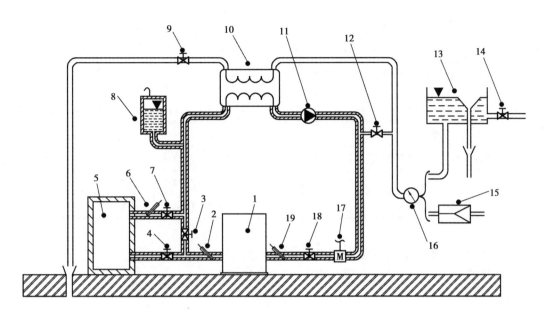

图 6.59　采暖炉试验系统示意图 1

1—试验样品；	2,6,19—温度计；	3,4,7,9,12,14,18—控制阀；
5—储水箱；	8—膨胀水箱；	10—热交换器；
11—循环泵；	13—稳压水箱；	15—连接到恒压分配管；
16—水压表；	17—电磁流量计	

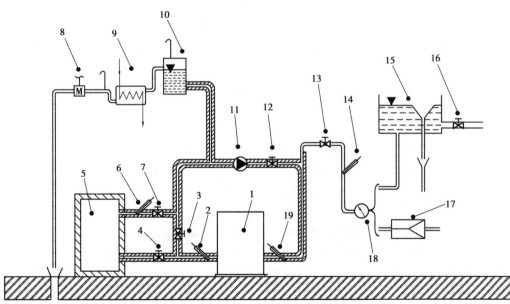

图 6.60　采暖炉试验系统示意图 2

1—试验样品；	2,6,14,19—温度计；	3,4,7,12,13,16—控制阀；
5—储水箱；	8—电磁流量计；	9—冷却器；
10—膨胀水箱；	11—循环泵；	15—稳压水箱；
17—连接到恒压分配管；	18—水压表。	

③试验气和试验气压力代号见表 6.38。

表 6.38　试验气和试验气压力代号

试验气			试验气压力/Pa			
气种代号	气 质	压力代号	液化石油气	天然气		人工煤气
			19Y,20Y,22Y	10T,12T	3T,4T	3R,4R,5R,6R,7R
0	基准气					
1	黄焰和不完全燃烧界限气	1(最高压力)	3 300	3 000	1 500	1 500
2	回火界限气	2(额定压力)	280	2 000	1 000	1 000
3	脱火界限气	3(最低压力)	2.00	1 000	500	500

试验过程中基准状态为室温为 15 ℃、大气压力为 101.3 kPa。

试验时的热平衡状态是指供/回水温度波动值在±2 K 内。

(1)采暖热负荷

①试验方法。

a.采暖热负荷。

Ⅰ.采暖额定热负荷或带有额定热负荷调节装置的最大额定热负荷和最小额定热负荷。

按要求安装采暖炉测试系统,使用 0-2 气,按制造商声称的方法调节采暖炉在额定或最大、最小热负荷状态,非冷凝炉在供/回水温度为 80 ℃/60 ℃ 状态下试验,冷凝炉分别在供/回水温度为 80 ℃/60 ℃ 和 50 ℃/30 ℃ 状态下试验,达到热平衡后,用气体流量计试验燃气流量,试验时间不少于 10 min。

Ⅱ.采暖热负荷的调节准确度:按制造商声称调节方法调节燃气阀后压力为制造商声称值,按采暖额定热负荷的试验方法进行试验。

Ⅲ.点火热负荷:按采暖额定热负荷试验的方法,试验点火安全时间内燃气流量并计算热负荷。

Ⅳ.采暖额定热输出或带有额定热负荷调节装置的最大热输出。

使采暖炉的控制温控器不工作,采暖水流量稳定在±1% 时,调节供/回水温度为 80 ℃/60 ℃。采暖炉处在热平衡状态时,连续试验供/回水温度、燃气流量和采暖水流量,试验时间不少于 10 min,用式(6.123)计算热效率。热效率乘以该温度下实测折算热负荷为实测热输出。

Ⅴ.采暖额定冷凝热输出或带有额定热负荷调节装置的最大冷凝热输出。

使采暖炉的控制温控器不工作,采暖水流量稳定在±1% 时,调节供/回水温度为 50 ℃/30 ℃。采暖炉处在热平衡状态时,连续试验供/回水温度、燃气流量和采暖水流量,试验时间不少于 10 min,用式(6.123)计算热效率。热效率乘以该温度下实测折算热负荷为实测冷凝热输出。

如试验时空气含湿量和/或回水温度与基准值不同,则按《燃气采暖热水炉》(GB 25034)附录 L 修正,可扫描【二维码】查看。

b.生活热水额定热负荷。

使用 0-2 气,进水压力为(0.1±0.02)MPa,额定热负荷或最大热负荷状态,将生活热水温度设置在最高温度,使控制温控器失效,调节生活热水出水

附录 L

温度比进水温度高$(40±1)$K。当不能调至此温度时,采用增加进水水压等方法调至最接近的温度。当达到热平衡状态后开始试验,试验时间不少于 10 min,按式(6.120)或式(6.122)计算热负荷。

c.0.1 MPa 进水压力下的生活热水热负荷。

使用0-2 气,生活热水进水压力$(0.1±0.02)$MPa,将生活热水温度设置在最高温度,当达到热平衡状态后开始试验,试验时间不少于 10 min。

②热负荷计算。

装有喷嘴和引射器的采暖炉将实测的燃气流量按式(6.120)换算成基准状态下热负荷。当使用湿式流量计试验时,应用式(6.121)对燃气密度进行修正;用d_h取代d。

$$\Phi_n = \frac{1}{3.6} \times H_{ir} \times q_{vg} \times \frac{p_{amb} + p_m}{p_{amb} + p_g} \times \sqrt{\frac{101.3 + p_g}{101.3} \times \frac{p_{amb} + p_g}{101.3} \times \frac{288.15}{273.15 + t_g} \times \frac{d}{d_t}}$$

(6.120)

$$d_h = \frac{d(P_a + P_m - P_g) + 0.622P_s}{P_a + P_g}$$

(6.121)

式中　Φ_n——折算到基准状态下的热负荷,kW;

　　　H_{ir}——基准状态下基准气的低热值,MJ/Nm^3;

　　　q_{vg}——实测燃气流量,m^3/h;

　　　P_{amb}——试验时大气压力,kPa;

　　　t_g——试验时燃气流量计内的燃气温度,℃;

　　　d_h——湿试验气体的相对密度;

　　　d——干试验气体的相对密度;

　　　P_a——试验时的大气压力,kPa;

　　　P_m——实测燃气流量计内的燃气相对静压力,kPa;

　　　P_s——在温度为t_g时饱和水蒸气的压力,kPa;

　　　P_g——实测热水器前的燃气压力,kPa;

　　　0.622——理想状态下的水蒸气相对密度值。

装有全预混燃烧器和燃气与空气比例控制系统的采暖炉应按式(6.122)计算热负荷。

$$\Phi_n = \frac{1}{3.6} \times H_{ir} \times q_{vg} \times \frac{101.3 + p_m}{101.3} \times \sqrt{\frac{273.15 + t_{air}}{293.15} \times \frac{288.15}{273.15 + t_g} \times \frac{d}{d_t}}$$ 　(6.122)

式中　Φ_n——折算到基准状态下的热负荷,kW;

　　　H_{ir}——基准状态下基准气的低热值,MJ/Nm^3;

　　　q_{vg}——实测燃气流量,m^3/h;

　　　t_g——试验时燃气流量计内的燃气温度,℃;

　　　t_{air}——试验时进空气口的空气温度,℃;

　　　d_t——基准气体的相对密度;

　　　d——干试验气体的相对密度。

实测折算热负荷与制造商声称值的偏差绝对值百分比不应大于10%。当10%所对应数值小于 500 W 时,偏差允许值为 500 W。

采暖炉处在热平衡状态时,连续试验供/回水温度、燃气流量和采暖水流量,试验时间不少于 10 min,按式(6.123)计算热效率:

$$\eta = \frac{4.186 \times q_{vw} \times \rho \times (t_2 - t_1) \times (273.15 + t_g) \times 101.325}{1\,000 \times q_{vg} \times H_i \times (P_{amb} + P_m - P_s) \times 288.15} \times 100\% \quad (6.123)$$

式中　η——热效率,%;

q_{vw}——实测采暖水流量,m^3/h;

ρ——试验时采暖水密度,kg/m^3;

t_2——试验时的采暖出水温度平均值,℃;

t_1——试验时的采暖回水温度平均值,℃;

t_g——试验时燃气流量计内的燃气温度,℃;

q_{vg}——实测燃气流量,m^3/h;

H_i——试验燃气在基准状态下的低热值,MJ/m^3;

P_{amb}——试验时大气压力,kPa;

P_m——实测燃气流量计内的燃气相对静压力,kPa;

P_s——在温度为 t_g 时饱和水蒸气的压力,kPa。

注:计算生活热水热效率时 q_{vw} 为生活热水水流量;ρ 为生活热水进水密度;t_2 生活热水出水温度;t_1 生活热水进水温度。

热效率的确定条件:

Ⅰ.不带额定热负荷调节装置的采暖炉,在额定热负荷 Φ_n 条件下试验热效率;

Ⅱ.带额定热负荷调节装置的采暖炉,分别在最大额定热负荷 Φ_{max} 条件下,以及在最大额定热负荷和最小额定热负荷的算术平均值 Φ_n 条件下试验热效率。

③热负荷的要求。

a.采暖热负荷。

Ⅰ.采暖额定热负荷或带有额定热负荷调节装置的最大额定热负荷和最小额定热负荷实测折算热负荷与制造商声称值的偏差绝对值百分比不应大于 10%。当 10% 所对应数值小于 500 W 时,偏差允许值为 500 W。

Ⅱ.采暖热负荷的调节准确度。

实测折算热负荷与制造商声称值的偏差绝对值百分比不应大于 5%。当 5% 所对应数值小于 500 W 时,偏差允许值为 500 W。

b.生活热水额定热负荷。

Ⅰ.实测折算热负荷与制造商声称值的偏差绝对值百分比不应大于 10%。当 10% 所对应数值小于 500 W 时,偏差允许值为 500 W。

Ⅱ.点火热负荷不应大于制造商声称值。实测热、实测冷凝热输出不应小于制造商声称值。

Ⅲ.0.1 MPa 进水压力下的生活热水热负荷不应小于试验的实测折算热负荷的 85%。

(2)燃烧试验

①额定热负荷时 CO 含量。

装有大气式燃烧器的采暖炉安装最长的烟道或对应压力损耗的烟道,装有燃气与空气比例控制系统的采暖炉安装最短烟道,使用0-2气。非冷凝炉在供/回水温度为80 ℃/60 ℃下试验,冷凝炉在供/1 回水温度为 80 ℃/60 ℃和 50 ℃/30 ℃下试验,在热平衡状态时试验燃烧产物中的 CO 和 CO_2 或 O_2 含量。按式(6.124)或式(6.125)计算:

$$CO_{(\alpha=1)} = (CO)_m \times \frac{(CO_2)_N}{(CO_2)_m} \tag{6.124}$$

式中 $CO_{(\alpha=1)}$——取样试验的 CO 含量的数值(体积分数),%;

$(CO_2)_N$——干燥、过剩空气系数 $\alpha=1$ 时,烟气中 CO_2 中最大含量的数值(体积分数),%;

$(CO_2)_m$——取样试验的 CO_2 含量的数值(体积分数),%。

注:$(CO_2)_N$ 的数值按实际燃气的理论烟气量计算或参见 GB/T 13611。

$$CO_{(\alpha=1)} = (CO)_m \times \frac{21}{21 - (O_2)_m} \tag{6.125}$$

式中 $(CO)_m$——取样试验的 CO 含量的数值(体积分数),%;

$(O_2)_m$——取样试验的 O_2 含量的数值(体积分数),%。

注:当 CO_2 浓度小于2%时,采用公式(6.125)。

性能要求:测试烟气中 CO($\alpha=1$)浓度不应大于 0.06%。

②极限热负荷时 CO 含量。

a.不带燃气与空气比例控制系统的采暖炉。

安装最长烟道或对应压力损耗的烟道,使用0-2气,安装水冷式燃烧器的采暖炉分别在供/回水温度为 80 ℃/60 ℃和 50 ℃/30 ℃下试验、安装其他类型燃烧器的采暖炉在供/回水温度为 80 ℃/60 ℃下试验,按下列方法之一试验:

Ⅰ.不带燃气稳压功能的采暖炉,最大供气压力下试验;

Ⅱ.带燃气稳压功能使用人工煤气的采暖炉,在1.07 倍的实测额定热负荷下试验;

Ⅲ.带燃气稳压功能使用天然气和液化石油气的采暖炉,在 1.05 倍的实测额定热负荷下试验。

b.带燃气与空气比例控制系统的采暖炉。

安装最短烟道,使用0-2气,在供/回水温度为 50 ℃/30 ℃下,按下列步骤试验:

Ⅰ.按照制造商的声称,在最大热负荷工况下,调节空燃比使 CO_2 达到制造商声称的最大值;在最小热负荷工况下,调节偏移值使 CO_2 达到制造商声称的额定值。空燃比不可调节的采暖炉维持出厂状态,在最大和最小热负荷下试验烟气中 CO 含量。

Ⅱ.最大热负荷工况下,调节空燃比设定,使 CO 值为最大声称值再加上 0.5%,在最大和最小热负荷下试验烟气中 CO 含量。

Ⅲ.按Ⅰ调节空燃比后在最小热负荷工况下,调节偏移值设定,使空气压力和燃气压力的差值分别增加和减少 5 Pa,在最大和最小热负荷下试验烟气中 CO 含量。

性能要求:极限热负荷时烟气中 CO($\alpha=1$)浓度不应大于 0.1%。

③特殊燃烧工况时 CO 含量。

a.黄焰和不完全燃烧界限气工况。

装有大气式燃烧器的采暖炉安装最长的烟道或对应压力损耗的烟道,装有燃气与空气比例控制系统的采暖炉安装最短烟道,使用0-2气,非冷凝炉在供/回水温度为 80 ℃/60 ℃下试

验,冷凝炉在供/回水温度为 50 ℃/30 ℃下试验,按下列状态之一调试采暖炉:

    Ⅰ.不带燃气稳压功能的采暖炉,在 1.075 倍的实测额定热负荷下试验;

    Ⅱ.带燃气与空气比例控制系统的采暖炉,在最大热负荷和最小热负荷工况下试验;

    Ⅲ.带燃气稳压功能的采暖炉,在 1.05 倍的实测额定热负荷下试验。

再使用黄焰和不完全燃烧界限气代替基准气,检查是否符合规定。

性能需要:烟气中 $CO(\alpha=1)$,浓度不应大于 0.2% 。

b.电压波动适应性。

装有大气式燃烧器的采暖炉安装最长的烟道或对应压力损耗的烟道,装有燃气与空气比例控制系统的采暖炉安装最短烟道,使用 0-2 气,非冷凝炉在供/回水温度为 80 ℃/60 ℃下试验,冷凝炉在供/回水温度为 50 ℃/30 ℃下试验,额定热负荷状态,电源电压在制造商声称的额定电压的 0.85~1.10 倍变动。

性能需要:烟气中 $CO(\alpha=1)$,浓度不应大于 0.2% 。

c.脱火界限气工况。

装有大气式燃烧器的采暖炉安装最长的烟道或对应压力损耗的烟道,装有燃气与空气比例控制系统的采暖炉安装最短烟道,使用 0-2 气,非冷凝炉在供/回水温度为 80 ℃/60 ℃下试验,冷凝炉在供/回水温度为 50 ℃/30 ℃下试验,按下列状态之一调试采暖炉:

    Ⅰ.不带燃气稳压功能的采暖炉,在最低供气压力下试验;

    Ⅱ.带燃气与空气比例控制系统的采暖炉,在实测最小热负荷工况下试验;

    Ⅲ.带燃气稳压功能的采暖炉,在 0.95 倍的实测最小热负荷下试验。

再使用黄焰和不完全燃烧界限气代替基准气,检查是否符合规定。

性能要求:烟气中 $CO(\alpha=1)$ 浓度不应大于 0.2% 。

d.冷凝水堵塞状态。

装有大气式燃烧器的冷凝炉安装最长的烟道或对应压力损耗的烟道,装有燃气与空气比例控制系统的冷凝炉安装最短烟道,使用 0-2 气,额定热负荷状态冷凝炉连续运行 30 min 以上,任选下列方法之一试验:

    Ⅰ.堵塞冷凝水排水口或使排放冷凝水的内置泵停止工作时,试验烟气中 CO 浓度。

    Ⅱ.堵塞冷凝水排水口使烟气中 $CO(\alpha=1)$ 浓度不小于 0.1%,重新启动冷凝炉,检查是否符合规定。

性能要求:当冷凝炉的冷凝水排水口堵塞或冷凝水排水泵关闭而导致冷凝水堵塞时,冷凝水不应溢出和泄漏,且冷凝炉应符合下列规定之一:

    Ⅰ.堵塞冷凝水排放系统,在烟气中 $CO(\alpha=1)$ 浓度大于 0.2% 之前应关闭冷凝炉;

    Ⅱ.堵塞冷凝水排放系统,热平衡状态烟气中 $CO(\alpha=1)$ 浓度不小于 0.1% 时,重启冷凝炉不应点燃。

e.有风燃烧。

使用 0-2 气,室内型安装最短烟道,如制造商提供的配件中有终端保护器,应安装终端保护器进行试验。按下列步骤试验:额定热负荷下,在立向角 $\alpha(0°,+30°,-30°)$、平面角 $\beta(0°,45°,90°)$ 组合的方向,用风速为 2.5 m/s 的风吹向采暖炉的排烟口。试验 9 个点的 CO 含量,计算出各点 $CO(\alpha=1)$ 的值,再求出 9 个点 $CO(\alpha=1)$ 的算术平均值。性能要求:烟气中

$CO(\alpha=1)$ 浓度不应大于 0.20%。

④NO_x。

采用 0-2 气,额定热负荷状态,调节供/回水温度为 80 ℃/60 ℃,试验过程中采暖水流量保持恒定。在热平衡状态下,试验 NO_x 浓度。在试验基准条件如下:

a. 实验室环境温度:20 ℃;

b. 空气含湿量 10 g/kg;

c. 使用干式气体流量计。采暖炉部分热负荷下运行或试验条件为非基准情况时,NO_x 浓度需进行修正。

⑤非冷凝炉排烟温度。

当两用型采暖炉生活热水额定热负荷和采暖额定热负荷不同时,在热负荷较低状态下运行,采暖状态供/回水温度为 80 ℃/60 ℃ 或生活热水状态出水温度为 60 ℃,采暖炉安装最短烟道,在烟道出口试验排烟温度。

性能要求:非冷凝炉排烟温度不应小于 110 ℃。

(3)热效率

①采暖状态。

a. 额定热负荷 80 ℃/60 ℃ 状态。

使用 0-2 气、额定电压,使采暖炉的控制温控器不工作,采暖水流量稳定在 ±1% 时,调节供/回水温度为 80 ℃/60 ℃。采暖炉处在热平衡状态时,连续试验供/回水温度、燃气流量和采暖水流量,试验时间不少于 10 min,用式(6.123)计算热效率。

采暖炉性能要求:

非冷凝炉热效率应符合下列规定之一。

Ⅰ. 不带额定热负荷调节装置的采暖炉,额定热负荷时的热效率不应小于 89%;

Ⅱ. 带额定热负荷调节装置的采暖炉,最大热负荷时的热效率不应小于 89%;对应于最大额定热负荷和最小额定热负荷的算术平均值时的热效率不应小于 89%。

冷凝炉热效率应符合下列规定之一。

Ⅰ. 不带额定热负荷调节装置的冷凝炉,额定热负荷时的热效率不应小于 92%;

Ⅱ. 带额定热负荷调节装置的冷凝炉,最大热负荷时的热效率不应小于 92%;对应于最大额定热负荷和最小额定热负荷的算术平均值时的热效率不应小于 92%。

b. 部分热负荷。

使用 0-2 气、额定电压,水泵应连续运行,水流量稳定在 ±1% 以内。按下列步骤试验:

Ⅰ. 调节非冷凝炉回水温度为(47±1)℃,冷凝炉回水温度为(30.5±0.5)℃。当不能调至上述温度时,在采暖炉所能达到的最低回水温度下试验。

Ⅱ. 表 6.39 为部分热负荷热效率试验采暖炉周期时间表,按表 6.39 中的公式计算试验时采暖炉运行和停机时间。通过室内温控器或手动操作来控制采暖炉的工作循环;采暖炉处在热平衡状态时,在 10 min 的试验时间内连续试验供/回水温度、采暖水流量和燃气流量,并计算供/回水温度平均值,用式(6.123)计算热效率。

表 6.39　部分热负荷热效率试验采暖炉周期时间表

序号	运行条件		输入热量	周期时间/s
1	部分热负荷等于30%的额定热负荷		$\Phi_2 = 0.3 \cdot \Phi_n$	$T_2 = 600$
2	额定热负荷		$\Phi_1 = \Phi_n$	$T_1 = \dfrac{180\Phi_1 - 600\Phi_3}{\Phi_1 - \Phi_3}$
	受控停机		$\Phi_3 = $ 常明火热负荷	$T_3 = 600 - T_1$
3	部分热负荷		$\Phi_{21} > 0.3 \cdot \Phi_n$	$T_{21} = \dfrac{180\Phi_1 - 600\Phi_3}{\Phi_{21} - \Phi_3}$
	受控停机		$\Phi_3 = $ 常明火热负荷	$T_3 = 600 - T_{21}$
4	额定热负荷		$\Phi_1 = \Phi_n$	$T_1 = \dfrac{180\Phi_1 - 600\Phi_{22}}{\Phi_1 - \Phi_{22}}$
	部分热负荷		$\Phi_{22} < 0.3 \cdot \Phi_n$	$T_{22} = 600 - T_1$
5	部分热负荷1		$\Phi_{21} > 0.3 \cdot \Phi_n$	$T_{21} = \dfrac{180\Phi_1 - 600\Phi_{22}}{\Phi_{21} - \Phi_{22}}$
	部分热负荷2		$\Phi_{22} < 0.3 \cdot \Phi_n$	$T_{22} = 600 - T_{21}$
6	额定热负荷		$\Phi_1 = \Phi_n$	$T = $ 测定值(见附录 M)
	部分热负荷		Φ_2	$T_2 = \dfrac{(180 - T_1)\Phi_1 - (600 - T_1\Phi_{22})}{\Phi_2 - \Phi_3}$
	受控停机		$\Phi_3 = $ 常明火热负荷	$T_3 = 600 - (T_1 + T_2)$

注:1. 带额定热负荷调节装置的采暖炉,采用最大额定热负荷和最小额定热负荷的算术平均值 Φ_a 来代替额定热负荷 Φ_n。

2. 当采暖炉无常明火时,$\Phi_3 = 0$。

Ⅲ. 实测折算热负荷与30%的额定热负荷的偏差范围应在±1%内,当偏差大于±2%时,应进行两次试验,一次在高于30%的额定热负荷下试验热效率,一次在低于30%额定热负荷下试验热效率,然后采用线性内插法确定对应于30%额定热负荷的热效率。

如试验时空气含湿量和/或回水温度与基准值不同,则进行修正。

采暖炉性能要求:

非冷凝炉部分热负荷热效率应符合下列规定之一。

Ⅰ. 不带额定热负荷调节装置的采暖炉,对应于30%额定热负荷时的热效率不应小于85%;

Ⅱ. 带额定热负荷调节装置的采暖炉,对应于最大额定和最小额定热负荷的算术平均值的30%时的热效率不应小于85%。

冷凝炉部分热负荷热效率应符合下列规定之一。

Ⅰ. 不带额定热负荷调节装置的冷凝炉,对应于30%额定热负荷时的热效率不应小于 95%；

Ⅱ.带额定热负荷调节装置的冷凝炉,对应于最大额定和最小额定热负荷的算术平均值的30%时的热效率不应小于 95%。

②热水状态。

使用 0-2 气,进水压力为(0.1±0.02)MPa,额定热负荷或最大热负荷状态,将生活热水温度设置在最高温度,使控制温控器失效,调节生活热水出水温度比进水温度高(40±1)K,当不能调至此温度时,采用增加进水水压等方法调至最接近的温度。在热平衡状态连续试验进出水温度、燃气流量和生活热水流量,试验时间不少于 10 min。按公式(6.123)计算热效率。

热水炉性能要求如下:

非冷凝炉额定热负荷状态热效率不应小于 89%。

冷凝炉额定热负荷状态热效率不应小于 96%。

(4)气密性

在完成其他气密性试验之后,应打开起密封作用的所有阀门,按制造商规定的维修保养时需要拆卸的气密接头反复拆装 5 次后,用制造商提供的适当零件代替喷嘴或限流器来堵塞燃气出口。燃气进口施加压力 15 kPa 的环境温度下的空气检查泄漏量。

燃气系统的燃气泄漏量不应大于 0.14 L/h。

(5)生活热水性能

①最高热水温度。

a.快速式。

使用 0-2 气,进水压力为(0.1±0.02)MPa,生活热水温度设定在最高温度,在额定热负荷下运行 15 min 后,逐渐减小供水压力,直至主燃烧器熄灭,记录最高出水温度。

性能要求:生活热水温度不应大于 85 ℃。

b.储水式。

使用 0-2 气,进水压力为(0.1±0.02)MPa,生活热水温度设定在最高温度,生活热水不排水状态使采暖炉运行直至主燃烧器熄灭后立即排水,记录最高出水温度。

性能要求:生活热水温度不应大于 85 ℃。

②停水温升。

使用 0-2 气,进水压力为(0.1±0.02)MPa,生活热水温度设定在最高温度,调节水流量使温升为(40±1)K,在额定热负荷下采暖炉运行 15 min 后,关闭生活热水出水阀,1 min 后打开生活热水出水阀,记录最高出水温度。

性能要求:加热时间不应大于 90 s。

③套管式生活热水过热。

使用 0-2 气,将采暖水温度设在最高温度,采暖状态调节冷却水流量使采暖出水温度为最高出水温度,以采暖状态额定热负荷运行 1 h 后,打开生活热水出水阀,进水压力为(0.1±0.02)MPa,以采暖炉能够运行的最低生活热水水流量排水,记录生活热水最高出水温度。

性能要求:套管式生活热水过热生活热水温度不应大于 95 ℃。

④加热时间。

使用 0-2 气,进水压力为(0.1±0.02)MPa,生活热水温度设定在最高温度,调节水流量使温升为(40±1)K,在额定热负荷下运行 15 min 后关闭采暖炉,当热交换器内水温与生活热水进水温度相同后重新启动采暖炉,从采暖炉启动开始计时直到出水温升达到 36 K 结束计时。

性能要求:加热时间不应大于 90 s。

⑤快速式水温控制。

使用 0-2 气,生活热水温度设定在最高温度,分别在采暖最高设定温度和最低设定温度进行下列试验:进水压力为 0.05 MPa,采暖炉运行 15 min 后,记录出水温度,依次调节进水压力为 0.1 MPa、0.2 MPa 与 0.4 MPa 或制造商规定的最大适用水压值(如制造商规定的最大适用水压值大于 0.4 MPa 时),达到热平衡后记录出水温度。

性能要求:出水温度应为 45 ~ 75 ℃。

⑥水温超调幅度。

使用 0-2 气,将生活热水出水温度设定比进水温度高(30±2)K,调节进水压力使采暖炉在额定热负荷下运行且温升为(30±1)K,此时的水流量为最大水流量 q_{vwhmax},逐渐降低水流量至 $0.8q_{vwhmax}$,温度稳定后记录温度值 t_r。在 2 s 内将水流量降低至 $0.6q_{vwhmax}$,记录最高出水温度;稳定后再将水流量从 $0.6q_{vwhmax}$ 升高至 $0.8q_{vwhmax}$,记录最低出水温度。计算与 t_r 值的最大水温偏差。

性能要求:水温超调幅度应在 ±5 K 范围内。

⑦热水温度稳定时间。

使用 0-2 气,将生活热水出水温度设定比进水温度高(30±2)K,调节进水压力使采暖炉在额定热负荷下运行且温升为(30±1)K,此时的水流量为最大水流量 q_{vwhmax},逐渐降低水流量至 $0.8q_{vwhmax}$,温度稳定后记录温度值 t_r。在 2 s 内将水流量从 $0.8q_{vwhmax}$ 降低至 $0.6q_{vwhmax}$,从调节水流量开始计时直到出水温度再次达到(t_r±2)℃计时结束;再将水流量从 $0.6q_{vwhmax}$ 升高至 $0.8q_{vwhmax}$,从调节水流量开始计时直到出水温度再次达到(t_r±2)℃计时结束,取两次时间的平均值。检查是否符合热水温度稳定时间不应大于 60 s 的性能要求。

⑧储水式生活热水温度。

生活热水温度设置在最高值,采暖炉受控关闭后,每分钟排水量为储水量的 5%,放水 10 min。或当制造商声称的最小流量高于每分钟储水量的 5% 时,就以制造商声称的最小流量排水,此时允许燃烧器点火。1 min 后试验出水温度。

性能要求:储水式生活热水温度不应小于 60 ℃。

6.5 其他设备性能测试

本章节主要介绍板式换热器、空气热回收器的性能测试方法。

6.5.1 主要测试参数及仪器

本章节相关测试参数及仪器要求见表 6.40:

表 6.40 相关测试参数及仪器要求

参数	测试仪器	仪器要求
水、空气温度	玻璃水银温度计、电阻温度计等各类温度计(仪)	准确度:±0.1 ℃;
	热电偶温度计	准确度:±0.5 ℃;
空气相对湿度	干湿球温度计、露点式湿度计等	精度不低于±5%
风速(风量)	风速仪、风量罩等	风速仪精度不低于±(0.05+±5%)m/s。风量罩精度不低于3%±10 m³/h
空气动压、静压	毕托管和微压计	精度不低于±1.0 Pa
流量	压差式、电磁式、容量式、超声波流量计	准确度±1.0%

6.5.2 测试方法

1)板式换热器

板式换热器常用于供热、空调及生活热水的换热系统中,主要用于流体间的热量交换。板式换热器有汽-液交换和液-液交换等不同形式,本书主要对常见的液-液工况状态下的可拆卸板式换热器、半焊式板式换热器、钎焊板式换热器的测试方法进行介绍。

在标准的板式换热器性能测试和评价中,板式换热器需要在标准的测试系统,传热面两侧为水-水逆流运行,热流体定性温度为50 ℃,冷流体定性温度为30 ℃,冷、热流体板间流速均为0.5 m/s的标准工况下,进行热平衡条件测试,并通过均匀等流速变流量,进行换热器传热性能、换热器流动阻力性能测试。以上测试一般由从事换热器性能测试和评价的机构进行。

在实际工程测试时,则按照系统实际运行工况行相关测试,计算板式换热器冷流体热流量、热流体热流量、测试传热系数等指标,分析板式换热器实际运行效果。

(1)测试内容及系统

主要测试参数有:①冷、热流体的体积流量或质量流量;②冷、热流体的进、出口温度;③冷、热流体的进口压力及进、出口之间的压力差。板式换热器测试参数及测点布置如图6.61所示。

(2)测试要求

测试仪器应满足表6.41相关要求,并在测试前进行校对。应在测试工况稳定后方可进行测试,并且热平衡相对误差 $\Delta\varphi$ 的绝对值不大于5%时,方可进行数据采集,如热平衡相对误差 $\Delta\varphi$ 的绝对值大于5%,则可能系统运行不稳定,或测试存在不合理导致测试误差大,须进行原因排除;每个测试工况至少重复测量3次,每次间隔5 min以上,测量结果取平均值。

(3)板式换热器性能计算

①冷、热流体热流量。

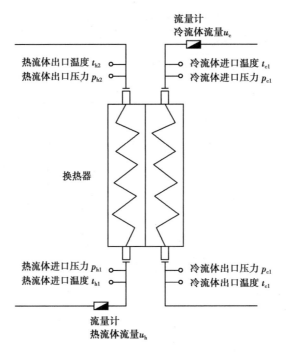

图 6.61 板式换热器测试参数及测点布置

冷、热流体热流量为板式换热器两侧换热量,是评估板式换热器是否达到设计换热量的指标,其计算公式(6.126)(6.127)所示:

$$\varphi_c = q_{mc} c_{pc} (t_{c2} - t_{c1}) \tag{6.126}$$

$$\varphi_h = q_{mh} c_{ph} (t_{h1} - t_{h2}) \tag{6.127}$$

式中　φ_c, φ_h——冷、热流体热流量,kW;

q_{mc}, q_{mh}——冷、热流体质量流量,kg/s;

c_{pc}, c_{ph}——冷、热流体的定压比热容,kJ/(kg·℃);

t_{c1}, t_{c2}——冷流体进、出口温度,℃;

t_{h1}, t_{h2}——热流体进、出口温度,℃。

②热平衡相对误差。

由能量守恒定律,理论上板式换热器两侧换热量应该相等,即冷、热流体热流量数值一致,但由于实际系统波动性、热损失及测试误差等因素,二者往往存在偏差,工程上以二者的相对误差作为测试准确性的判断,热平衡相对误差不应超过 5% 。板式换热器热平衡相对误差按式(6.128)计算:

$$\Delta \varphi = (\varphi_h - \varphi_c)/\varphi_c \times 100\% \tag{6.128}$$

式中　$\Delta \varphi$——板式换热器热平衡相对误差;

φ_h——热流体热流量,kW;

φ_c——冷流体热流量,kW。

③传热系数。

传热系数是反映换热器传热效果的重要指标。每款换热器产品均具有出厂经过检测评估的标准工况下额定传热系数,在实际使用中,由于冷、热流体参数变化、年久设备结垢老化等因素,实际换热系数往往与产品额定传热系数不同,通过测试实际运行工况传热系数,可判断换热器实际运行换热能力是否理想。换热器测试总传热系数按式(6.129)计算:

$$K_{cxp} = \frac{\varphi_h + \varphi_c}{2A \Delta t_m} \tag{6.129}$$

其中对数平均温差按式(6.130)计算:

$$\Delta t_m = \frac{\Delta t_1 - \Delta t_2}{\ln \dfrac{\Delta t_1}{\Delta t_2}} \tag{6.130}$$

式中　K_{cxp}——测试总传热系数,W/(m²·K);

　　　φ_c, φ_h——冷、热流体热流量,kW;

　　　A——板式换热器换热面积,由产品资料提供;

　　　Δt_m——对数平均温差,℃;

　　　Δt_1——冷热流体进出口最大温差,℃;

　　　Δt_2——冷热流体进出口最小温差,℃。

④板式换热器的阻力。

通过测试流体进、出板式换热器的压力之差可得板式换热器的阻力。一般流量较大,有利于提高板式换热器的传热系数,但同时会增大板式换热器的阻力。此外,在使用过程中,板式换热器内部管道将逐渐结垢,不仅影响换热器传热效果,同时也将增大换热器阻力。阻力是影响输配系统能耗的重要因素,可作为判断板式换热器是否需要除垢清洗的依据。

$$\Delta P_c = P_{c1} - P_{c2} \tag{6.131}$$
$$\Delta P_h = P_{h1} - P_{h2} \tag{6.132}$$

式中　$\Delta P_c, \Delta P_h$——板式换热器冷、热流体侧的阻力,Pa;

　　　P_{c1}, P_{c2}——冷流体侧进、出口压力,Pa;

　　　P_{h1}, P_{h2}——热流体侧进、出口压力,Pa。

2)空气热回收器

空气热回收器常用于新风等空调系统中,通过回收排风显热或全热降低新风负荷。排风热回收设备的额定全热热回收效率应为制冷大于50%,制热大于55%;额定显热回收设备的额定显热回收效率制冷大于60%,制热大于65%。

(1)测试内容及系统

热回收效率是空气热回收器的重要性能指标。热回收效率检测需测试以下参数:

①热回收器的新风进风温度、相对湿度;

②热回收器的新风出风温度、相对湿度;

③热回收器的排风进风温度相对湿度;

④新风量、排风量。

测试系统原理如图6.62所示:

(2)测试要求

测试仪器应满足表6.41相关要求,并在测试前进行校对。应在新风机机组达到稳定状态

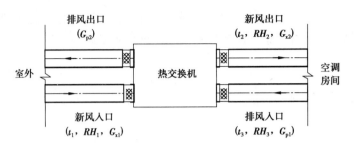

图 6.62 测试系统原理图

15 min 后进行相关参数测试,风管内空气温度、相对湿度、风速测试方法详见章节 4.2,10 min 读一次数,连续测量 30 min,取读数的平均值作为测量值。

空气温度和相对湿度后由焓湿图或相关计算转换公式获得对应状态下的空气含湿量、焓值。

(3)热回收效率计算

显热交换效率按式(6.133)计算:

$$\eta_t = \frac{G_x(t_1 - t_2)}{G_p(t_1 - t_3)} \times 100\% \tag{6.133}$$

湿交换效率按式(6.134)计算:

$$\eta_w = \frac{G_x(d_1 - d_2)}{G_p(d_1 - d_3)} \times 100\% \tag{6.134}$$

全热交换效率按式(6.135)计算:

$$\eta_h = \frac{G_x(h_1 - h_2)}{G_p(h_1 - h_3)} \times 100\% \tag{6.135}$$

式中 η_t——显热交换效率;

       η_w——湿交换效率;

       η_h——全热交换效率;

       G_x——新风量,进出口风管风量平均值,m³/h;

       G_p——排风量,进出口风管风量平均值,m³/h;

       t_1, t_2, t_3——新风进风温度、新风出风温度、排风进风温度,℃;

       d_1, d_2, d_3——新风进风含湿量、新风出风含湿量、排风进风含湿量,g/kg(干空气);

       h_1, h_2, h_3——新风进风焓值、新风出风焓值、排风进风焓值,kJ/kg。

6.6 暖通空调系统性能测试

在工程和研究中,除关注各机组、设备的性能,进行相关测试评估外,还应从全局的角度对冷热源系统、空调末端系统乃至整个暖通空调系统的性能进行测试和分析,全面地分析系统舒适性、节能性以及环境效益、经济效益。本章节主要介绍水系统输冷输热比、冷热源系统能效系数、空调系统能效比的测试和计算方法。

6.6.1 主要测试参数及仪器

本章节主要测试参数及仪器要求见表6.41：

表6.41 主要测试参数及仪器要求

参数	测试仪器	仪表准确度
温度	玻璃水银温度计、铂电阻温度计等各类温度计(仪)	0.2 ℃(空调) 0.5 ℃(采暖)
流量	压差式、电磁式、容量式、超声波流量计	≤2%(测量值)
冷热量	热量表	准确度应达到现行行业标准《热量表》(GB/T 32224—2020)规定的2级
电量	功率表(指示式、积算式)、数字功率计、电流表、电压表、功率因素表、频率表、互感器	功率表:指示式不低于0.5级精度,积算式不低于1级精度;数字功率计:±0.2%量程电流表、电压表、功率因素表、频率表:不低于0.5级精度;互感器:不低于0.2级精度
耗油量	应能显示累计油量或能自动存储、打印数据或可以和计算机接口的油表等	准确度≤5%(Q_{min}~0.2Q_{max}),≤2%(0.2Q_{max}~Q_{max})
耗气量	应能显示累计气量或能自动存储、打印数据或可以和计算机接口的气表等	准确度≤3%(Q_{min}~0.2Q_{max})≤1.5%(0.2Q_{max}~Q_{max})

6.6.2 测试方法

1)水系统输冷、输热比

对于公共建筑和工业建筑集中供暖和空调的水系统,重点的控制思路是如何加大供、回水的温差,减少输送的水量,实现节能。集中供暖与空调系统循环水泵的冷、热水耗电输冷(热)比 $EHR\text{-}h$ 或 $EC(H)R$ 是反映该节能性能的指标,其计算数值应标注在施工图的设计说明中。

公共建筑和工业建筑集中供暖和空调的水系统设计冷、热水耗电输冷(热)比 $EHR\text{-}h$ 或 $EC(H)R$ 及其限值按以下公式计算。

$$EHR\text{-}h \text{ 或 } EC(H)R = \frac{0.003\,096 \sum \left(G \cdot \dfrac{H}{\eta_b} \right)}{\sum Q} \leqslant \frac{A(B + \alpha \sum L)}{\Delta T} \tag{6.136}$$

式中 G——每台运行水泵的设计流量,m^3/h;

H——每台运行水泵对应的水泵设计扬程,m;

ΔT——供、回水温差(℃),冷水系统取5℃(对直接提供高温冷水的机组按机组实际参数确定),热水系统按10℃,对空气源热泵、溴化锂机组、水源热泵等机组的热水供回水温差按机组实际参数确定;

η_b——每台运行水泵对应的设计工作点的效率,%;

Q——设计冷(热)负荷,kW;

A——按水泵流量确定的系数,当 $G \leqslant 60$ m³/h 时,$A=0.004\ 225$;当 60 m³/h$<G \leqslant 200$ m³/h 时,$A=0.003\ 858$;当 $G>200$ m³/h 时,$A=0.003\ 749$;多台水泵并联时,流量按较大流量选取;

B——与机房及用户水阻力有关的计算系数,见表 6.42;

α——与水系统管路 $\sum L$ 有关的系数,见表 6.43 和表 6.44;

$\sum L$——热力站至散热器或辐射供暖分集水器供回水管道的总长度或从冷热机房出口至该系统最远用户供回水管道的总长度,m。

表 6.42　B 值

系统组成		四管制单冷、单热管道	二管制热水管道
一级泵	冷水系统	28	—
	热水系统	22	21
二级泵	冷水系统[1]	33	—
	热水系统[2]	27	25

注:1. 两管制冷水管道的 B 值应按四管制单冷管道的 B 值选取;

2. 多级泵冷水系统,每增加一级泵,B 值可增加 5;

3. 多级泵热水系统,每增加一级泵,B 值可增加 4。

表 6.43　四管制冷、热水管系统的 α 值

系统	管道长度 $\sum L$ 范围/m		
	$\sum L \leqslant 400$	$400<\sum L<1\ 000$	$\sum L \geqslant 1\ 000$
冷水	$\alpha=0.02$	$\alpha=0.016+1.6/\sum L$	$\alpha=0.013+4.6/\sum L$
热水	$\alpha=0.014$	$\alpha=0.012\ 5+0.6/\sum L$	$\alpha=0.009+4.1/\sum L$

注:1. 两管制冷水系统 α 计算式与表 6.45 相同。

2. 当最远用户为空调机组时,$\sum L$ 为从机房出口至最远端空调机组的供回水管道总长度;当最远用户为风机盘管时,$\sum L$ 应减去 100 m。

表 6.44　两管制热水管路系统的 α 值

热水系统	管道长度 $\sum L$ 范围/m		
	$\sum L \leqslant 400$	$400<\sum L<1\ 000$	$\sum L \geqslant 1\ 000$
	$\alpha=0.002\ 4$	$\alpha=0.002+0.16/\sum L$	$\alpha=0.001\ 6+0.56\sum L$
热水供暖系统		$\alpha=0.003\ 833+3.067/\sum L$	$\alpha=0.006\ 9$

注:当最远用户为空调机组时,$\sum L$ 为从机房出口至最远端空调机组的供回水管道总长度;当最远用户为风机盘管时,$\sum L$ 应减去 100 m。

由于项目实际运行情况往往与设计情况有所偏离,在工程实测中,可对照第5章相关测试方法,测试系统水温、供冷(热)量、设备扬程和效率等实际数据,按式(6.136)进行计算,检验水系统实际运行节能效果。

2)冷热源系统能效

冷热源系统能效比是综合考虑了冷热源机组的性能系数限值,水系统输送能效比,水系统供、回水温差以及其他冷热源系统设备性能等各项指标的相互作用和影响关系的综合评价指标。

冷热源系统能效监测内容包括冷(热)源系统的供(热)冷量,冷(热)源机组、水泵等所有冷热源系统设备的耗功率以及其他类型的耗能量(燃气、蒸汽、煤、油等)。能效可分为瞬时能效系数、一段测试时间的平均能效以及年能效系数多种分析层面。

(1)系统瞬时能效系数

瞬时能效为系统某时刻供(热)冷量除以该时刻各设备的总耗电量耗能量之和。由于系统换热过程中各部分参数具有延滞性,以及测试仪器本身具有测试响应时间,故瞬时能效对于评价系统性能的价值不大,工程中很少使用。

(2)系统能效系数

在公共建筑节能检测等工程实测中,一般采用通过一段时间(60 min)的连续测试平均值,计算该段时间冷热源系统的平均能效,以此作为系统能效。

下文以冷水机组为例展开介绍。冷水机组冷源系统能效系数综合考虑了冷水机组的性能系数限值、水系统输送能效比、冷冻水供、回水温差和冷却塔性能等各分项指标的相互作用和影响关系。

①检测内容及方法。

a. 测试冷源系统的供冷量,冷水机组、冷冻水泵、冷却水泵、冷却塔等设备的耗功率。

b. 检测工况下,测试状态稳定后,每隔5～10 min读一次数,连续监测60 min,取连续监测数值的平均值作为测试的测定值。

②冷源系统能效比计算。

冷源系统的能效比 COP_C 可按下式计算。

$$COP_C = \frac{Q_0}{\sum N_j} \tag{6.137}$$

式中　Q_0——冷源系统测定工况下制冷量,kW;

　　　$\sum N_j$——冷源系统各设备的净输入功率总和,kW。

其中冷源系统各设备包括冷水机房的冷水机组、冷冻水泵、冷却水泵和冷却塔风机,其中冷冻水泵如果是二次泵系统,一次泵和二次泵均包括在内。

冷源系统能效比不应低于表6.45的规定。

表6.45　冷源系统能效比限值

类型	单台额定制冷量/kW	系统能效比/(W·W⁻¹)
水冷冷水机组	<528	2.3
	528~1 163	2.6
	>1 163	3.1
风冷或蒸发冷却	≤50	1.8
	>50	2.0

（3）系统年能效系数

在绿色节能建筑中应对建筑全年采暖空调能耗及供冷供热量进行监测,以便能分析建筑全年实际运行能效,了解冷热源系统全年实际运行情况。

建筑物年采暖空调能耗检测应符合以下要求:

a. 建筑物年采暖空调能耗应采用全年统计或计量的方式进行;

b. 建筑物年采暖空调能耗应包括采暖空调系统耗电量、其他类型的耗能量(燃气、蒸汽、煤、油等),及区域集中冷热源供热、供冷量;

c. 建筑物年采暖空调能耗的统计或计量应在建筑物投入正常使用一年后进行;

d. 当一栋建筑物的空调系统采用不同的能源时,宜通过换算将能耗计量单位进行统一。

对于没有设置用能分项计量的建筑,建筑物年采暖空调能耗可根据建筑物全年的运行记录、设备的实际运行功率和建筑的实际使用情况等统计分析得到。统计时应符合下列规定:

a. 对于冷水机组、水泵、电锅炉等运行记录中记录了实际运行功率或运行电流的设备,运行数据经校核后,可直接统计得到设备的年运行能耗;

b. 当运行记录没有有关能耗数据时,可先实测设备运行功率,并从运行记录中得到设备的实际运行时间,再分析得到该设备的年运行能耗。

对于设置用能分项计量的建筑,建筑物年采暖空调能耗可直接通过对分项计量仪表记录的数据统计,得到该建筑物的年采暖空调能耗。

单位建筑面积年采暖空调能耗应按式(6.138)进行计算:

$$E_0 = \frac{\sum E_i}{A} \tag{6.138}$$

式中　E_0——单位建筑面积年采暖、空调能耗;

　　　E_i——各个系统一年的采暖、空调能耗;

　　　A——建筑面积,m^2;不应包括没有设置采暖空调的地下车库面积。

冷热源系统年能效系数按式(6.139)进行计算:

$$EER_{SL(R)} = \frac{Q_{SL(R)}}{\sum N_{sj}} \tag{6.139}$$

式中　$EER_{SL(R)}$——冷热源系统年能效系数;

　　　$Q_{SL(R)}$——冷热源系统供冷(热)季的总供冷(热)量,$kW·h$;

$\sum N_{sj}$——冷源系统供冷(热)季各设备所消耗的电量和其他耗能量,蒸汽压缩循环冷水(热泵)机组系统只考虑耗电量,溴化锂吸收式冷(热)水机组则需考虑耗电量和热消耗量,kW·h。

3)空调系统能效比

空调系统运行能效比是指空调系统制冷(热)量与整个空调工程所有耗电设备的耗电总功率之比,其耗电总功率为实测条件下各设备的电机输入功率之和。空调系统运行能效比与空调工程设计能效比相区别,空调工程设计能效比的定义为空调工程的设计总冷负荷与整个空调工程所有耗电设备的耗电总功率之比,其耗电总功率为各设备的电机铭牌功率。这两个指标以空调系统整体为着眼点,可用来衡量整个空调系统的能效状况。空调工程的设计能效比高低只能代表其在设计工况下的能效水平,但不能代表该系统在运行过程中的能效状况,而空调系统运行能效比则表征空调系统在运行过程中能效的高低。

能效可分为瞬时能效系数、一段测试时间的平均能效以及年能效系数多种分析层面。

(1)系统瞬时能效系数

瞬时能效是采用某一时刻的测试数据直接进行计算。由于系统换热过程中各部分参数具有延滞性,以及测试仪器本身具有测试响应时间,故瞬时能效对于评价系统性能的价值不大,工程中很少使用。

(2)系统能效系比

在公共建筑节能检测等工程实测中,一般采用通过一段时间(60 min)的连续测试平均值,计算该段时间空调系统的平均能效,以此作为空调系统能效比。

①检测内容及方法。

a.测试冷热源系统的供冷(热)量,冷热源机组、水泵等冷源设备耗功率,风机盘管、新风机等末端设备耗功率。

b.检测工况下,测试状态稳定后,每隔5~10 min 读一次数,连续监测60 min,取连续监测数值的平均值作为测试的测定值。

②空调系统能效比计算。

空调系统运行能效比 $OEER$ 可按式(6.140)计算。

$$OEER = \frac{Q}{\sum N_i} \tag{6.140}$$

式中 $OEER$——空调系统运行能效比;

Q——测试期间空调系统制冷(热)量,kW;

$\sum N_i$——测试期间空调系统总耗功率,kW。

其中空调系统各耗功设备的组成如下。

a.冷源机组电机输入功率;

b.冷却塔电机输入功率;

c.冷冻水泵、冷却水泵电机输入功率;

d.组合式空调机组、新风机组、风机盘管及所有送风设备的电机输入功率。

冷源机组、冷却塔、冷冻水泵、冷却水泵及组合式空调机组的电机输入功率是经过实测获得,当风机盘管、新风机组及送风设备较多时,其电机输入功率可通过对标准层的实测数据累加得出。

(3)系统年运行能效比

在绿色节能建筑中应对建筑各设备全年采暖空调能耗及供冷供热量进行监测,以便能分析建筑全年实际运行能效,了解冷热源系统全年实际运行情况。

空调系统年能效系数按式(6.141)进行计算:

$$OEER_{SL(R)} = \frac{Q_{SL(R)}}{\sum N_{sj}} \tag{6.141}$$

式中 $OEER_{SL(R)}$ ——空调系统年运行能效比;

$Q_{SL(R)}$ ——空调系统供冷(热)季的总供冷(热)量,kJ;

$\sum N_{sj}$ ——空调系统供冷(热)季空调系统总耗功率,kJ。

6.7 可再生能源建筑应用工程测试

在建筑供热水、采暖、空调和供电等系统中,采用太阳能、地热能等可再生能源系统提供全部或部分建筑用能的应用形式成为可再生能源建筑应用。可再生能源建筑应用工程应以工程实际运行测试参数为基础对工程系统性能、舒适性、环保效益、经济效益各方面指标进行评价,并综合对工程进行合格判断和分级评价。

太阳能热利用系统的评价指标包括太阳能保证率(%)、集热系统效率(%)、贮热水箱热损因数[W/(m³·K)]、供热水温度(℃)、室内温度(℃)、太阳能制冷性能系数、常规能源替代量(kgce)、费效比(元/kWh)、静态投资回收期(年)、二氧化碳减排量(t/年)、二氧化硫减排量(t/年)、粉尘减排量(t/年)。太阳能光伏系统的评价指标包括光电转换效率(%)、费效比(元/kWh)、年发电量(kWh)、常规能源替代量(kgce)、二氧化碳减排量(t/年)、二氧化硫减排量(t/年)、粉尘减排量(t/年)。地源热泵系统的评价指标包括机组制冷能效比和制热系数、系统制冷能效比和制热系数、室内温湿度、常规能源替代量(kgce)、静态投资回收期(年)、二氧化碳减排量(t/年)、二氧化硫减排量(t/年)、粉尘减排量(t/年)。

6.7.1 主要测试参数及仪器

可再生能源建筑应用工程检测根据评价指标需进行太阳能照度、空气温度、水温、流量等各类参数测试,相关参数及测试仪器要求如表6.46所示。

表6.46 主要测试参数及仪器要求

参数	测试仪器	仪器要求
太阳总辐照度	总辐射表	应符合现行国家标准《总辐射表》GB/T 19565 的要求
空气温度	玻璃水银温度计、电阻温度计等各类温度计(仪)	仪器准确度±0.1 ℃,仪器精度±0.2 ℃,响应时间应小于 5 s

参数	测试仪器	仪器要求
水温	玻璃水银温度计、电阻温度计等各类温度计(仪)	仪器准确度±0.2 ℃,仪器精度±0.1 ℃,响应时间应小于 5 s
流量	压差式、电磁式、容量式、超声波流量计	测量准确度±1.0%
冷热量	热量表	准确度应达到现行行业标准《热量表》GB/T 32224—2020 规定的 2 级
电功率	电功率表	测量误差不应大于5%
长度	卷尺等	准确度应为±1.0%
质量	电子天平等	准确度应为±1.0%

6.7.2 测试方法

1)太阳能热利用系统

太阳能热利用系统是将太阳能转换为热能,进行供热、制冷等应用的系统,在建筑中主要包括太阳能供热水、采暖和空调系统。太阳能供热水、采暖系统是将太阳能转换成热能,为建筑物进行供热水和采暖的系统,系统主要部件包括太阳能集热器、换热蓄热装置、控制系统、其他能源辅助加热/换热设备、泵或风机、连接管道和末端热水采暖系统等。太阳能空调系统是一种利用太阳能集热器加热热媒,驱动热力制冷系统的空调系统,由太阳能集热系统、热力制冷系统、蓄能系统、空调末端系统、辅助能源以及控制系统六部分组成。

(1)系统测试条件

①太阳能热水系统长期测试的周期不应少于 120 d,且应连续完成,长期测试开始的时间应在每年春分(或秋分)前至少 60 d 开始,结束时间应在每年春分(或秋分)后至少 60 d 结束;太阳能采暖系统长期测试的周期应与采暖期同步;太阳能空调系统长期测试的周期应与空调期同步。长期测试周期内的平均负荷率不应小于 30%。

②太阳能热利用系统短期测试的时间不应少于 4 d。短期测试期间的运行工况应尽量接近系统的设计工况,且应在连续运行的状态下完成。短期测试期间的系统平均负荷率不应小于 50%,短期测试期间室内温度的检测应在建筑物达到热稳定后进行。

集热系统得热量、集热系统效率、系统总能耗短期测试时,每日测试的时间从上午 8 时开始至达到所需要的太阳辐射量为止。

制冷机组制冷量、制冷机组耗热量的短期测试宜在制冷机组运行工况稳定后 1 h 开始测试,测试时间 ΔT_t 应从上午 8 时开始至次日 8 时结束。

供热水温度、室内温度的短期测试应从上午 8 时开始至次日 8 时结束。

③短期测试期间的室外环境平均温度 t_a 应符合下列规定:

a.太阳能热水系统测试的室外环境平均温度 t_a 的允许范围应为年平均环境温度±10 ℃;

b. 太阳能采暖系统测试的室外环境的平均温度 t_a 应大于等于采暖室外计算温度且小于等于 12 ℃；

c. 太阳能空调系统测试的室外环境平均温度 t_a 应大于等于 25 ℃且小于等于夏季空气调节室外计算干球温度。

④太阳辐照量短期测试不应少于 4 d，每一太阳辐照量区间可测试天数不应少于 1 d，太阳辐照量区间划分应符合下列规定：

a. 太阳辐照量小于 8 MJ/(m²·d)；

b. 太阳辐照量大于等于 8 MJ/(m²·d)且小于 12 MJ/(m²·d)；

c. 太阳辐照量大于等于 12 MJ/(m²·d)且小于 16 MJ/(m²·d)；

d. 太阳辐照量大于等于 16 MJ/(m²·d)。

短期测试的太阳辐照量实测值与以上规定的 4 个区间太阳辐照量平均值的偏差宜控制在±0.5 MJ/(m²·d)以内，对于全年使用的太阳能热水系统，不同区间太阳辐照量的平均值可按《可再生能源建筑应用工程评价标准》(GB/T 50801—2013)附录 C 我国主要城市太阳辐照量分段统计表确定。该附录可扫描【二维码】查看。

附录 C

工程中因集热器安装角度、局部气象条件等原因可能导致太阳辐照量难以达到 16 MJ/m²，则可根据实际情况对太阳辐照量的测试条件进行适当调整，但测试天数不得少于 4 d，测试期间的太阳辐照量应均匀分布。

（2）系统测试内容及方法

太阳能热利用系统测试一般包括：集热系统效率、系统总能耗、集热系统得热量、制冷机组制冷量、制冷机组耗热量、贮热水箱热损因数、供热水温度、室内温度等测试内容。

①集热系统得热量测试。

集热系统得热量测试参数应包括集热系统进、出口温度、流量、环境温度和风速，采样时间间隔不得大于 10 s。

太阳能集热系统得热量 Q_j 可以用热量表直接测量，也可通过分别测量温度、流量等参数后按式(6.142)计算：

$$Q_j = \sum_{i=1}^{n} m_{ji} \rho_w c_{pw} (t_{dji} - t_{bji}) \Delta T_{ji} \times 10^{-6} \tag{6.142}$$

式中　Q_j——太阳能集热系统得热量，MJ；

　　　n——总记录数；

　　　m_{ji}——第 i 次记录的集热系统平均流量，m³/s；

　　　ρ_w——集热工质的密度，kg/m³；

　　　c_{pw}——集热工质的比热容，J/(kg·℃)；

　　　t_{dji}——第 i 次记录的集热系统的出口温度，℃；

　　　t_{bji}——第 i 次记录的集热系统的进口温度，℃；

　　　ΔT_{ji}——第 i 次记录的时间间隔，s；ΔT_{ji} 不应大于 600 s。

②集热系统效率的测试。

集热系统效率短期测试时，每日测试的时间从上午 8 时开始至达到所需要的太阳辐射量为止,达到所需要的太阳辐射量后,应采取停止集热系统循环泵等措施,确保系统不再获取太阳得热。测试参数应包括集热系统得热量、太阳总辐照量和集热系统集热器总面积等。

太阳能热利用系统的集热系统效率 η 应按式(6.143)计算得出:

$$\eta = \frac{Q_j}{A \times H} \times 100 \tag{6.143}$$

式中　η——太阳能热利用系统的集热系统效率,%;

　　　Q_j——太阳能热利用系统的集热系统得热量,MJ;

　　　A——集热系统的集热器总面积,m^2;

　　　H——太阳总辐照量,MJ/m^2。

③系统总能耗的测试应符合下列规定。

系统总能耗测试对于热水系统,应测试系统的供热量或冷水、热水温度、供热水的流量等参数;对于采暖空调系统应测试系统的供热量或系统的供、回水温度和热水流量等参数,采样时间间隔不得大于 10 s。

系统总能耗 Q_z 可采用热量表直接测量,也可通过分别测量温度、流量等参数后按式(6.144)计算:

$$Q_z = \sum_{i=1}^{n} m_{zi} \times \rho_w \times c_{pw} \times (t_{dzi} - t_{bzi}) \times \Delta T_{zi} \times 10^{-6} \tag{6.144}$$

式中　Q_z——系统总能耗,MJ;

　　　n——总记录数;

　　　m_{zi}——第 i 次记录的系统总流量,m^3/s;

　　　ρ_w——水的密度,kg/m^3;

　　　c_{pw}——水的比热容,$J/(kg \cdot ℃)$;

　　　t_{dzi}——对于太阳能热水系统,t_{dzi} 为第 i 次记录的热水温度,℃;对于太阳能采暖、空调系统,t_{dzi} 为第 i 次记录的供水温度,℃;

　　　ΔT_{zi}——第 i 次记录的时间间隔,s;ΔT_{zi} 不应大于 600 s。

④制冷机组制冷量的测试。

制冷机组制冷量应测试系统的制冷量或冷冻水供回水温度和流量等参数,采样时间间隔不得大于 10 s。记录时间间隔不得大于 600 s。

制冷量 Q_l 可以用热量表直接测量,也可通过分别测量温度、流量等参数后按式(6.145)计算:

$$Q_l = \frac{\sum_{i=1}^{n} m_{li} \times \rho_w \times c_{pw} \times (t_{dli} - t_{bli}) \times \Delta T_{li} \times 10^{-3}}{\Delta T_t} \tag{6.145}$$

式中　Q——制冷量,kW;

　　　n——总记录数;

　　　m_{li}——第 i 次记录系统总流量,m^3/s;

　　　ρ_w——水的密度,kg/m^3;

　　　c_{pw}——水的比热容,$J/(kg \cdot ℃)$;

t_{dli}——第 i 次记录的冷冻水回水温度,℃;

t_{bli}——第 i 次记录的冷冻水供水温度,℃;

ΔT_{li}——第 i 次记录的时间间隔,s;ΔT_{li} 不应大于 600 s;

ΔT_t——测试时间,s。

⑤制冷机组耗热量的测试。

制冷机组耗热量短期测试宜在制冷机组运行工况稳定后 1 h 开始测试,测试时间 ΔT_t 应从上午 8 时开始至次日 8 时结束。

测试系统供给制冷机组的供热量或热源水的供回水温度和流量等参数,采样时间间隔不得大于 10 s,记录时间间隔不得大于 600 s。

制冷机组耗热量 Q_r 可以用热量表直接测量,也可通过分别测量温度、流量等参数后按式(6.146)计算:

$$Q_r = \frac{\sum_{i=1}^{n} m_{ri} \times \rho_w \times c_{pw} \times (t_{dri} - t_{bri}) \times \Delta T_{ri} \times 10^{-3}}{\Delta T_t} \quad (6.146)$$

式中　Q_r——制冷机组耗热量,kW;

n——总记录数;

m_{ri}——第 i 次记录的系统总流量,m^3/s;

ρ_w——水的密度,kg/m^3;

c_{pw}——水的比热容,$J/(kg \cdot ℃)$;

t_{dri}——第 i 次记录的热源水供水温度,℃;

t_{bri}——第 i 次记录的热源水回水温度,℃;

ΔT_{ri}——第 i 次记录的时间间隔,s;ΔT_{ti} 不应大于 600 s;

ΔT_t——测试时间,s。

⑥贮热水箱热损因数的测试应符合下列规定。

贮热水箱热损因数测试时间应从晚上 8 时开始至次日 6 时结束。测试开始时贮热水箱水温不得低于 50 ℃,与水箱所处环境温度差不应小于 20 ℃。测试期间应确保贮热水箱的水位处于正常水位,且无冷热水出入水箱。

测试参数应包括贮热水箱内水的初始温度、结束温度、贮热水箱容水量、环境温度等。

测量空气温度时应确保温度传感器置于遮阳且通风的环境中,高于地面约 1 m,距离集热系统的距离在 1.5 ~ 10.0 m,环境温度传感器的附近不应有烟囱、冷却塔或热气排风扇等热源。

贮热水箱热损因数应根据式(6.147)计算得出:

$$U_{SL} = \frac{\rho_w c_{pw}}{\Delta \tau} \ln \left[\frac{t_i - t_{as(av)}}{t_f - t_{as(av)}} \right] \quad (6.147)$$

式中　U_{sL}——贮热水箱热损因数,$W/(m^3 \cdot K)$;

ρ_w——水的密度,kg/m^3;

c_{pw}——水的比热容,$J/(kg \cdot ℃)$;

$\Delta \tau$——降温时间,s;

t_i——开始时贮热水箱内水温度,℃;

t_f——结束时贮热水箱内水温度,℃;

$t_{as(av)}$——降温期间平均环境温度,℃。

⑦供热水温度的测试。

供热水温度 t_{ri} 记录时间间隔不得大于 600 s,采样时间间隔不得大于 10 s。供热水温度应取测试结果的算术平均值 t_r。

⑧室内温度的测试。

室内温度 t_{ni} 记录时间间隔不得大于 600 s,采样时间间隔不得大于 10 s。室内温度应取测试结果的算术平均值 t_n。

（3）系统评价方法

太阳能热利用系统主要从系统性能、舒适性、环保效益、经济效益 4 方面,对贮热水箱热损因数、供热水温度采暖或空调系统的室内温度、太阳能保证率、集热系统效率、常规能源替代量、系统费效比、静态投资回收期、污染性气体粉尘减排量等指标进行计算和评价,并采用太阳能保证率和集热系统效率进行性能分级评价。

①相关指标计算。

太阳能保证率是太阳能供热水、采暖或空调系统中由太阳能供给的能量占系统总消耗能量的百分率。

短期测试单日或长期测试期间的太阳能保证率应按式(6.148)计算:

$$f = \frac{Q_j}{Q_z} \times 100 \tag{6.148}$$

式中 f——太阳能保证率,%;

Q_j——太阳能集热系统得热量,MJ;

Q_z——系统能耗,MJ。

采用长期测试时,设计使用期内的太阳能保证率应取长期测试期间的太阳能保证率。采用短期测试,设计使用期内的太阳能热利用系统的太阳能保证率应按式(6.149)计算:

$$f = \frac{x_1 f_1 + x_2 f_2 + x_3 f_3 + x_4 f_4}{x_1 + x_2 + x_3 + x_4} \tag{6.149}$$

式中 f——太阳能保证率,%;

f_1, f_2, f_3, f_4——分别指太阳辐照量小于 8 MJ/($m^2 \cdot d$)、大于等于 8 MJ/($m^2 \cdot d$)且小于 12 MJ/($m^2 \cdot d$)、大于等于 12 MJ/($m^2 \cdot d$)且小于 16 MJ/($m^2 \cdot d$)、太阳辐照量大于等于 16 MJ/($m^2 \cdot d$)各太阳辐射量下的单日太阳能保证率,%;

x_1, x_2, x_3, x_4——分别指太阳辐照量小于 8 MJ/($m^2 \cdot d$)、大于等于 8 MJ/($m^2 \cdot d$)且小于 12 MJ/($m^2 \cdot d$)、大于等于 12 MJ/($m^2 \cdot d$)且小于 16 MJ/($m^2 \cdot d$)、太阳辐照量大于等于 16 MJ/($m^2 \cdot d$)各太阳辐射量下的在当地气象条件下按供热水、采暖或空调的时期统计得出的天数。没有气象数据时,对于全年使用的太阳能热水系统,x_1、x_2、x_3、x_4 可按照《可再生能源建筑应用工程评价标准》GB/T 50801 附录 C,我国主要城市太阳辐照量分段统计表确定。

太阳能集热系统的效率是太阳能热利用系统的得热量与集热器接受的太阳能量的比值。

短期测试单日或长期测试期间集热系统的效率可按式(6.150)计算：

$$\eta = \frac{Q_j}{A \times H} \times 100 \tag{6.150}$$

式中　　η——太阳能热利用系统的集热系统效率,%；

　　　　Q_j——太阳能热利用系统的集热系统得热量,MJ；

　　　　A——集热系统的集热器总面积,m^2；

　　　　H——太阳总辐照量,MJ/m^2。

采用长期测试时,设计使用期内的集热系统效率应取长期测试期间的集热系统效率。对于短期测试,设计使用期内的集热系统效率应按式(6.151)计算：

$$\eta = \frac{x_1\eta_1 + x_2\eta_2 + x_3\eta_3 + x_4\eta_4}{x_1 + x_2 + x_3 + x_4} \tag{6.151}$$

式中　　η——集热系统效率,%；

　　　　$\eta_1,\eta_2,\eta_3,\eta_4$——分别指太阳辐照量小于 8 $MJ/(m^2 \cdot d)$、大于等于 8 $MJ/(m^2 \cdot d)$且小于 12 $MJ/(m^2 \cdot d)$、大于等于 12 $MJ/(m^2 \cdot d)$且小于 16 $MJ/(m^2 \cdot d)$、太阳辐照量大于等于 16 $MJ/(m^2 \cdot d)$各太阳辐射量下的单日集热系统效率,%；

　　　　x_1,x_2,x_3,x_4——分别指太阳辐照量小于 8 $MJ/(m^2 \cdot d)$、大于等于 8 $MJ/(m^2 \cdot d)$且小于 12 $MJ/(m^2 \cdot d)$、大于等于 12 $MJ/(m^2 \cdot d)$且小于 16 $MJ/(m^2 \cdot d)$、太阳辐照量大于等于 16 $MJ/(m^2 \cdot d)$各太阳辐射量下在当地气象条件下按供热水、采暖或空调的时期统计得出的天数。没有气象数据时,对于全年使用的太阳能热水系统,x_1、x_2、x_3、x_4 可按《可再生能源建筑应用工程评价标准》GB/T 50801 附录 C,我国主要城市太阳辐照量分段统计表确定。

太阳能制冷性能系数的 COP_r 应根据式(6.152)计算得出：

$$COP_r = \eta \times \left(\frac{Q_1}{Q_r}\right) \tag{6.152}$$

式中　　COP_r——太阳能制冷性能系数；

　　　　η——太阳能热利用系统的集热系统效率；

　　　　Q_1——制冷机组制冷量,kW；

　　　　Q_r——制冷机组耗热量,kW。

太阳能热利用系统的常规能源替代量 Q_{tr} 应按式(6.153)计算：

$$Q_{tr} = \frac{Q_{nj}}{q\eta_t} \tag{6.153}$$

式中　　Q_{tr}——太阳能热利用系统的常规能源替代量,kgce；

　　　　Q_{nj}——全年太阳能集热系统得热量,MJ；

　　　　q——标准煤热值,MJ/kgce；本标准取 q=29.307 MJ/kgce；

　　　　η_t——以传统能源为热源时的运行效率,按项目立项文件选取,当无文件明确规定时,根据项目适用的常规能源,应按本表6.47确定。

表6.47 以传统能源为热源时的运行效率 η_t

常规能源系统	热水系统	采暖系统	热力制冷空调系统
电	0.31(注)	—	—
煤	—	0.70	0.70
天然气	0.84	0.80	0.80

注:综合考虑火电系统的煤的发电效率和电热水器的加热效率。

太阳能热利用系统的费效比 CBR_r 指系统的增量投资与系统在正常使用寿命期内的总节能量的比值,表示利用可再生能源节省每千瓦小时常规能源的投资成本,应按式(6.154)计算得出:

$$CBR_r = \frac{3.6 \times C_{zr}}{Q_{tr} \times q \times N} \tag{6.154}$$

式中 CBR_r——太阳能热利用系统的费效比,元/kWh;

C_{zr}——太阳能热利用系统的增量成本,元;增量成本依据项目单位提供的项目决算书进行核算,项目决算书中应对可再生能源的增量成本有明确的计算和说明;

Q_{tr}——太阳能热利用系统的常规能源替代量,kgce;

q——标准煤热值,MJ/kgce;本标准取 $q = 29.307$ MJ/kgce;

N——系统寿命期,根据项目立项文件等资料确定,当无明确规定,N 取 15 年。

太阳能热利用系统的年节约费用 C_{sr} 应按式(6.155)计算:

$$C_{sr} = P \times \frac{Q_{tr} \times q}{3.6} - M_r \tag{6.155}$$

式中 C_{sr}——太阳能热利用系统的年节约费用,元;

Q_{tr}——太阳能热利用系统的常规能源替代量,kgce;

q——标准煤热值,MJ/kgce;本标准取 $q = 29.307$ MJ/kgce;

P——常规能源的价格,元/kWh;常规能源的价格 P 应根据项目立项文件所对比的常规能源类型进行比较,当无明确规定时,由测评单位和项目建设单位根据当地实际用能状况确定常规能源类型选取;

M_r——太阳能热利用系统每年运行维护增加的费用,元;由建设单位委托有关部门测算得出。

太阳能热利用系统的静态投资回收年限 N 应按式(6.156)计算:

$$N_h = \frac{C_{zr}}{C_{sr}} \tag{6.156}$$

式中 N_h——太阳能热利用系统的静态投资回收年限;

C_{zr}——太阳能热利用系统的增量成本,元;增量成本依据项目单位提供的项目决算书进行核算,项目决算书中应对可再生能源的增量成本有明确的计算和说明;

C_{sr}——太阳能热利用系统的年节约费用,元。

太阳能热利用系统的二氧化碳减排量 应按式(6.157)计算:

$$Q_{rCO_2} = Q_{tr} \times V_{CO_2} \tag{6.157}$$

式中　Q_{rCO_2}——太阳能热利用系统的二氧化碳减排量,kg;

　　　　Q_{tr}——太阳能热利用系统的常规能源替代量,kgce;

　　　　V_{CO_2}——标准煤的二氧化碳排放因子,kg/kgce;

　　　　V_{CO_2} 取 2.47 kg/kgce。

太阳能热利用系统的二氧化硫减排量应按式(6.158)计算:

$$Q_{rSO_2} = Q_{tr} \times V_{SO_2} \tag{6.158}$$

式中　Q_{rSO_2}——太阳能热利用系统的二氧化硫减排量,kg;

　　　　Q_{tr}——太阳能热利用系统的常规能源替代量,kgce;

　　　　V_{SO_2}——标准煤的二氧化硫排放因子,kg/kgce;V_{SO_2} 取值 0.02 kg/kgce。

太阳能热利用系统的粉尘减排量 Q_{rfc} 应按式(6.159)计算:

$$Q_{rfc} = Q_{tr} \times V_{fc} \tag{6.159}$$

式中　Q_{rfc}——太阳能热利用系统的粉尘减排量,kg;

　　　　Q_{tr}——太阳能热利用系统的常规能源替代量,kgce;

　　　　V_{fc}——标准煤的粉尘排放因子,kg/kgce;V_{fc} 取值 0.01 kg/kgce。

②指标要求。

太阳能热利用系统的各评价指标应符合以下要求:

a. 太阳能集热系统的贮热水箱热损因数 U_{sl} 不应大于 30 W/($m^3 \cdot$ K)。

b. 太阳能供热水系统的供热水温度 t_r 应符合项目设计文件的规定,当设计文件无明确规定时 t_r 应大于等于 45 ℃且小于等于 60 ℃。

c. 太阳能采暖或空调系统的室内温度 t_n 应符合项目设计文件的规定,当设计文件无明确规定时应符合国家现行相关标准的规定。

d. 太阳能热利用系统的太阳能保证率应符合项目设计文件的规定,当设计无明确规定时,应符合表 6.48 的规定。太阳能资源区划按年日照时数和水平面上年太阳辐照量进行划分,应符合《可再生能源建筑应用工程评价标准》(GB/T 50801—2013)附录 B 太阳能资源规划的规定。该附录可扫描【二维码】查看。

附录 B

表 6.48　不同地区太阳能热利用系统的太阳能保证率 f(%)

太阳能资源区划	太阳能热水系统	太阳能采暖系统	太阳能空调系统
资源极富区	$f \geqslant 60$	$f \geqslant 50$	$f \geqslant 40$
资源丰富区	$f \geqslant 50$	$f \geqslant 40$	$f \geqslant 30$
资源较富区	$f \geqslant 40$	$f \geqslant 30$	$f \geqslant 20$
资源一般区	$f \geqslant 30$	$f \geqslant 20$	$f \geqslant 10$

e. 太阳能热利用系统的集热系统效率应符合项目设计文件的规定,当设计文件无明确规定时,应符合表 6.49 的规定。

表6.49 太阳能热利用系统的集热效率 $\eta(\%)$

太阳能热水系统	太阳能采暖系统	太阳能空调系统
$\eta \geqslant 42$	$\eta \geqslant 35$	$\eta \geqslant 30$

f. 太阳能空调系统的太阳能制冷性能系数应符合项目设计文件的要求。

g. 太阳能热利用系统的常规能源替代量、费效比、二氧化碳减排量、二氧化硫减排量及粉尘减排量应符合项目立项可行性报告等相关文件的要求。

h. 太阳能热利用系统的静态投资回收期应符合项目立项可行性报告等相关文件的要求。当无文件明确规定时,太阳能供热水系统的静态投资回收期不应大于5年,太阳能采暖系统的静态投资回收期不应大于10年。

③性能分级评价。

太阳能热利用系统的单项评价指标均满足指标要求,则可判定为性能合格;

若保证率和集热系统效率的设计值均不小于表6.48和表6.49的规定,且太阳能热利用系统性能判定为合格后,可进行性能级别评定。太阳能热利用系统应采用太阳能保证率和集热系统效率进行性能分级评价。

太阳能热利用系统的太阳能保证率应分为3级,1级最高。太阳能保证率应按表6.50—表6.52的规定进行划分。

表6.50 不同地区太阳能热水系统的太阳能保证率 $f(\%)$ 级别划分

太阳能资源区划	1级	2级	3级
资源极富区	$f \geqslant 80$	$80 > f \geqslant 70$	$70 > f \geqslant 60$
资源丰富区	$f \geqslant 70$	$70 > f \geqslant 60$	$60 > f \geqslant 50$
资源较富区	$f \geqslant 60$	$60 > f \geqslant 50$	$50 > f \geqslant 40$
资源一般区	$f \geqslant 50$	$50 > f \geqslant 40$	$40 > f \geqslant 30$

表6.51 不同地区太阳能采暖系统的太阳能保证率 $f(\%)$ 级别划分

太阳能资源区划	1级	2级	3级
资源极富区	$f \geqslant 70$	$70 > f \geqslant 60$	$60 > f \geqslant 50$
资源丰富区	$f \geqslant 60$	$60 > f \geqslant 50$	$50 > f \geqslant 40$
资源较富区	$f \geqslant 50$	$50 > f \geqslant 40$	$40 > f \geqslant 30$
资源一般区	$f \geqslant 40$	$40 > f \geqslant 30$	$30 > f \geqslant 20$

表6.52 不同地区太阳能空调系统的太阳能保证率 $f(\%)$ 级别划分

太阳能资源区划	1级	2级	3级
资源极富区	$f \geqslant 60$	$60 > f \geqslant 50$	$50 > f \geqslant 40$
资源丰富区	$f \geqslant 50$	$50 > f \geqslant 40$	$40 > f \geqslant 30$

续表

太阳能资源区划	1 级	2 级	3 级
资源较富区	$f \geq 40$	$40 > f \geq 30$	$30 > f \geq 20$
资源一般区	$f \geq 30$	$30 > f \geq 20$	$20 > f \geq 10$

太阳能热利用系统的集热系统效率成分为 3 级，1 级最高。太阳能集热系统效率的级别应按表 6.53 划分。

表 6.53　太阳能热利用系统的集热效率 $\eta(\%)$ 级别划分

级别	太阳能热水系统	太阳能采暖系统	太阳能空调系统
1 级	$\eta \geq 65$	$\eta \geq 60$	$\eta \geq 55$
2 级	$65 > \eta \geq 50$	$60 > \eta \geq 45$	$55 > \eta \geq 40$
3 级	$50 > \eta \geq 42$	$45 > \eta \geq 35$	$40 > \eta \geq 30$

太阳能保证率和集热系统效率级别相同时，性能级别应与此级别相同。太阳能保证率和集热系统效率级别不同时，性能级别应与其中较低级别相同。

2）太阳能光伏系统

太阳能光伏系统是利用光生伏打效应，将太阳能转变成电能，包含逆变器、平衡系统部件及太阳能电池方阵在内的系统。

（1）系统测试条件

a. 在测试前，应确保系统在正常负载条件下连续运行 3 d，测试期内的负载变化规律应与项目设计文件一致。

b. 长期测试的周期不应少于 120 d，且应连续完成，长期测试开始的时间应在每年春分（或秋分）前至少 60 d 开始，结束时间应在每年春分（或秋分）后至少 60 d 结束。

c. 短期测试需重复进行 3 次，每次短期测试时间应为当地太阳正午时前 1 h 到太阳正午时后 1 h，共计 2 h。

d. 短期测试期间，室外环境平均温度 t_a 的允许范围应为年平均环境温度±10 ℃。

e. 短期测试期间，环境空气的平均流动速率不应大于 4 m/s。

f. 短期测试期间，太阳总辐照度不应小于 700 W/m²，太阳总辐照度的不稳定度不应大于±50 W。

（2）系统测试内容

太阳能光伏系统应测试系统每日的发电量、光伏电池表面上的总太阳辐照量、光伏电池板的面积、光伏电池背板表面温度、环境温度和风速等参数，相关测试仪器应满足表 6.47 的要求。

对于独立太阳能光伏系统，电功率表应接在蓄电池组的输入端，对于并网太阳能光伏系统，电功率表应接在逆变器的输出端。测试开始前，应切断所有外接辅助电源，安装调试好太阳辐射表、电功率表/温度自记仪和风速计，并测量太阳能电池方阵面积。

测试期间数据记录时间间隔不应大于 600 s,采样时间间隔不应大于 10 s。

太阳能光伏系统光电转换效率应按式(6.160)计算:

$$\eta_d = \frac{3.6 \times \sum\limits_{i=1}^{n} E_i}{\sum\limits_{i=1}^{n} H_i A_{ci}} \times 100 \tag{6.160}$$

式中　η_d——太阳能光伏系统光电转换效率,%;

n——不同朝向和倾角采光平面上的太阳能电池方阵个数;

H_i——第 i 个朝向和倾角采光平面上单位面积的太阳辐射量,MJ/m²;

A_{ci}——第 i 个朝向和倾角平面上的太阳能电池采光面积,m²;在测量太阳能光伏系统电池面积时,应扣除电池的间隙距离,将电池的有效面积逐个累加,得到总有效采光面积;

E_i——第 i 个朝向和倾角采光平面上太阳能光伏系统的发电量,kWh。

(3)系统评价方法

太阳能光伏系统主要从系统性能、环保效益、经济效益 3 方面,对光电转换效率、年发电量、常规能源替代量、系统费效比、静态投资回收期、污染性气体粉尘减排量等指标进行计算和评价,并采用光电转换效率和费效比进行性能分级评价。

①相关指标计算。

太阳能光伏系统长期测试的年发电量应按式(6.161)计算:

$$E_n = \frac{365 \cdot \sum\limits_{i=1}^{n} E_{di}}{N} \tag{6.161}$$

式中　E_n——太阳能光伏系统年发电量,kWh;

E_{di}——长期测试期间第 i 日的发电量,kWh;

N——长期测试持续的天数。

太阳能光伏系统短期测试的年发电量应按式(6.162)计算:

$$E_n = \frac{3.6 \times \eta_d \cdot \sum\limits_{i=1}^{n} H_{ai} \cdot A_{ci}}{100} \tag{6.162}$$

式中　E_n——太阳能光伏系统年发电量,kWh;

η_d——太阳能光伏系统光电转换效率,%;

n——不同朝向和倾角采光平面上的太阳能电池方阵个数;

H_{ai}——第 i 个朝向和倾角采光平面上全年单位面积的总太阳辐射量,MJ/m²;可按《可再生能源建筑应用工程评价标准》(GB/T 50801—2013)附录 D 倾斜表面上太阳能辐射照度计算方法进行计算。该附录可扫描【二维码】查看。

附录 D

A_{ci}——第 i 个朝向和倾角采光平面上的太阳能电池面积,m²。

太阳能光伏系统的常规能源替代量 Q_{td} 应按式(6.163)计算:

$$Q_{td} = D \cdot E_n \tag{6.163}$$

式中　Q_{td}——太阳能光伏系统的常规能源替代量,kgce;

　　　D——每度电折合所耗标准煤量,kgce/kWh;根据国家统计局最近两年内公布的火力发电标准耗煤水平确定,并在折标煤量结果中注明该折标系数的公布时间及折标量;

　　　E_n——太阳能光伏系统年发电量,kWh。

太阳能光伏系统的费效比 CBR_d 应按式(6.164)计算:

$$CBR_d = \frac{C_{zd}}{(N \times E_n)} \tag{6.164}$$

式中　CBR_d——太阳能光伏系统的费效比,元/kWh;

　　　C_{zd}——太阳能光伏系统的增量成本,元;增量成本依据项目单位提供的项目决算书进行核算,项目决算书中应对可再生能源的增量成本有明确的计算和说明;

　　　N——系统寿命期,根据项目立项文件等资料确定,当无文件明确规定时,N 取 20 年;

　　　E_n——太阳能光伏系统年发电量,kWh。

太阳能光伏系统的二氧化碳减排量 应按式(6.165)计算:

$$Q_{dCO_2} = Q_{td} \times V_{CO_2} \tag{6.165}$$

式中　Q_{dCO_2}——太阳能光伏系统的二氧化碳减排量,kg;

　　　Q_{td}——太阳能光伏系统的常规能源替代量,kg 标准煤;

　　　V_{CO_2}——标准煤的二氧化碳排放因子,kg/kgce;V_{CO_2} 取值 2.47 kg/kgce。

太阳能光伏系统的二氧化硫减排量 应按式(6.166)计算:

$$Q_{dSO_2} = Q_{td} \times V_{SO_2} \tag{6.166}$$

式中　Q_{dSO_2}——太阳能光伏系统的二氧化硫减排量,kg;

　　　Q_{td}——太阳能光伏系统的常规能源替代量,kgce;

　　　V_{SO_2}——标准煤的二氧化硫排放因子,kg/kgce;V_{SO_2} 取值 0.02 kg/kgce。

太阳能光伏系统的粉尘减排量 Q_{dfc} 应按式(6.167)计算:

$$Q_{dfc} = Q_{td} \times V_{fc} \tag{6.167}$$

式中　Q_{dfc}——太阳能光伏系统的粉尘减排量,kg;

　　　Q_{td}——太阳能光伏系统的常规能源替代量,kgce;

　　　V_{fc}——标准煤的粉尘排放因子,kg/kgce;V_{fc} 取值 0.01 kg/kgce。

②指标要求。

a. 太阳能光伏系统的光电转换效率应符合设计文件的规定,当设计文件无明确规定时应符合表6.54 的规定。

表 6.54　不同类型太阳能光伏系统的光电转换效率 η_d(%)

晶体硅电池	薄膜电池
$\eta_d \geq 8$	$\eta_d \geq 4$

b. 太阳能光伏系统的年发电量、常规能源替代量、二氧化碳减排量、二氧化硫减排量及粉尘减排量应符合项目立项可行性报告等相关文件的要求。

c.太阳能光伏系统的费效比应符合项目立项可行性报告等相关文件的要求。当无文件明确规定时,应小于项目所在地当年商业用电价格的3倍。

③性能分级评价。

太阳能光伏系统的单项评价指标均满足指标要求,则可判定为性能合格;

若光电转换效率和费效比设计值均不小于其指标要求,且太阳能光伏系统性能判定为合格后,可进行性能级别评定。太阳能光伏系统应采用光电转换效率和费效比进行性能分级评价。

太阳能光伏系统的光电转换效率应分3级,1级最高,光电转换效率的级别应按表6.55的规定划分。

表 6.55　不同类型太阳能光伏系统的光电转换效率 η_d(%)级别划分

系统类型	1 级	2 级	3 级
晶硅电池	$\eta_d \geq 12$	$12 > \eta_d \geq 10$	$10 > \eta_d \geq 8$
薄膜电池	$\eta_d \geq 8$	$8 > \eta_d \geq 6$	$6 > \eta_d \geq 4$

太阳能光伏系统的费效比应分3级,1级最高,费效比的级别 CBR_d 应按表6.56的规定划分。

表 6.56　太阳能光伏系统的费效比 CBR_d 的级别划分

1 级	2 级	3 级
$CBR_d \leq 1.5 \times Pt$	$1.5 \times Pt < CBR_d \leq 2.0 \times Pt$	$2.0 \times Pt < CBR_d \leq 3.0 \times Pt$

太阳能光电转换效率和费效比级别相同时,性能级别应与此级别相同;

太阳能光电转换效率和费效比级别不同时,性能级别应与其中较低级别相同。

3)地源热泵系统

地源热泵系统是指以岩土体、地下水或地表水为低温热源,由水源热泵机组、地热能交换系统、建筑物内系统组成的供热空调系统。根据地热能交换系统形式的不同,地源热泵系统分为地埋管地源热泵系统、地下水地源热泵系统和地表水地源热泵系统。其中地表水源热泵又可分为江、河、湖、海水源热泵系统。

(1)系统测试要求

对于已安装测试系统的地源热泵系统,其系统性能测试宜采用长期测试,长期测试应符合以下要求:

a.对于采暖和空调工况,应分别进行测试,长期测试的周期与采暖季或空调季应同步;

b.长期测试前应对测试系统主要传感器的准确度进行校核和确认。

对于未安装测试系统的地源热泵系统,其系统性能测试宜采用短期测试,短期测试应符合以下要求:

a.短期测试应在系统开始供冷(供热)15 d以后进行测试,测试时间不应小于4 d;

b. 短期测试应以 24 h 为周期,每个测试周期具体测试时间应根据热泵系统运行时间确定,但每个测试周期测试时间不宜低于 8 h。

(2)系统测试内容

地源热泵系统测试包括室内温湿度、热泵机组制冷能效比、热泵机组制热性能系数、热泵系统制冷能效比和热泵系统制热性能系数测试。

①室内温湿度测试。

室内温湿度测试应满足地源热泵系统长期或短期测试的测试要求。短期测试时,室内温湿度的测试应在建筑物达到热稳定后进行,测试期间的室外温度测试应与室内温湿度的测试同时进行。

当室内建筑面积较大、功能房间就较多时,室内温湿度应选取典型区域进行测试,测试的面积不低于空调区域的 10%。应测试并记录系统的室内温度 t_{ni},记录时间间隔不得大于 600 s,室内温湿度应取测试结果的算术平均值。

②热泵机组制冷能效比、制热性能系数测试。

热泵机组制冷能效比、制热性能系数测试应满足地源热泵系统长期或短期测试的要求,短期测试宜在机组的负荷达到机组额定值的 80% 以上,且热泵机组运行工况稳定后 1 h 进行,测试时间不得低于 2 h。应测试系统的热源侧流量、机组用户侧流量、机组热源侧进出口水温、机组用户侧进出口水温和机组输入功率等参数。机组的各项参数记录应同步进行,记录时间间隔不得大于 600 s。

热泵机组制冷能效比、制热性能系数应按式(6.168)(6.169)计算:

$$EER = \frac{Q}{N_i} \tag{6.168}$$

$$COP = \frac{Q}{N_i} \tag{6.169}$$

其中测试期间机组的平均制冷热量 Q 按式(6.170)计算:

$$Q = \frac{V\rho c \Delta t_w}{3\ 600} \tag{6.170}$$

式中　EER——热泵机组的制冷能效比;

　　　COP——热泵机组的制热性能系数;

　　　Q——测试期间机组的平均制冷(热)量,kW;

　　　N_i——测试期间机组的平均输入功率,kW;

　　　V——热泵机组用户侧平均流量,m^3/h;

　　　Δt_w——热泵机组用户侧进出口介质平均温差,℃;

　　　ρ——冷(热)介质平均密度,kg/m^3;

　　　c——冷(热)介质平均定压比热,$[kJ/(kg \cdot ℃)]$。

③系统能效比测试。

热泵系统的能效比是指地源热泵系统制冷量与热泵系统总耗电量的比值,热泵系统总耗电量包括热泵主机、各级循环水泵的耗电量。地源热泵系统制热性能系数是指地源热泵系统总制热量与热泵系统总耗电量的比值,热泵系统总耗电量包括热泵主机、各级循环水泵的耗电量。

热泵机组系统能效比测试应满足地源热泵系统长期或短期测试的测试要求,宜在系统负荷率达到 60% 以上进行,应测试系统的热源侧流量、系统用户侧流量、系统热源侧进出口水温、系统用户侧进出口水温、机组消耗的电量、水泵消耗的电量等参数。

热泵系统制冷能效比和制热性能系数应根据测试结果按式(6.171)(6.172)计算:

$$EER_{sys} = \frac{Q_s}{\sum N_i + \sum N_j} \tag{6.171}$$

$$COP_{sys} = \frac{Q_{Sh}}{\sum N_i + \sum N_j} \tag{6.172}$$

其中系统测试期间的累计制冷量、制热量按式(6.173)(6.174)计算:

$$Q_{SC} = \sum_{i=1}^{n} q_{ci} \Delta T_i \tag{6.173}$$

$$Q_{sh} = \sum_{i=1}^{n} q_{ci} \Delta T_i \tag{6.174}$$

热泵系统的第 i 时段制冷(热)量按式(6.175)计算:

$$q_{c(h)i} = \frac{V_i \rho_i c_i \Delta t_i}{3\ 600} \tag{6.175}$$

式中 EER_{sys} ——热泵系统的制冷能效比;

COP_{sys} ——热泵系统的制热性能系数;

Q_{SC} ——系统测试期间的累计制冷量,kWh;

Q_{sh} ——系统测试期间的累计制热量,kWh;

$\sum N_i$ ——系统测试期间,所有热泵机组累计消耗电量,kWh;

$\sum N_j$ ——系统测试期间,所有水泵累计消耗电量,kWh;

$q_{c(h)i}$ ——热泵系统的第 i 时段制冷(热)量,kW;

V_i ——系统第 i 时段用户侧的平均流量,m³/h;

Δt_i ——热泵系统第 i 时段用户侧进出口介质的温差,℃;

ρ_i ——第 i 时段冷媒介质平均密度,kg/m³;

c_i ——第 i 时段冷媒介质平均定压比热,[(kJ/kg·℃)];

ΔT_i ——第 i 时段持续时间,h;

n ——热泵系统测试期间采集数据组数。

(3)系统评价方法

太阳能光伏系统主要从系统性能、舒适性、环境效益、经济效益 4 方面,对系统制冷能效比、制热性能系数,热泵机组的实测制冷能效比、制热性能系数、室内温湿度、常规能源替代量、二氧化碳减排量、二氧化硫减排量、粉尘减排量、静态回收期等指标进行计算和评价,采用系统制冷能效比、制热性能系进行性能分级评价。

①相关指标计算。

对于采暖系统,传统系统的总能耗 Q_t 应按式(6.176)计算:

$$Q_t = \frac{Q_H}{\eta_t q} \tag{6.176}$$

式中 Q_t——传统系统的总能耗,kgce;

q——标准煤热值,MJ/kgce;q 取 29.307 MJ/kgce;

Q_H——长期测试时为系统记录的总制热量,短期测试时,根据测试期间系统的实测制热量和室外气象参数,采用度日法计算供暖季累计热负荷,MJ;

η_t——以传统能源为热源时的运行效率,按项目立项文件选取,当无文件规定时,根据项目适用的常规能源,其效率应按本标准表 6.57 确定。

表 6.57   以传统能源为热源时的运行效率 η_t

常规能源系统	热水系统	采暖系统	热力制冷空调系统
电	0.31(注)	—	—
煤	—	0.70	0.70
天然气	0.84	0.80	0.80

注:综合考虑火电系统的煤的发电效率和电热水器的加热效率。

对于空调系统,传统系统的总能耗 Q_t 应按式(6.177)计算:

$$Q_t = \frac{DQ_c}{3.6EER_t} \tag{6.177}$$

式中 Q_t——传统系统的总能耗,kgce;

Q_c——长期测试时为系统记录的总制冷量,短期测试时,根据测试期间系统的实测制冷量和室外气象参数,采用温频法计算供冷季累计冷负荷,MJ;

D——每度电折合所耗标准煤量,kgce/kWh;

EER_t——传统制冷空调方式的系统能效比,按项目立项文件确定,当无文件明确规定时,以常规水冷冷水机组作为比较对象,其系统能效比按表 6.58 确定。

表 6.58   常规制冷空调系统能效比 EER

机组容量/KW	系统能效比 EER
<528	2.3
528 ~ 1 163	2.6
>1 163	2.8

整个供暖季(制冷季)地源热泵系统的年耗能量应根据实测的系统能效比和建筑全年累计冷热负荷按式(6.178)(6.179)计算:

$$Q_{re} = \frac{DQ_c}{3.6EER_{sys}} \tag{6.178}$$

$$Q_{rh} = \frac{DQ_H}{3.6COP_{sys}} \tag{6.179}$$

式中 Q_{rc}——地源热泵系统年制冷总能耗,kgce;

　　Q_{rh}——地源热泵系统年制热总能耗,kgce;

　　D——每度电折合所耗标准煤量,kgce/kWh;

　　Q_H——建筑全年累计热负荷,MJ;

　　Q_C——建筑全年累计冷负荷,MJ;

　　EER_{sys}——热泵系统的制冷能效比;

　　COP_{sys}——热泵系统的制热性能系数。

地源热泵系统的常规能源替代量 Q_s 应按式(6.180)计算:

$$Q_s = Q_t - Q_r \tag{6.180}$$

式中 Q_s——常规能源替代量,kgce;

　　Q_t——传统系统的总能耗,kgce;

　　Q_r——地源热泵系统的总能耗,kgce。

当地源热泵系统既用于冬季供暖又用于夏季制冷时,常规能源替代量应为冬季和夏季替代量之和。

地源热泵系统的二氧化碳减排量应按式(6.181)计算:

$$Q_{CO_2} = Q_s \times V_{CO_2} \tag{6.181}$$

式中 Q_{CO_2}——二氧化碳减排量,kg/年;

　　Q_s——常规能源替代量,kgce;

　　V_{CO_2}——标准煤的二氧化碳排放因子,取值2.47。

地源热泵系统的二氧化硫减排量应按式(6.182)计算:

$$Q_{SO_2} = Q_s \times V_{SO_2} \tag{6.182}$$

式中 Q_{SO_2}——二氧化硫减排量,kg/年;

　　Q_s——常规能源替代量,kgce;

　　V_{SO_2}——标准煤的二氧化硫排放因子,取值0.02。

地源热泵系统的粉尘减排量 Q_{fc} 应按式(6.183)计算:

$$Q_{fc} = Q_s \times V_{fc} \tag{6.183}$$

式中 Q_{fc}——粉尘减排量,kg/年;

　　Q_s——常规能源替代量,kgce;

　　V_{fc}——标准煤的粉尘排放因子,本标准取 $V_{fc} = 0.01$。

地源热泵系统的年节约费用 C_s 应按式(6.184)计算:

$$C_s = P \times \frac{Q_s \times q}{3.6} - M \tag{6.184}$$

式中 C_s——地源热泵系统的年节约费用,元/年;

　　Q_s——常规能源替代量,kgce;

　　q——标准煤热值,MJ/kgce;本标准取 $q = 29.307$ MJ/kgce;

　　P——常规能源的价格,元/kWh;

　　M——每年运行维护增加费用(元),由建设单位委托运行维护部门测算得出。

常规能源的价格 P 应根据项目立项文件所对比的常规能源类型进行比较,当无文件明确规定时,由测评单位和项目建设单位根据当地实际用能状况确定常规能源类型。常规能源为电时,对于热水系统 P 为当地家庭用电价格,采暖和空调系统不应考虑常规能源为电的情况;常规能源为天然气或煤时,P 应接式(6.185)计算:

$$P = \frac{P_r}{R} \tag{6.185}$$

式中　P——常规能源的价格,元/kWh;

　　　P_r——当地天然气或煤的价格,元/Nm³ 或元/kg;

　　　R——天然气或煤的热值,天然气的 R 值取 11 kWh/Nm³,煤的 R 值取 8.14 kWh/kg。

地源热泵系统增量成本静态投资回收年限 N 应按式(6.186)计算:

$$N = \frac{C}{C_s} \tag{6.186}$$

式中　N——地源热泵系统的静态投资回收年限;

　　　C——地源热泵系统的增量成本,元;增量成本依据项目单位提供的项目决算书进行核算,项目决算书中应对可再生能源的增量成本有明确的计算和说明;

　　　C_s——地源热泵系统的年节约费用,元。

②指标要求。

a. 地源热泵系统制冷能效比、制热性能系数应符合设计文件的规定,当设计文件无明确规定时应符合表6.59的规定。

表6.59　地源热泵系统制冷能效比、制热性能系数限值

	系统制冷能效比 EER_{sys}	系统制热性能系数 COP_{sys}
限值	≥3.0	≥2.6

b. 热泵机组的实测制冷能效比、制热性能系数应符合设计文件的要求。

c. 室内温湿度应符合设计文件的规定,当设计文件无明确规定时应符合国家现行相关标准的规定。

d. 地源热泵系统常规能源替代量、二氧化碳减排量、二氧化硫减排量、粉尘减排量应符合项目立项可行性报告等相关文件的要求。

e. 地源热泵系统的静态投资回收期应符合项目立项可行性报告等相关文件的要求。当无文件明确规定时,地源热泵系统的静态回收期不应大于 10 年。

③性能分级评价。

地源热泵系统的单项评价指标应全部满足要求,方可判定为性能合格。

若系统制冷能效比、制热性能系数的设计值均不小于其指标要求,且地源热泵系统性能判定为合格后,可进行性能级别评定。地源热泵系统应采用系统制冷能效比、制热性能系数进行性能级别评价。

地源热泵系统性能共分 3 级,1 级最高,级别应按表6.60进行划分。

表 6.60 地源热泵系统性能级别划分

工况	1 级	2 级	3 级
制热性能系数	$COP_{sys} \geq 3.5$	$3.5 > COP_{sys} \geq 3.0$	$3.0 > COP_{sys} \geq 2.6$
制冷能效比	$EER_{sys} \geq 3.9$	$3.9 > EER_{sys} \geq 3.4$	$3.4 > EER_{sys} \geq 3.0$

当地源热泵系统仅单季使用,即只用于供热(或只用于制冷)时,其性能级别评判应依据本标准表 6.60 中对应季节性能值进行分级。当地源热泵系统双季使用时,应分别依据本标准表 6.60 中对应季节性能分别进行分级,当两个季节级别相同时,性能级别应与此级别相同;当两个季节级别不同时,性能级别应与其中较低级别相同。

7

专业基础综合实验

本章介绍了 21 个专业基础综合实验项目,分为热工实验、流体力学综合实验、流体输配综合实验和环境测试综合实验 4 个部分。

（1）热工实验

教材提供了 7 个热工实验项目,涵盖了工程热力学和传热学相关知识点。能够帮助学生更深入地理解热传导、热对流、热辐射等基本原理,掌握热工设备的设计、制作和优化方法。实验内容包括测定气体的定压比热容、测量材料的导热性能、分析热交换器的传热性能等。学生可通过这些实验加深对热工理论知识的理解,提升解决实际热工问题的能力。

（2）流体力学综合实验

教材提供了 7 个流体力学实验项目,涉及的知识点包括流体静力学,能量方程,文丘里流量计,动量方程,局部阻力损失,孔口、管嘴出流,堰流等。学生可以通过观察和测量流体的运动状态、速度变化、压力分布等参数,深入理解流体在静止和运动状态下的基本性质、运动规律以及与周围物体的相互作用。实验内容包括测量流体静压强分布、由测速管测定相应点的点流速、用文丘里流量计测量流量、测量管道中流体的流动阻力、通过测压管高度计算压力、伯努利方程验证、管道流动特性研究等。通过这些实验,学生能够将课堂上学到的理论知识与实际操作相结合,加深对流体力学原理的理解和掌握。

（3）流体输配综合实验

教材提供了 4 个流体输配实验项目,不仅涉及流体力学的基础知识,还融合了流体机械、管道系统、控制技术等多个领域的知识。实验内容包括用毕托管及微压计测定风管中流动参数、测定风机的性能参数、绘制风机性能曲线、管网阻力平衡调节、测定减阻率及减阻率随流量和温度的变化规律、测定离心泵的基本性能参数等。帮助学生了解流体输配系统的结构和原理,并掌握流体输配过程中的能耗分析、效率优化等方法。

（4）环境测试综合实验

教材提供了 3 个环境测试实验项目,旨在通过实验学习,让学生了解室外环境参数、室内环境参数、除尘器性能测试的相关内容,掌握室外气象参数,室内热环境,室内外空气质量、噪声、除尘器效率等相关参数的测试方法,培养学生能根据实际测试场景制定测试方案,独立使用太阳能辐射观测站、自动气象站、温湿度自记仪、热球风速仪、黑球温度计、空气质量测试仪、空气微粒测试仪、声级计等仪器设备进行测试和数据分析、发现问题解决问题的综合实践能力。

7.1 热工综合实验

7.1.1 饱和蒸汽温度与压力关系实验

实验利用电加热器给密闭容器中的蒸馏水加热,使密闭容器水面以上空间产生具有一定压力的饱和蒸气。利用调压器改变电加热器的电压,使其加热量发生变化,从而产生不同压力下的饱和蒸气。实验主要有以下几方面学习目的:

①通过水的饱和蒸汽压力和温度关系实验,加深对饱和状态的理解。

②学会压力表和调压器等仪表的使用方法。

③通过对实验数据的整理,掌握饱和蒸汽 t-p 关系图表的绘制方法。可扫描【二维码】下载实验报告,进行实验学习。

饱和蒸气温度
与压力关系实验

7.1.2 气体定压比热容测定实验

实验通过气体定压比热容测定实验装置进行空气定压比热容的测定。实验主要有以下几方面学习目的:

①熟悉本实验中的测温、测压、测热和测流量的方法。

②掌握由基本数据和基本公式计算比热容的方法。可扫描【二维码】下载实验报告,进行实验学习。

气体定压比热
容测定实验

7.1.3 热电偶制作和标定实验

实验进行热电偶制作,并通过热电偶校验系统进行热电偶标定,拟合热电偶测温修正公式。实验主要有以下几方面学习目的:

①了解热电偶测温原理和温度测量系统的组成,学习掌握热电偶的焊接方法。

②学习校验热电偶的方法。提高学生的动手和自行设计简单实验的能力。可扫描【二维码】下载实验报告,进行实验学习。

热电偶制作和
标定实验

7.1.4 稳态圆球法测定粒状材料导热系数实验

实验通过圆球法测导热系数实验装置测试不同直流电加热工况下,内外圆球的壁面温度,从而测定圆球导热系数,分析圆球材料导热系数随温度的变化规律。实验主要有以下几方面学习目的:

①在稳定状态下,学习和掌握用圆球法测定颗粒状材料的导热系数。

②学会使用电位差计。

稳态圆球法测定粒状
材料导热系数实验

③通过实验确定该材料的导热系数随温度的变化关系式。可扫描【二维码】下载实验报告,进行实验学习。

7.1.5　大容器内水自然对流换热实验

自然对流换热是一种普遍存在的热传递形式。如输电导线,变压器和电器元件的散热,以及高温物体的自然冷却等,多数靠自然对流换热。蒸汽或其他热流体输送管道的热量损失,以及空调或冷冻设备等的热负荷,都与自然对流传热有关。温差是产生自由流动和换热的根本原因。本实验测定的是管子横向放在水中时的自然对流换热系数,并将结果进行整理得出横管自然对流换热特征方程式。实验主要有以下几方面学习目的:

①通过本实验观察温度高的物体在容器内引起水的自然对流现象,建立起对由于温差产生自由流动的认识。

②测定水自然对流时的换热系数 α,整理出 Nu 与 Ra 之间的关系,加深对特征数的理解,培养学生总结分析自然对流换热规律的实验技能。

③将实验数据与有关研究结果进行比较,进一步加深对自然对流换热的认识。可扫描【二维码】下载实验报告,进行实验学习。

大容器内水自然
对流换热实验

7.1.6　中温辐射时物体黑度测定实验

物体表面的黑度与物体的性质、表面状况和温度等因素有关,是物体本身的固有特性,与外界环境情况无关。通常物体的黑度需经实验测定。实验通过物体黑度测定实验装置对比"待测受体"和"黑体"(待测受体表面熏黑)两种状态的受体在相同的时间接受热辐射后的温度,从而测定"待测受体"的黑度。实验主要有以下几方面学习目的:

①巩固热辐射的基本概念和基本理论,加深对黑度概念的理解。

②学习法向辐射率测量仪的基本原理,掌握比较法测定物体表面黑度的实验方法。

③通过学生自主动手设计试件、测量数据、分析结果,增强学生的动手实验能力,培养学生灵活运用知识的能力和创新思维。可扫描【二维码】下载实验报告,进行实验学习。

中温辐射时
物体黑度测定实验

7.1.7　空气加热器性能测试实验

传热系数是加热器的重要性能参数。实验通过加热器性能测试实验台,测试加热器水侧和风侧换热介质流量和焓值,计算加热器换热量、热煤温度与空气平均温度之差,从而分析计算加热器传热系数。实验主要有以下几方面学习目的:

①通过以热水为热媒的空气加热器中空气被加热过程的测试,加深对表面式空气加热器换热理论的理解。

②掌握表面式空气加热器热工性能的测试方法。

③分析空气加热器传热系数的影响因素,并确定其随空气流速的变化关系式。可扫描【二维码】下载实验报告,进行实验学习。

空气加热器
性能测试实验

7.2 流体力学综合实验

7.2.1 静力学实验

实验基于流体静力学的基本方程,通过流体静力学实验仪,分析不同点位测压管水头、压强水头,并计算油的容重。实验主要有以下几方面学习目的:

①验证静力学的基本方程。

②学会使用测压管与 U 型压力计的量测技能。

③灵活应用静力学的基本知识进行实际工程量测。可扫描【二维码】下载实验报告,进行实验学习。

静力学实验

7.2.2 不可压缩流体恒定流动的能量方程实验

实验基于一维总流的连续性方程和能量方程,通过能量方程实验仪,测定一维流体不同断面的位置水头、流速水头、压强水头,分析总水头与测压管水头的变化规律。实验主要有以下几方面学习目的:

①掌握均匀流的压强分布规律以及非均匀流的压强分布特点。

②验证不可压缩流体恒定流动中各种能量间的相互转换。

③学会使用测压管与测速管测量压强水头、流速水头与总水头。

④理解毕托管测速原理。可扫描【二维码】下载实验报告,进行实验学习。

不可压缩流体恒定
流动的能量方程实验

7.2.3 文丘里流量计实验

实验基于一维总流的连续性方程和伯努利方程,通过文丘里流量计实验仪,测定流量计前后的压差,从而计算得出流量。实验主要有以下几方面学习目的:

①学会使用测压管与 U 型压力计的量测原理。

②掌握文丘里流量计测量流量的方法与原理。

③掌握文丘里流量计测定流量系数的方法。可扫描【二维码】下载实验报告,进行实验学习。

文丘里流量计实验

7.2.4 不可压缩流体恒定流动的动量方程实验

实验以能量方程和动量方程为基础,通过动量方程试验仪测量流量和水位高程,灵活应用静力学的基本知识由测压管高度推求压力,从而计算动量修正系数和流量系数。实验主要有以下几方面学习目的:

①熟练应用连续性方程、能量方程和管嘴出流的流量公式。

②验证不可压缩流体恒定流动的动量方程。可扫描【二维码】下载实验报告,进行实验学习。

不可压缩流体恒定
流动的动量方程实验

7.2.5　局部水头损失实验

实验以能量守恒定律为基础,通过测试流量和管段上各断面的测压管水头,计算得出圆管突然扩大和突然缩小的局部水头损失。实验主要有以下几方面学习目的:

①掌握三点法、四点法量测局部阻力系数的技能;

②验证圆管突然扩大局部阻力系数公式及突然缩小局部阻力系数经验公式;

③加深对局部阻力损失机理的理解。可扫描【二维码】下载实验报告,进行实验学习。

局部水头损失实验

7.2.6　恒定孔口、管嘴出流实验

实验以能量方程作为水力计算的原理,通过测试流量和孔口、管嘴的作用水头,计算流量系数、流速系数、收缩系数、局部阻力系数及圆柱形管嘴内的局部真空度。实验主要有以下几方面学习目的:

①理解孔口和管嘴出流的特点;

②掌握孔口与管嘴出流的流量系数、流速系数、侧收缩系数、局部阻力系数的量测技能;

③通过测试,了解进口形状对孔口管嘴出流能力的影响。可扫描【二维码】下载实验报告,进行实验学习。

恒定孔口、
管嘴出流实验

7.2.7　堰流实验

堰流的过流能力受多种因素影响,如堰上水头、堰顶形状、上游渠道宽度、堰厚、下游堰高等,各种不同类型堰均以能量方程作为水力计算的原理,流量公式相同,但流量系数不同。实验通过测量流量和水位高程计算流量系数和淹没系数,主要有以下几方面学习目的:

①理解掌握薄壁堰、实用堰与宽顶堰堰流的水力特征、功能和流量计算的基本方法。

②掌握测量薄壁堰与实用堰流量 Q、流量系数 m 和淹没系数 σ_s 的实验技能,并测定无侧收缩宽顶堰的 m 及 σ_s 值。

③观察有坎、无坎宽顶堰或实用堰的水流现象,理解下游水位变化对宽顶堰过流能力的影响作用。可扫描【二维码】下载实验报告,进行实验学习。

堰流实验

7.3　流体输配综合实验

7.3.1　通风机性能测试实验

实验利用风机性能测试系统,通过毕托管和微压计测压法测定不同管路阀门开度工况下,测管路的风量、风压、电功率,分析风机 p-Q 曲线、N-Q 曲线和 η-Q 曲线。实验主要有以下几方面学习目的:

①了解离心风机的结构特点和工作原理；

②熟悉风机各项性能参数及其测试方法；

③绘制特定转速下的离心风机的性能曲线。可扫描【二维码】下载实验报告，进行实验学习。

通风机性能测试实验

7.3.2 风管中风量、风压和风速测定实验

风管内压力、流速、流量的测定是建筑环境与设备工程专业学生应该掌握的基本技能之一。实验利用管道内风速测量装置，采用毕托管和微压计测压法和热求风速仪法进行管道风量及压力测试。实验主要有以下几方面学习目的：

①掌握用毕托管及微压计测定风管中流动参数的方法。

②学会应用工程中常见的测定风管中流量的仪表。

③将同一工况下的各种流量测定方法的结果进行比较、分析。

④学习管网阻力平衡调节的方法。可扫描【二维码】下载实验报告，进行实验学习。

风管中风量、风压和风速测定实验

7.3.3 液体输配管网减阻实验

水管内压力、流速、流量的测定是建筑环境与设备工程专业学生应该掌握的基本技能之一，液体管网内流动阻力对输配能耗影响较大，降低液体管网输配能耗对建筑节能具有重要意义。实验利用液体输配管网减阻实验系统进行不同水泵运行频率工况下水管路的水流量、阻力测定，分析管路减阻率变化规律和影响因素。实验主要有以下几方面学习目的：

①了解液体输配管网减阻技术和减阻意义。

②学会应用水表测定管内流量的方法。

③掌握用精密压力表及 U 型压差计测定水管中流动阻力的方法。

④掌握减阻率的测试和计算方法。

⑤探索不同流量下减阻率的变化规律。

⑥探索温度改变情况下减阻率的变化规律。可扫描【二维码】下载实验报告，进行实验学习。

液体输配管网减阻实验

7.3.4 水泵性能实验

实验通过水泵性能测试系统测定水泵串联、并联运行状态下水泵的流量、扬程、电功率，分析 $Q\text{-}H$、$Q\text{-}N$、$Q\text{-}\eta$ 特性曲线。实验主要有以下几方面学习目的：

①了解离心泵的工作原理及基本构造，正确操作离心泵。

②学会使用仪器、仪表测定离心泵的基本性能参数，并能通过参数间的关系，绘制工作特性曲线。

③通过绘制特性曲线，进一步理解水泵潜在的工作能力。

④掌握离心水泵串、并联的工作特点。可扫描【二维码】下载实验报告，进行实验学习。

水泵性能实验

7.4　环境测试综合实验

7.4.1　室外环境参数测定实验

实验由学生根据室外测试场地制定测试方案,并利用太阳能辐射观测站、自动气象站、空气质量测试仪、空气微粒测试仪、声级计进行室外太阳辐射、风速、风向、空气温度、空气湿度、噪声及 NO_2、可吸入颗粒物(PM_{10})、细颗粒物($PM_{2.5}$)浓度等参数的测试和分析。实验主要有以下几方面学习目的:

①了解室外环境的测定内容和方法,掌握太阳能辐射观测站、自动气象站、空气质量测试仪(NO_2 浓度测定)、空气微粒测试仪、声级计的使用方法。

②锻炼设计测试方案、仪器操作、测试分析的实践能力。

③通过实验测定,加深对室外气象参数、空气污染物、噪声的认知,通过对测试数据的分析,培养分析和解决实际问题的能力。可扫描【二维码】下载实验报告,进行实验学习。

室外环境参数
测定实验

7.4.2　室内环境参数测定实验

实验由学生根据室内测试场地制定测试方案,并利用通风干湿球温度计、温湿度自记仪、热球风速仪、黑球温度计、照度计、声级计、甲醛快速检测仪、空气质量测试仪、空气微粒测试仪等仪器 进行室内温度、相对湿度、黑球温度、风速、噪声、照度以及甲醛浓度、CO_2 浓度、颗粒物浓度等参数的测定和分析。实验主要有以下几方面学习目的:

①了解室内热环境、声光环境、空气质量的测试内容和方法,掌握通风干湿球温度计、温湿度自记仪、热球风速仪、空气微粒测试仪等相关仪器的使用方法。

②锻炼设计测试方案、仪器操作、测试分析的实践能力。

③通过对测试数据的分析和评价,加深对室内热湿环境、声光环境、空气质量影响因素和改善方法的理解,提高分析和解决实际问题的能力。可扫描【二维码】下载实验报告,进行实验学习。

室内环境参数
测定实验

7.4.3　除尘器性能测定实验

除尘器性能测定实验为综合性实验,它包含五门课程的知识:暖通空调、锅炉与锅炉房设计、流体力学、建筑环境测试技术以及空气洁净技术。涵盖的知识点有除尘器除尘原理,除尘器的性能、气流的压力测量、沿程阻力和局部阻力。实验主要有以下几方面学习目的:

①观察旋风除尘器含尘气流运动情况,掌握旋风除尘原理。

②掌握除尘器性能测定的基本方法。

③了解除尘器运行工况对其效率和阻力的影响。

④掌握利用总压管、静压孔、毕托管测量气流总压、静压、动压的方法。可扫描【二维码】下载实验报告,进行实验学习。

除尘器性能
测定实验

8

专业综合实验

本章分为暖通空调系统综合实验和燃气输配及应用综合实验两个部分,包括实体实验和虚拟仿真实验共 14 个实验项目。

(1)暖通空调系统综合实验

"空调系统综合调试测试实验"通过对空调冷热源和末端系统的观察、操作、调节、测试和数据分析,让学生直观了解大型中央空调系统的全貌,初步了解冷水机组、锅炉、风机盘管、空气处理机组等设备及系统的特性,掌握其基本的运行、调试和分析方法,了解实际运行工况与名义工况、设计工况的区别,引导学生建立理论知识与实际工程的联系,构建知识体系,培养学生实践能力、工程思维和全局观念。本实验是本章节其他实验项目的先修实验,为顺利开展其他实验项目学习奠定基础,同时也可作为实习训练项目,支持学生参观学习和动手实训。

"螺杆式冷水机组系统综合实验""燃气热水锅炉系统综合实验""风机盘管+独立新风系统综合实验""全空气系统综合实验"是四个综合型实体实验,实验让学生直观地了解到不同形式空调冷热源系统、空调末端系统的组成和形式,将课本理论知识与实际工程应用建立联系。实验内容引导学生从舒适、健康、节能、经济等多个角度深入理解中央空调系统的换热原理、影响因素、监控需求,提升学生工程应用和分析探究能力。实验可结合教学深度开展单因素或多因素实验。实验系统设置了传统记录式测试系统和自动检测系统,前者侧重于工程测试能力锻炼,后者便于获取丰富的测试数据,侧重研究、分析能力锻炼,也可支撑相关的创新实验。系统性的实体实验教学对培养建环专业"新工科"人才至关重要。但实体实验教学也存在一些不足,如实验系统占地面积大、成本高,多数实验室难以建设贴近工程实际的实验系统,台数有限,学生参与度低,实体实验受气候条件影响、多工况实验耗时长、实验测试误差大,结果不理想等。

教材提供了"空调冷热源系统综合虚拟仿真实验""空调系统综合虚拟仿真实验"两个虚拟仿真实验弥补上述四个实体实验的不足。在虚拟仿真实验中,学生可独立开展学习,不受设备台数、气候条件、时空条件等因素制约,可开展更丰富的工况实验、获得更可靠的测试数据,进行更深入的学习。虚拟仿真实验可作为实体实验的后置实验,进行知识能力的延伸拓展,也可独立使用,开展教学。

教材提供了"热水供暖系统综合虚拟仿真实验"和"供暖系统设计性综合实验"两个"虚实结合"的供暖实验。"供暖系统设计性综合实验"作为开放式的设计性实验,由学生利用"研学融合"实验平台的实验系统、监测系统和仪器设备,根据小组实验课题自主设计实验内容、进行实验测试和分析。实验的综合性较高,要求学生对供暖系统形式和组成、系统运行原理等内容有一定的知识储备,在能力上要求学生有较灵活的应用能力和较强的自学、探索和分析总结能力,同时也要求学生具备基本的团队协作和交流沟通等综合素质。"热水供暖系统综合虚拟仿真实验"可作为该实验项目的前置项目,学生通过虚拟实验学习,巩固加强对供暖系统知识的掌握,有助于在设计性综合实验中进行知识迁移、应用和创新,有利于提升学习效果。

此外,教材提供了"建筑消防系统综合虚拟仿真实验",实验针对"平安中国建设"和"新工科"建设背景下,建筑环境与能源应用工程专业在建筑火灾安全与控制领域教学薄弱、学生能力欠缺的人才培养痛难点,以防排烟系统为切入点,通过虚拟仿真技术构建了工程实习、系统调试、参数测定、异常分析、系统设计搭建、多场景模拟和方案优化等综合性实验内容,解决火灾实验高危高成本,综合训练难开展等问题,培养学生解决复杂工程问题能力和批判创新思维,塑造价值观,提升职业规范。

(2)燃气输配及应用综合实验

燃气输配及应用综合实验共分为"燃气灶具热工性能测试""燃气热水器热工性能测试"两个实体实验和"燃气管网水力仿真虚拟实验"和"燃气事故后果虚拟实验"两个虚拟实验。两个实体实验锻炼学生动手测试能力,帮助学生掌握燃气灶具、燃气热水器性能指标的测试和分析方法。"燃气管网水力仿真虚拟实验"则通过虚拟仿真实验模拟工程设计,了解城镇燃气输配系统设计主要内容、过程及原则,同时,对城镇燃气输配系统运行特性、泄漏计算、压力流量控制等有更深入地理解和思考。燃气事故实验由于其高危险性,在实体实验中无法开展,在"燃气事故后果虚拟实验"中,学生可对燃气输配系统设计与运营阶段可能产生的各种事故工况进行相关模拟分析,确定各种事故的影响区域范围以及影响的程度,从而为燃气输配系统的科学合理设计与安全运营研究提供基础资料。

(3)实验教学资源的共享

教材中"空调冷热源系统综合虚拟仿真实验""空调系统综合虚拟仿真实验""热水供暖系统综合虚拟仿真实验""建筑消防系统综合虚拟仿真实验"对社会提供开放共享服务。个人学习可联系教学团队获取试用账号进行实验试做和学习。高校、企业开展有组织的教学、培训可联系教学团队,通过国家实验空间、重庆大学虚拟仿真实验教学平台开设账号组织教学和培训,平台支持班级管理、课程设置、考核评价等功能。

8.1 暖通空调系统综合实验

8.1.1 空调系统综合调试测试实验

实验通过一个空调系统综合调试测试平台,进行以冷水机组为冷源的供冷实验、以风冷热泵为冷源的供冷实验、以锅炉为热源的供热实验和以风冷热泵为热源的供热实验,通过对空调冷热水供、回水温度、空调冷热水流量、主要设备耗功率等运行参数的测定,分析冷热源系统输配能耗、机组制冷制热系数、冷热源系统能效比、空调末端系统能效比、空调系统能效比等重要性能指标的影响因素。实验主要有以下几方面学习目的:

①通过典型空调系统(风机盘管+独立新风系统、全空气系统)和冷热源系统(冷水机组+冷却塔系统、风冷热泵系统、锅炉系统)的观察,对大型中央空调系统的组成和工作过程形成全局性的了解和认知,构建知识体系和工程观;

②通过对系统的调试和实测,掌握冷水机组、锅炉、风冷热泵、风机盘管、空气处理机组等设备和空调风系统、水系统的基本操作、调节和测试方法,提升动手实践能力和工程应用能力;

③通过不同类型系统主要运行参数测试和分析,掌握换热量、能效比等重要性能指标的计算分析方法,初步了解设备、系统实际运行特性与额定工况、设计工况的区别,建立理论知识与实际应用的联系,锻炼分析思考能力。可扫描【二维码】下载实验报告,进行实验学习。

空调系统综合
调试测试实验

8.1.2 螺杆式冷水机组系统综合实验

实验通过螺杆式冷水机组实验系统开展系统变冷冻水流量、变冷冻水温度的多工况实验,通过测定系统冷冻水供回水温度、流量,冷却水供回水温度、流量,主要设备电功率等运行参数,分析冷水机组 COP、冷源系统能效比 COP_C 的变化规律和影响因素。实验主要有以下几方面学习目的:

①通过对螺杆式冷水机组及其系统变工况调节和实测,锻炼对空调冷源系统操作、调节、测试的动手实践能力,掌握冷水机组、冷源系统性能测试的方法。

②通过螺杆式冷水机组不同冷冻水温度、冷冻水流量的工况测试和数据分析,建立理论知识与实际应用的联系,深入了解冷水机组、冷源系统运行性能的因素及其影响机理。

③通过实体实验学习,锻炼分析思考能力,小组协作能力,培养解决工程问题的能力。可扫描【二维码】下载实验报告,进行实验学习。

螺杆式冷水机组
系统综合实验

8.1.3 燃气热水锅炉系统综合实验

实验通过燃气锅炉实验系统开展系统变热水流量及一二次侧热水温度的多工况实验,通过测定系统热水一次侧、二次侧供回水温度及流量,锅炉耗能,主要设备电功率等运行参数,分析锅炉效率 η_1、热源系统能效比 η_2、板式换热器测试总传热系数 K_{exp} 等重要性能指标的变化规律和影响因素。实验主要有以下几方面学习目的:

①通过对燃气热水锅炉机组及其系统变工况调节和实测,锻炼对锅炉系统操作、调节、测试的动手实践能力,掌握锅炉机组、热源系统性能测试的方法。

②通过燃气热水锅炉机组不同供水温度、水流量的工况测试和数据分析,建立理论知识与实际应用的联系,深入了解冷燃气热水锅炉机组及其系统运行性能的因素及其影响机理。

燃气热水锅炉
系统综合实验

③通过实体实验学习,锻炼分析思考能力,小组协作能力,培养解决工程问题的能力。可扫描【二维码】下载实验报告,进行实验学习。

8.1.4 空调冷热源系统综合虚拟仿真实验

实验通过线上访问空调冷热源系统综合虚拟仿真实验软件,学习了解冷水机组冷源系统和热水锅炉热源系统形式和构成,并开展变工况实验。冷源系统变工况虚拟实验可改变冷冻水流量、冷却水流量、冷冻水供水温度、冷却水进水温度、蒸发器结垢状态、冷凝器结垢状态等参数,进行不同工况实验,获取实验数据,进行实验分析;热源系统变工况虚拟实验可改变热水流量、热水供水温度、锅炉结垢状态等参数,进行不同工况实验,获取实验数据,进行实验分析。实验主要有以下几方面学习目的:

①通过"沉浸式"探索和学习,掌握冷水机组冷源系统、锅炉热源系统的组成和管路形式,深入了解系统中各种设备、阀件、构件的工作原理和应用思路。

②通过对冷热源系统多项影响参数的变工况虚拟实验分析,全面地掌握冷水机组、锅炉、水泵、冷却塔等设备及冷热源系统性能的影响因素、规律和内在机理。

③通过自主性、探究性学习,培养学生自主学习和思考的能力,提高学生解决复杂工程问题的能力,激发创新思维。可扫描【二维码】查看实验简介视频。可扫描【二维码】查看实验操作讲解视频。可扫描【二维码】下载实验报告,进行实验学习。

空调冷热源系统
综合虚拟仿真实验

空调冷热源系统
综合虚拟仿真实验
——系统使用方法介绍

空调冷热源系统
综合虚拟仿真实验
实验报告

8.1.5 风机盘管+独立新风系统综合实验

实验通过风机盘管+独立新风系统实验平台开展新风系统无热回收的供冷实验、新风系统无热回收的供热实验、新风系统有热回收的供冷实验、新风系统有热回收的供热实验,共4种实验模式。每个实验模式可进行风机盘管变水流量、变供水温度、变回风参数的单因素或多因素变工况实验。实验主要有以下几方面学习目的:

①通过对风机盘管+独立新风系统的变工况调节和实测,锻炼对风机盘管、新风系统的操作、调节、测试的动手实践能力,掌握风机盘管、新风机组的性能测试方法。

②通过对风机盘管变风量、变供水温度、变回风参数的多工况实验测试,和新风机无热回收/有热回收模式的实验测试,了解风机盘管、新风机的实测性能与铭牌所示参数差别,深入了解设备、系统运行性能的影响因素及其影响机理。

风机盘管+独立
新风系统综合实验

③通过实体实验学习,深入理解半集中式空调系统的工作原理和特点,锻炼分析思考能力,小组协作能力,培养解决工程问题的能力。可扫描【二维码】下载实验报告,进行实验学习。

8.1.6 全空气系统综合实验

实验通过全空气系统实验平台开展夏季供冷和冬季供热两种实验模式。每个实验模式可进行空气处理机组变水流量、变供水温度、变新风比、变送风量的单因素或多因素变工况实验。实验主要有以下几方面学习目的：

①通过对一次回风全空气系统的变工况调节和实测，锻炼对全空气系统的操作、调节、测试的动手实践能力，掌握一次回风系统的空气处理过程和空气处理机组的性能测试方法。

②通过对全空气系统变供水温度、水流量、变新风比、变风量的多工况实验测试，了解全空气系统空气处理机组的实测性能与铭牌所示参数差别，深入了解设备、系统运行性能的影响因素及其影响机理。

③通过实体实验学习，深入理解集中式空调系统的工作原理和特点，锻炼分析思考能力，小组协作能力，培养解决工程问题的能力。可扫描【二维码】下载实验报告，进行实验学习。

全空气系统
综合实验

8.1.7 空调系统综合虚拟仿真实验

实验通过线上访问空调系统综合虚拟仿真实验软件，学习了解空调末端系统和空气源热泵冷源系统形式和构成，并开展变工况实验。系统变工况虚拟实验可改变冷冻水流量、冷冻水供水温度、AHU系统开闭状态、AHU系统水阀开度、风机盘管风档（高/中/低三档）等参数状态，进行不同工况实验，获取实验数据，进行实验分析。实验主要有以下几方面学习目的：

①通过"沉浸式"探索和学习，掌握冷热源为风冷热泵系统，末端为由一次回风全空气系统和风机盘管+独立新风系统的完整的中央空调系统的组成和管路形式，深入了解系统中各种设备、阀件、构件的工作原理和应用思路。

②通过对空调末端及冷热源系统多项影响参数的变工况虚拟实验分析，全面地掌握新风机、全空气处理机、风机盘管、风冷热泵等设备及中央空调系统性能的影响因素、规律和内在机理，了解冷热源与末端之间的动态耦合。

③通过自主性、探究性学习，培养学生自主学习和思考的能力，提高学生解决复杂工程问题的能力，激发创新思维。可扫描【二维码】下载实验报告，进行实验学习。

空调系统综合
虚拟仿真实验

8.1.8 热水供暖系统综合虚拟仿真实验

实验通过线上访问供暖系统综合虚拟仿真实验软件，学习了解辐射地板、散热器供暖末端系统和燃气锅炉热源系统的形式和构成，并开展变工况实验。系统变工况虚拟实验可改变系统干管热水温度、二次侧热水温度工况，进行模拟实验，并获得系统各工况下主要运行参数等参数状态，进行不同工况实验，获取实验数据，进行实验分析。实验主要有以下几方面学习目的：

①通过"沉浸式"探索和学习，掌握热源为燃气热水锅炉，末端为散热器和辐射地板的完整的供暖系统的组成和管路形式，深入了解系统中各种设备、阀件、构件的工作原理和应用思路。

②通过对供暖末端及热源系统多项影响参数的变工况虚拟实验分析，全面地掌握新锅炉、散热器、辐射地板等设备及供暖系统性能的影响因素、规律和内在机理，了解热源与末端之间的动态耦合。

热水供暖系统
综合虚拟仿真实验

③通过自主性、探究性学习，培养学生自主学习和思考的能力，提高学生解决复杂工程问题的能力，激发创新思维。可扫描【二维码】下载实验报告，进行实验学习。

8.1.9 供暖系统设计性创新实验

实验利用重庆大学供暖系统研学融合实验平台的设施，进行设计性综合实验。学生需通过小组协作的形式，结合所选择的实验课题内容，独立确定实验具体内容、实验方案、测试参数及仪器、测试方法和步骤并进行实验数据处理和分析。教师提供实验平台、仪器设备、辅助资料及必要的实验指导。实验共分为实验启动——确定实验方案——进行实验测试——分析研讨4个环节。实验主要有以下几方面学习目的：

①通过供冷供暖一体化实验平台，了解散热器、风机盘管、辐射地盘管以及(顶棚、墙壁、地板)毛细管网辐射系统等多种不同供暖末端系统形式的工作原理，运行要求；

②通过多种实验方式对其供暖性能进行实验测试和分析，加深对暖通空调系统主机及不同末端形式的理解；

③自行选择实验课题并分组配合，讨论设计实验方案，提高自主学习性及思考能力，同时掌握相关实验及数据处理方法，了解多种测试仪器的操作和应用。可扫描【二维码】查看以下资料进行实验学习。

实验平台全景摄影模型地址

实验介绍 PPT

供暖实验
——01 机房系统介绍

供暖实验——
02 机房风冷热泵机组操作介绍

供暖实验——
03 末端房间介绍

供暖实验——
04 房间毛细管网系统
的操作介绍

供暖实验——
05 房间散热器系统操作介绍

供暖实验——
06 房间风机盘管系统操作介绍

供暖实验——
07 安捷伦数据处理方法

实验系统操作指导视频

实验指示书——供暖系统　　实验方案书——供暖系统　　实验报告——供暖系统
设计性创新实验　　　　　设计性创新实验　　　　　设计性创新实验

8.1.10　建筑消防系统综合虚拟仿真实验

实验通过线上访问建筑消防系统综合虚拟仿真实验软件,学习基于实际工程的高层建筑防排烟系统"虚拟工程实习""系统调试和评定""运行参数测定""工程问题分析及解决""系统自主设计及搭建""多场景模拟及系统优化"多个学习深度难度"跨越式递进"的实验内容。实验主要有以下几方面学习目的:

①通过该实验学习,对建筑消防系统在建筑火灾控制、人员逃生和消防扑救中所起的作用有更深入的了解,深刻意识到严格按照国家相关消防规范、标准,进行建筑消防系统设计、安装、调试、维护的重要性,并且激发投身建筑消防领域科学研究,探索更加安全、稳定和经济的建筑消防系统技术兴趣和使命感。

②通过实验学习,掌握建筑消防系统构成以及各部分功能,掌握建筑消防系统基本知识,并了解建筑消防系统设计主要内容、过程及原则,同时,对建筑消防系统运行特性、调试需求等复杂问题有更深入的理解和思考。

③通过实验学习,锻炼对知识学习、消化、应用的自学能力,自主构建建筑消防系统知识体系,对消防系统合理设计、关键技术、系统运行特性等复杂问题有自主的思考和创新。可扫描以下【二维码】查看实验简介视频、查看实验操作讲解视频、下载实验报告,进行实验学习。

简介视频——建筑消防系统　　讲解视频——建筑消防系统　　实验报告——建筑消防系统
综合虚拟仿真实验　　　　　综合虚拟仿真实验　　　　　综合虚拟仿真实验

8.2　燃气输配及应用综合实验

8.2.1　燃气管网水力仿真虚拟实验

实验采用流体管网模拟软件 Pipeline Studio(Tgnet)对燃气输配管道进行稳态和动态模拟和分析,实验过程中需构建管网模型,设定供气点的参数、管道参数、泄漏点参数等信息,通过模拟结果分析城镇燃气输配系统运行特性。实验主要有以下几方面学习目的:

①通过该实验学习,对城镇燃气管网水力计算和水力工况分析有更深入的了解,掌握管网调度和规划设计基本方法,激发投身燃气输配领域科学研究,探索更加安全、稳定和经济的燃气输配理论与技术的兴趣和使命感。

②通过实验学习,掌握城镇燃气输配系统构成以及各部分功能,掌握城镇燃气输配系统基

本知识,并了解城镇燃气输配系统设计主要内容、过程及原则,同时,对城镇燃气输配系统运行特性、泄漏计算、压力流量控制等有更深入的理解和思考。

③通过实验学习,锻炼对知识学习、消化、应用的自学能力,自主构建城镇燃气输配系统知识体系,对燃气输配系统规划设计、调度、泄漏流量计算等复杂问题有自主的思考和创新。可扫描【二维码】下载实验报告,进行实验学习。

燃气管网水力
仿真虚拟实验

8.2.2　燃气灶具热工性能测试实验

对投入使用前的民用燃气灶进行全面的质量鉴定。鉴定其中主要项目,即灶具气密性实验、燃烧稳定性实验、灶具热工特性实验、燃烧烟气分析实验、灶具表面温升测定、灶具工作噪声测定等。需鉴定以上各项参数是否符合国家标准及有关规定。实验利用民用燃气灶质量鉴定实验装置,测试鉴定燃气灶热负荷、热效率及干烟气中一氧化碳浓度等性能参数。可扫描【二维码】下载实验报告,进行实验学习。

在以上学习过程中,灶具工作噪声测定方法需参照标准《声学 声压法测定噪声源声功率级和声能量级 采用反射面上方包络测量面的简易法》(GB/T 3768—2017)。可扫描【二维码】可查看学习。

燃气灶具热工性能测试实验

《声学 声压法测定噪声源声功率级和声能量级
采用反射面上方包络测量面的简易法》

8.2.3　燃气热水器热工性能测试实验

热水器是专门加热水的设备。它是把冷水经过热水器后即被加热到所需的温度,并能连续供水的燃具。不仅效率高而且使用方便,热水器的燃烧器多半是在半闭式的炉膛工作,所以其安全性要作严格要求。实验利用快速热水器测试系统测定燃气热水器热工性能相关参数,帮助学生掌握燃气热水器的工作原理和学会鉴别热水器性能好坏的手段和方法。可扫描【二维码】下载实验报告,进行实验学习。

燃气热水器热工
性能测试实验

8.2.4　燃气事故后果虚拟实验

燃气输配系统中有大量的天然气,其各部分的管路和容器很有可能发生天然气泄漏,一旦天然气泄漏会引起喷射火、闪火、池火、蒸汽云爆炸等事故,必将产生人员伤亡和财产损失等严重的事故后果。在燃气输配系统设计与运营阶段对其可能产生的各种事故工况进行相关模拟分析,确定各种事故的影响区域范围以及影响的程度,可为燃气输配系统的科学合理设计与安全运营提供基础资料,最大程度地避免人员伤亡和财产损失。

燃气事故
后果虚拟实验

实验利用 Effects 软件仿真泄漏、扩散、火灾、爆炸四种模型的案例,得到相应的图、表及数据结果,计算泄漏率或蒸发率、人员和建筑物的损坏、后果影响等。可扫描【二维码】下载实验报告,进行实验学习。

附　录

附录1　大气压力温度修正值

附录2　分布积分表和分布表

附录3　标准化热电偶分度表

附录4　标准化热电阻分度表

附录5　热阻式热流计的参考精度

附录6　环境质量指标

附录7　干空气的热物理性质

附录8　饱和水蒸气分压力表

附录9　换算成干燃气相对密度的修正值(a)

扫描【二维码】查阅。

附录

参考文献

[1] 黄凯,张志强,李恩敬.大学实验室安全基础[M].北京:北京大学出版社,2012.

[2] 孙绍荣.高等教育方法概论[M].修订版.上海:华东师范大学出版社,2010.

[3] 刘振学,王力.实验设计与数据处理[M].2版.北京:化学工业出版社,2015.

[4] 郭兴家,熊英.实验数据处理与统计[M].北京:化学工业出版社,2019.

[5] 刘艳峰,郑洁.建筑环境测试技术[M].4版.重庆:重庆大学出版社,2022.

[6] 陈刚.建筑环境与能源测试技术[M].3版.北京:机械工业出版社,2019.

[7] 杨春英.建筑环境与能源应用工程实验技术[M].北京:科学出版社,2019.

[8] 方修睦.建筑环境测试技术[M].3版.北京:中国建筑工业出版社,2016.

[9] 牛永红,李义科.建筑环境与能源应用工程实验教程[M].北京:中国水利水电出版社,2019.

[10] 侯书新,孙金栋,史永征.建筑环境与能源应用工程专业实验教程[M].北京:机械工业出版社,2017.

[11] 向文英,江岸.流体力学与水泵实验教程[M].北京:化学工业出版社,2009.

[12] 毛根海.应用流体力学实验[M].北京:高等教育出版社,2008.

[13] 江亿,姜子炎.建筑设备自动化[M].2版.北京:中国建筑工业出版社,2017.

[14] 付祥钊,肖益民.流体输配管网[M].4版.北京:中国建筑工业出版社,2018.

[15] 卢军,何天祺.供暖通风与空气调节[M].5版.重庆:重庆大学出版社,2023.

[16] 陆亚俊,马世君,王威.建筑冷热源[M].3版.北京:中国建筑工业出版社,2009.

[17] 连之伟,陈宝明.热质交换原理与设备[M].4版.北京:中国建筑工业出版社,2018.

[18] 中国标准出版社.环境监测方法标准汇编-空气环境[M].3版.北京:中国标准出版社,2014.

[19] 全国勘察设计注册工程师公用设备专业管理委员会秘书处.全国勘察设计注册公用设备工程师暖通空调专业考试复习教材[M].北京:中国建筑工业出版社,2021.

[20] 中华人民共和国住房和城乡建设部.民用建筑供暖通风与空气调节设计规范 附条文说明:GB 50736—2012[S].北京:中国建筑工业出版社,2012.

［21］中华人民共和国住房和城乡建设部.工业建筑供暖通风与空气调节设计规范:GB 50019—2015［S］.北京:中国计划出版社,2015.

［22］中华人民共和国住房和城乡建设部.民用建筑室内热湿环境评价标准:GB/T 50785—2012［S］.北京:中国建筑工业出版社,2012.

［23］中华人民共和国住房和城乡建设部.建筑热环境测试方法标准:JGJ/T 347—2014［S］.北京:中国建筑工业出版社,2014.

［24］国家市场监督管理总局,国家标准化管理委员会.室内空气质量标准:GB/T 18883—2022［S］.北京:中国标准出版社,2022.

［25］中华人民共和国住房和城乡建设部.公共建筑节能设计标准:GB/T 50189—2015［S］.北京:中国建筑工业出版社,2015.

［26］国家质量监督检验检疫总局,中国国家标准化管理委员会.蒸汽压缩循环冷水(热泵)机组性能试验方法:GB/T 10870—2014［S］.北京:中国标准出版社,2014.

［27］国家市场监督管理总局,国家标准化管理委员会.多联式空调(热泵)机组能效限定值及能效等级:GB/T 21454—2021［S］.北京:中国标准出版社,2021.

［28］国家市场监督管理总局,国家标准化管理委员会.机械通风冷却塔 第1部分:中小型开式冷却塔:GB/T 7190.1—2018［S］.北京:中国标准出版社,2019.

［29］国家市场监督管理总局,国家标准化管理委员会.机械通风冷却塔 第2部分:大型开式冷却塔:GB/T 7190.1—2018［S］.北京:中国标准出版社,2019.

［30］国家市场监督管理总局,国家标准化管理委员会.机械通风冷却塔 第3部分:闭式冷却塔:GB/T 7190.1—2018［S］.北京:中国标准出版社,2019.

［31］中华人民共和国住房和城乡建设部.多联机空调系统工程技术规程:JGJ 174—2010［S］.北京:中国建筑工业出版社,2010.

［32］国家质量监督检验检疫总局,中国国家标准化管理委员会.多联式空调(热泵)机组:GB/T 18837—2015［S］.北京:中国标准出版社,2015.

［33］中华人民共和国住房和城乡建设部.辐射供暖供冷技术规程:JGJ 142—2012［S］.北京:中国建筑工业出版社,2012.

［34］中华人民共和国住房和城乡建设部.辐射供冷及供暖装置热性能测试方法:JG/T 403—2013［S］.北京:中国标准出版社,2013.

［35］国家质量监督检验检疫总局,中国国家标准化管理委员会.单元式空气调节机:GB/T 17758—2010［S］.北京:中国标准出版社,2010.

［36］中华人民共和国住房和城乡建设部.可再生能源建筑应用工程评价标准:GB/T 50801—2013［S］.北京:中国建筑工业出版社,2013.

［37］国家市场监督管理总局,中国国家标准化管理委员会.膜式燃气表:GB/T 6968—2019［S］.北京:中国标准出版社,2019.

［38］中华人民共和国住房和城乡建设部,国家市场监督管理总局.城镇燃气输配工程施工及验收标准:GB/T 51455—2023［S］.北京:中国建筑工业出版社,2023.

［39］国家质量监督检验检疫总局,中国国家标准化管理委员会.家用燃气快速热水器:GB 6932—2015［S］.北京:中国标准出版社,2015.

[40] 国家市场监督管理总局,中国国家标准化管理委员会. 城镇燃气调压器:GB 27790—2020[S]. 北京:中国标准出版社,2020.

[41] 国家市场监督管理总局,国家标准化管理委员会. 燃气采暖热水炉:GB 25034—2020[S]. 北京:中国标准出版社,2020.

[42] 国家市场监督管理总局,国家标准化管理委员会. 家用燃气灶具:GB 16410—2020[S]. 北京:中国标准出版社,2020.

[43] 国家质量检验检疫总局,国家标准化管理委员会. 城镇燃气热值和相对密度测定方法:GB/T 12206—2006[S]. 北京:中国标准出版社,2007.

[44] 中华人民共和国住房和城乡建设部,国家市场监督管理总局. 锅炉房设计标准:GB 50041—2020[S]. 北京:中国计划出版社,2020.

[45] 中华人民共和国住房和城乡建设部. 采暖通风与空气调节工程检测技术规程:JGJ/T 260—2011[S]. 北京:中国建筑工业出版社,2011.

[46] 国家质量监督检验检疫总局,中国国家标准化管理委员会. 袋式除尘器技术要求:GB/T 6719—2009[S]. 北京:中国标准出版社,2009.

[47] 国家质量监督检验检疫总局,中国国家标准化管理委员会. 空气调节系统经济运行:GB/T 17981—2007[S]. 北京:中国标准出版社,2007.

[48] 中华人民共和国住房和城乡建设部. 城镇燃气室内工程施工与质量验收规范:CJJ 94—2009[S]. 北京:中国建筑工业出版社,2009.

[49] 国家技术监督局. 袋式除尘器性能测定方法:GB 12138—1989[S]. 北京:中国标准出版社,1989.

[50] 国家质量监督检验检疫总局,中国国家标准化管理委员会. 工业通风机 现场性能试验:GB/T 10178—2006[S]. 北京:中国标准出版社,2007.

[51] 中华人民共和国住房和城乡建设部. 通风与空调工程施工质量验收规范:GB/T 50243—2016[S]. 北京:中国计划出版社,2016.

[52] 国家质量监督检验检疫总局,中国国家标准化管理委员会. 供暖散热器散热量测定方法:GB/T 13754—2017[S]. 北京:中国标准出版社,2017.

[53] 中华人民共和国住房和城乡建设部. 民用建筑统一设计标准:GB 50352—2019[S]. 北京:中国建筑工业出版社,2019.

[54] 国家市场监督管理总局,国家标准话管理委员会. 室内空气质量标准:GB/T 18883—2022[S]. 北京:中国标准出版社,2022.

[55] 中华人民共和国住房和城乡建设部. 民用建筑隔声设计规范:GB 50118—2010[S]. 北京:中国建筑工业出版社,2010.

[56] 国家质量监督检验检疫总局,中国国家标准化管理委员会. 室内工作场所的照明:GB/T 26189—2010[S]. 北京:中国标准出版社,2011.